Selbstbewusst auftreten im Job

Elke Nürnberger, Franz Hölzl, Naja Raslan

Selbstbewusst auftreten im Job

Wie Sie mit Optimismus und Mut mehr erreichen

1. Auflage

Haufe Group
Freiburg · München · Stuttgart

Bibliografische Information der Deutschen Nationalbibliothek

Die Deutsche Nationalbibliothek verzeichnet diese Publikation in der Deutschen Nationalbibliografie; detaillierte bibliografische Daten sind im Internet über http://dnb.dnb.de abrufbar.

Print: ISBN 978-3-648-13458-0 Bestell-Nr. 10362-0001
ePub: ISBN 978-3-648-13459-7 Bestell-Nr. 10362-0100
ePDF: ISBN 978-3-648-13460-3 Bestell-Nr. 10362-0150

Elke Nürnberger, Franz Hölzl, Naja Raslan
Selbstbewusst auftreten im Job
1. Auflage 2019

www.haufe.de
info@haufe.de

Bildnachweis (Cover): © ryanking999/Adobe Stock

Produktmanagement: Jürgen Fischer

Inhaltsverzeichnis

Teil 1: Selbstvertrauen gewinnen

1 Einführung

Im Selbstvertrauen liegt die Zuversicht, ein selbstbestimmtes Leben führen und berufliche wie private Ziele zu erreichen zu können. Viele Menschen wünschen sich mehr Selbstvertrauen, wissen aber nicht, wo sie ansetzen sollen. Oft bewundern sie andere wegen ihres sicheren und durchsetzungsstarken Auftretens.

Der Schlüssel zum Selbstvertrauen liegt in der eigenen Person. Das ist Nachteil und Vorteil zugleich. Der Nachteil ist: Sie müssen an der eigenen Sichtweise arbeiten, Neues wagen und Veränderungen zulassen. Der Vorteil ist: Sie haben es selbst in der Hand, sich zu verändern.

In diesem Teil erfahren Sie, was Sie konkret tun können, um mehr Selbstvertrauen zu gewinnen, sich anzunehmen und wertzuschätzen. Probieren Sie es aus, wie es ist, Ihre Ziele selbstbewusst erreichen.

2 Selbstvertrauen – was es ist und wie es entsteht

Wovon sprechen wir eigentlich, wenn wir sagen: Wir haben zu wenig Selbstvertrauen? Oft haben wir nur eine vage Vorstellung davon, was das bedeutet.

In diesem Kapitel lesen Sie,

- warum die Kenntnis der eigenen Gefühle, Gedanken und Fähigkeiten die erste Grundlage für mehr Selbstvertrauen ist,
- was selbstbewusste Menschen anders machen als selbstunsichere,
- warum Selbstvertrauen die Voraussetzung dafür ist, das Leben zu bewältigen, aber auch Hilfe von anderen anzunehmen und tragfähige soziale Bindungen zu schaffen,
- wie Erziehung, Werte, Normen und Rollenerwartungen unser Selbstvertrauen beeinflussen.

2.1 Sicherheit und Zuversicht

Manche Menschen faszinieren uns allein durch ihre Präsenz, ihr Auftreten. Sie wirken locker, unaufgeregt und souverän. Das hat nicht nur mit Aussehen, Kleidungsstil oder Alter zu tun, ihr Selbstvertrauen verleiht ihnen diese Ausstrahlung.

Beispiel: So wäre ich auch gern !

Sie kennen das vielleicht: Sie sind auf einer Party von Freunden und kommen mit jemanden ins Gespräch, den Sie bislang nicht kannten. Die Unterhaltung ist interessant und locker und Sie haben das Gefühl, als würden Sie sich schon lange kennen. Ein Freund von Ihnen tritt dazu und wird von Ihrem neuen Bekannten sofort mit einbezogen. Sie bewundern seine Art, offen, sympathisch und unkompliziert auf Fremde zuzugehen und Sie denken: »Wow, so wäre ich auch gern! Wie bekommt man eine solche Souveränität?«

Daneben kennen Sie vielleicht Situationen, in denen Sie sich unwohl fühlten, weil Sie dachten, den Ansprüchen anderer nicht zu genügen. Man empfindet sich als hässlich, uninteressant oder dumm und fühlt sich zunehmend unwohler. Oder denken Sie an Situationen, in denen Sie sich geärgert haben, weil Sie nicht genügend Mut aufbrachten, um Ihre Meinung offen zu sagen oder für Ihr Recht einzutreten. Manches Unrecht dämmert einem erst im Nachhinein und es fällt einem ein (natürlich auch zu spät), was man anders hätte machen sollen. Man erkennt, wie richtig man mit der eigenen Einschätzung gelegen hatte und was man hätte durchsetzen sollen. Es fehlte jedoch Mut, sich direkt in der jeweiligen Situation zu Wort zu melden. In dem Moment war nicht genügend Selbstvertrauen da, auf die eigene Meinung zu vertrauen – und zweifelnd hielt man lieber seinen Mund.

!

Beispiel: Hätte ich doch den Mund aufgemacht

Sie sitzen in einem Meeting. Seit einer Stunde wird ergebnislos ein Problem diskutiert. Ihnen fällt eine gute und praktikable Lösung ein. Sie fragen sich, ob Sie sie aussprechen sollen. Doch Sie wagen es nicht, schließlich wollen Sie nicht im Vordergrund stehen, außerdem befürchteten Sie, die Kollegen könnten über Ihren Vorschlag spotten. Sie denken: Wenn Ihre Idee wirklich so gut wäre, wie Sie glauben, wäre bestimmt schon ein anderer draufgekommen. Sie äußern Ihren Vorschlag deshalb nur leise gegenüber ihrem Sitznachbarn. Wenige Tage später wird genau Ihre Lösung umgesetzt, die der Kollege jedoch als seine ausgab. Er erntet Anerkennung und Lob, Sie ärgern sich über Ihre Zurückhaltung und sind frustriert.

Haben Sie schon einmal erlebt, dass eine andere Person die Lorbeeren Ihrer Arbeit erntete und Sie sich nicht dagegen gewehrt haben? Wenn Sie solche Situationen kennen, wissen Sie auch um die Enttäuschung, Entrüstung oder Wut, die damit verbunden ist. Man spürt, dass man standhafter hätte bleiben sollen, oder man ärgert sich, dass man gekniffen hat – und sich (wieder einmal) über den Tisch hat ziehen lassen.

Auch wenn es paradox erscheint: In genau dieser Unzufriedenheit liegt Ihre Chance: die Chance, an Ihrem Selbstvertrauen zu arbeiten und es aufzubauen, sich bewusst Gedanken darüber zu machen, wie Sie künftig diese unbefriedigenden Verhaltensweisen vermeiden können. Ärger hält viel Energie bereit, die dem Willen zur Veränderung Antrieb gibt. Den ersten Schritt tun Sie jetzt gerade, indem Sie sich mit dem Thema Selbstvertrauen beschäftigen.

Was aber ist Selbstvertrauen, was macht es aus, was kennzeichnet es? Zur Klärung dieser Fragen hilft es, sich mit dem Begriff »Selbstvertrauen« auseinanderzusetzen. In Goethes Faust heißt es: »Sobald du dir vertraust, sobald weißt du zu leben« – eine sehr knappe, aber treffende Definition von Selbstvertrauen. Sehen wir noch genauer hin: Der Begriff setzt sich zusammen aus den Elementen »Selbst« und »Vertrauen«.

2.1.1 Das Selbst

»Selbst« ist ein Wort, das ähnlich wie »Selbstvertrauen« uneinheitlich definiert wird. In der Psychologie werden unter »Selbst« die Vorstellungen, Wahrnehmungen und Werte, die eine Person als zu sich gehörend empfindet, verstanden. Es ist das Bewusstsein darüber, was man als Person ist, was man grundsätzlich kann und tun könnte, kurz: wie man sich selbst und seine Möglichkeiten definiert. Zum Selbst gehört das Bewusstsein über:

- meinen Körper und mein Aussehen,
- meine Werte und Überzeugungen,
- Erinnerungen und Erfahrungen,
- Gefühle,
- Talente,
- Wissen und erworbene Kenntnisse,
- Fähigkeiten und Kompetenzen,
- Überzeugungen davon, was andere über mich denken, und auch
- meine Idealvorstellung von mir, also die Vorstellung, was und wie ich gerne sein möchte.

Eng mit dem Begriff des Selbst verknüpft ist das sogenannte Selbstbild: Das Bild, das ich mir von mir selbst mache, setzt sich aus der Einschätzung der vorab genannten Bereiche zusammen.

Beispiele: Das Bild von mir !

Halte ich mich für schön oder hässlich? Für musikalisch oder unmusikalisch? Für mutig oder ängstlich? Kann ich mich in andere einfühlen? Kann ich Kontakt zu anderen herstellen? Weiß ich, ob ich analytisch denken, strukturieren oder organisieren kann? Weiß ich, ob ich bestimmte Fähigkeiten erworben habe: Kann ich z. B. tauchen, klettern, in fremden Sprachen sprechen, bestimmte Software-Programme bedienen? Habe ich bereits die Erfahrung gemacht, von anderen angenommen zu werden und mich gut in Gruppen integrieren zu können etc.?

Das, was das Selbstbild letztlich ausmacht, ist also die *Vorstellung*, die ich von meinem Selbst habe. Es hat deshalb viel mit Selbstbetrachtung und Selbsterkenntnis zu tun. Geläufige psychologische Prozesse wie Wahrnehmen, Erinnern, Beurteilen und Bewerten gehören dazu. Wer sich und sein Verhalten betrachtet und Erkenntnisse daraus zieht, wird sich seines Selbst bewusst. Somit hängt die Selbstbetrachtung stark mit der Bewusstwerdung zusammen – also dem Selbst-Bewusstsein im engen Wortsinn. Umgangssprachlich benutzen wir das Adjektiv »selbstbewusst« meist synonym zu »Selbstvertrauen haben« oder »selbstsicher sein«. Damit ist gemeint, sich nicht nur seines Selbst bewusst zu sein, sondern sich seiner Fähigkeiten sicher zu sein und der eigenen Einschätzung zu vertrauen. »Selbstbewusstsein« wird deshalb im Folgenden als Synonym für »Selbstvertrauen« und »Selbstsicherheit« verwendet.

Wichtig !

Zum Selbst einer Person gehören ihre Erfahrungen, Eigenschaften, Talente, Überzeugungen und Fähigkeiten, aber auch ihre Entwicklungsmöglichkeiten, also Wünsche und Ziele, die sie für die Zukunft hat. Das Selbstbild einer Person entsteht daraus, welche Eigenschaften und Fähigkeiten die Person an sich wahrnimmt, wie sie diese beschreibt und bewertet.

2.1.2 Das Vertrauen

Im Begriff »Selbstvertrauen« steckt auch das Wort »Vertrauen«. Man kann Vertrauen in andere Menschen, in Systeme, Unternehmen oder Maschinen haben. Vertrauen entsteht, wenn wir jemanden oder etwas als glaubwürdig, verlässlich, authentisch und berechenbar, im Sinne der Kalkulierbarkeit, einschätzen. Wir erwarten, dass Ereignisse oder Beziehungen einen vorhersehbaren und positiven Verlauf nehmen. Wer vertraut, geht davon aus, dass er durch Handeln anderer nicht benachteiligt wird. Vertrauen ist also die Grundlage unseres Handelns und die Basis jeglicher Kooperation zwischen Menschen. Glaubt man an ein vertrauensvolles Miteinander, erwartet man Sicherheit und Stabilität.

2.1.3 Sich selbst vertrauen

Daneben gibt es das Vertrauen in sich selbst: Jemand ist überzeugt davon, Begabungen, Kompetenzen und Wissen – also körperliche, psychische, geistige und emotionale Merkmale – zu besitzen, die ihn befähigen, die Herausforderungen des Lebens zu bewältigen. Menschen mit Selbstvertrauen besitzen auch »Selbst-Bewusstsein«, indem sie in und auf sich blicken und sich bewusst wahrnehmen. Dies ist die Basis, um den eigenen Beurteilungen, Gefühlen und Fähigkeiten vertrauen zu können.

Der gotische Wortstamm »trauan«, von dem »trauen« abgeleitet wird, bedeutet: »treu«, »stark«, »fest« und »dick«. Die Wörter weisen darauf hin, was es bedeutet, Selbstvertrauen zu besitzen: darauf zu vertrauen, das Leben meistern zu können, egal was kommt. Die daraus resultierende Stärke im Auftreten und Handeln führen zu positiven Erfahrungen und Erfolgserlebnissen und diese stärken wiederum das Vertrauen in die eigene Person.

2.1.4 Selbstwertgefühl

Eng mit dem Selbstvertrauen verbunden ist der Begriff des »Selbstwertgefühls«, also der positiven oder negativen Einschätzung des Wertes, den man sich, seinen Fähigkeiten und dem eigenen Leben beimisst. Als wie »wertvoll« wir uns letztlich empfinden, hängt zum einen davon ab, ob wir selbst daran glauben, dass unsere Leistungen wertvoll sind und zum zweiten, ob wir davon überzeugt sind, dass sie von anderen ebenso eingeschätzt werden. Selbstvertrauen und Selbstwertgefühl wirken komplex zusammen. Das folgende Beispiel erläutert dies.

!

Beispiel: Selbstwertgefühl

Jemand hat ein gutes Ergebnis erreicht und bekommt Anerkennung dafür. Aus seiner Reaktion auf das Lob kann man ableiten, wie es um sein Selbstvertrauen steht und inwiefern das Selbstwertgefühl davon beeinflusst wird:

1. Wer den Erfolg, zu dem er wesentlich beigetragen hat, lediglich mit Zufall, Mitwirkung anderer Personen oder einem glücklichen Umstand erklärt, erkennt seine Leistungen, den Wert seiner Arbeit und Person nicht an. Es fehlt das Selbstvertrauen, die Anerkennung sich und seiner Arbeit zuzuschreiben. Wird das Lob nicht mit der eigenen Leistung in Zusammenhang gebracht, kann es nicht zur Stärkung des Selbstwertgefühls beitragen. Daraus entsteht eine Negativspirale für das Selbstvertrauen.
2. Wer Lob annimmt, es auf sich und seine Leistung bezieht, verfügt über eine realistischere Sicht der Dinge und zeigt Selbstbewusstsein. Er weiß um seinen Wert und seine Leistungsfähigkeit. Die Anerkennung wirkt sich positiv auf das Selbstwertgefühl aus: Die eigene Einschätzung der Arbeit wird bestätigt und man erhält zudem eine positive Rückmeldung. Damit kommt eine Positivspirale in Gang.

2.2 Woran erkennt man selbstbewusste Menschen?

Ist jemand sehr präsent und tritt lautstark auf, erzählt von seinen Erfolgen und Triumphen, schließen wir leicht vorschnell auf großes Selbstvertrauen. Bei näherem Kennenlernen merken wir oft, dass es so groß doch nicht ist. Selbstsichere Menschen müssen sich nicht wie Stars und Sternchen benehmen, von allen geliebt und umschwärmt. Auch die Tatsache, dass jemand gern den Alleinunterhalter spielt oder laut seine Geschichten erzählt, ist kein Indiz für Selbstvertrauen. Viele Blender nutzen diese Form des Auftretens, um ihr mangelndes Selbstvertrauen zu überspielen. Wirklich stabile und sichere Menschen können im Vordergrund stehen, müssen es aber nicht, und sie halten sich manchmal auch zurück.

Wir neigen dazu, denjenigen, die vordergründig still und zurückhaltend wirken, wenig Selbstvertrauen zuzuschreiben. Doch man sollte sich nicht täuschen lassen: Ein stiller Mensch, der in sich ruht, Gelassenheit entwickelt hat und optimistisch in die Zukunft blickt, kann über ein hohes Maß an Selbstvertrauen verfügen und in bestimmten Situationen beeindruckend stark sein. Wie viel Selbstvertrauen jemand nach außen zeigt, ist abhängig vom Persönlichkeitstypus, seinem Temperament, seiner Lebenssituation und seiner momentanen Verfassung. Man sollte deshalb mit schnellen Zuschreibungen vorsichtig sein.

Selbstsichere Körpersprache

Körpersprachlich wird man bei längerer Beobachtung immer wahrnehmen, ob eine Person selbstsicher ist oder nicht. Reden können Menschen viel, doch das Unbewusste, das stark auf die Körpersprache einwirkt und ihr den Ausdruck verleiht, lügt nie. Körpersprache ist nur bedingt willentlich beeinflussbar und gibt daher dem aufmerksamen Beobachter viel preis. Es empfiehlt sich, sich mit der eigenen Körpersprache auseinanderzusetzen, denn bestimmte Körperhaltungen haben nicht nur eine Wirkung nach außen, sie wirken auch auf das Selbstbewusstsein zurück. Beispiele dafür, welche Signale Hinweise auf die Selbstsicherheit eines Menschen geben, finden Sie in der folgenden Übersicht.

Checkliste: Körpersprachliche Signale
• Zeigt jemand eine offene Körperhaltung? (offener Oberkörper, volle Körpergröße, kein »Verstecken« von Extremitäten)
• Sind Angstsignale zu erkennen? (hochgezogene Schultern, eingezogenen Kopf, angespannten Hals?
• Sind Hände und Finger ruhig?
• Ist die Mimik entspannt oder Nervosität erkennbar? (Zucken der Gesichtsmuskeln, nervöser Lidschlag, Augenkneifen)
• Standfestigkeit: Steht jemand sicher auf seinen Füßen?
• Hält er Augenkontakt mit seinem Gesprächspartner?
• Sind Kopf und Rücken aufrecht?
• Nimmt er Raum ein? (beim Sitzen und Stehen, »verdrückt« er sich lieber oder macht er sich »kleiner«, als er ist?)
• Macht jemand große, raumgreifende Schritte oder geht er trippelnd und verhalten?
• Ist sein Händedruck fest?

Respektvoller Umgang mit anderen

Selbstsichere Menschen haben keine Ellenbogenmentalität nötig. Sie sind weder aggressiv noch versuchen sie, andere aus purem Eigeninteresse zu übervorteilen. Sie können darauf verzichten, andere zu unterdrücken und die Muskeln spielen zu lassen. Selbstsichere Menschen können es sich leisten, partnerschaftlich, fair und respektvoll mit anderen umzugehen, da sie sich nicht ständig beweisen müssen oder befürchten, zu kurz zu kommen. Sie können sich weitgehend frei entfalten und treffen eigene Entscheidungen. Dazu kann es auch gehören, dass man sich ab und zu einmal hinten anstellt. Kurz gesagt: Selbstvertrauen verleiht Souveränität.

Verhalten in Krisensituationen

Selbst wenn Menschen mit Selbstvertrauen ihr Leben nach ihren eigenen Vorstellungen gestalten und vieles schaffen, läuft nicht immer alles glatt. Selbstvertrauen schützt nicht vor Tiefschlägen. Es trägt aber entscheidend dazu bei, nach Krisen kontinuierlich weiterzumachen und zu einem erfüllten und glücklichen Leben zurückzufinden. Man erkennt Menschen mit Selbstvertrauen an der Art und Weise, wie sie mit einem Rückschlag umgehen. Sie beginnen unermüdlich von vorn, glauben trotz widriger Umstände an sich und geben die Hoffnung auf Besserung nicht auf. Das hilft, sich auf seine Ziele zu konzentrieren und diese unbeirrt zu verfolgen.

2.3 Was Sie gewinnen: Das Leben aktiv gestalten können

Ohne Vertrauen in die eigenen Fähigkeiten ist jede Unternehmung von vornherein zum Scheitern verurteilt. Es fehlt schlicht im Vorfeld schon der Mut, etwas anzupacken. Für alles, was man sich vornimmt und tut, braucht es Zutrauen und den festen Glauben an das Ziel. Zugleich muss man während einer Durststrecke oder bei auftretenden Hindernissen auf die eigene Person vertrauen können. Das kennt jeder aus dem Alltag: Auch außerhalb von Hoch- und Höchstleistungen braucht man Selbstvertrauen, will man etwas erreichen oder umsetzen.

Beispiel: Selbstvertrauen als Basis !

Wer es wagt, als junger Mensch alleine ein Auslandssemester zu absolvieren, braucht Selbstvertrauen, ebenso wie jemand, der eine Rede vor Publikum hält. Das Kind, das zum ersten Mal den Beckenrand loslässt und ohne Schwimmflügel losschwimmt, benötigt es genauso wie derjenige, der seinen festen Job kündigt, um etwas Neues in seinem Leben auszuprobieren, oder der Schüler, der eine Prüfung schaffen will.

Selbstvertrauen beeinflusst somit ständig unser Tun und Handeln. Ohne Selbstvertrauen wird man wenig wagen und vorhandene Potenziale nicht ausschöpfen. Selbstvertrauen ist die Triebfeder der Motivation.

An den Erfolg glauben

Das Leben fordert uns permanent. Wir müssen mit Neuem, Unkalkulierbarem, Erfolgen und Misserfolgen, Herausforderungen und Hürden klarkommen. Selbstvertrauen beeinflusst ganz maßgeblich unser Bewältigungsverhalten gegenüber bevorstehenden Aufgaben. Manche Menschen sehen Herausforderungen als Gelegenheit, ihre Kompetenz unter Beweis zu stellen. Bei anderen stehen Unsicherheit und Furcht im Vordergrund sowie die Angst, Aufgaben nicht bewältigen zu können. Den Unterschied hierbei macht der Grad des Selbstvertrauens.

Selbstbewusste sind davon überzeugt, dass ihre Fähigkeiten ausreichen, um ein positives Ergebnis zu erlangen, und sie packen eine Sache unbeeindruckt an. Sie glauben, dass ihr Verhalten wirksam ist im Sinne der Aufgabenlösung. Wem es an Selbstvertrauen mangelt, der wird stattdessen über Vermeidungsstrategien nachdenken.

David Clarence McClelland, US-amerikanischer Verhaltens- und Sozialpsychologe, unterscheidet diese beiden wesentlichen Lebensmotive:

- den Glauben an den Erfolg und
- die Furcht vor Misserfolg.

! **Wichtig**

Selbstvertrauen ist eng an den eigenen Glauben an Erfolg gekoppelt.

Allein die positive und aktive Haltung hilft, Anforderungen als machbar zu erleben und Ziele verfolgen zu können. Dadurch nehmen Selbstbewusste ihr Leben als deutlich gestaltbarer wahr. Sie machen die Erfahrung, dass sie ihre Vorstellungen verwirklichen können. Mangelndes Selbstvertrauen hingegen führt zu vermeidendem Verhalten: Ohne Selbstvertrauen entstehen Selbstzweifel, wodurch Mut und Elan sinken. Daher versuchen Menschen, den (angenommenen) Misserfolg und die damit einhergehenden negativen Gefühle, wie z. B. Versagen, Scham und Blamage zu vermeiden. Ihr Motto ist: Vermeidung aus Furcht vor Misserfolg.

! **Beispiel: Jobabsage**

Wer schon einmal eine Absage auf eine Bewerbung bekommen hat, weiß, wie man sich fühlt, wenn die entsprechende Standard-Antwort in der Mail ist. Menschen mit Selbstvertrauen suchen sobald sie den ersten Dämpfer überstanden haben, sofort gezielt nach weiteren Stellenangeboten. Sie gehen davon aus, dass der Erfolg kommen wird und sie das finden werden, was sie suchen. Ihre stetige Aktivität wird ihnen früher oder später zum gewünschten Resultat verhelfen.

Menschen mit wenig Selbstvertrauen neigen dazu, in dieser Situation aufzugeben. Statt auf ihr ursprüngliches Ziel konzentrieren sie sich darauf, weitere Absagen zu vermeiden. Sie bewerben sich beispielsweise nur noch auf Jobs, die sie relativ sicher bekommen, auch wenn diese unter ihrem Niveau liegen. Sie bescheinigen sich, dass »das auch ganz o. k.« für sie wäre. Durch diese Haltung schöpfen sie jedoch ihre Ressourcen bei Weitem nicht aus. Im langfristigen Vergleich mit anderen stellen sie irgendwann fest, dass diese weitergekommen sind als sie.

Allein klarkommen

Selbstvertrauen benötigen wir vor allem in Situationen, in denen wir auf uns alleine gestellt sind. Prüfungen oder Vorstellungsgespräche sind Paradebeispiele. Aber auch eine Verhandlung (z. B. mit dem Bankberater) oder eine Party, die wir alleine besuchen, sind solche Situationen. Hierbei hängt es von unserem Geschick ab, wie das Ergebnis ausfällt. Fehlt Selbstvertrauen, fühlen wir uns gestresst, überfordert oder gehen lieber gar nicht hin, weil wir uns von Vornherein bescheinigen, nichts erreichen zu können. Wer hingegen darauf vertraut, dass seine Fähigkeiten ausreichen, um die Situation zu managen, ist weniger oder gar nicht unsicher.

Hilfe von außen annehmen

Selbstbewusste wissen: Es ist nicht wesentlich, dass man alles selbst kann und weiß. Wesentlich ist, dass man sein – wie auch immer definiertes – Ziel erreicht. Immer wieder wird es Situationen geben, in denen man allein nicht weiterkommt. Wer rechtzeitig erkennt, dass er Beistand benötigt, und ihn sich organisiert, ist nicht schwach, sondern clever. Selbstvertrauen erleichtert es, Hilfe von anderen anzufordern und anzunehmen, wenn nötig. Wer Unterstützung von anderen nicht als Beweis seines Unvermögens wertet oder sich schämt, dass er etwas nicht allein schafft, lässt sich leichter einmal unter die Arme greifen und kommt vorwärts, statt auf der Stelle zu treten.

Bindungen schaffen

Selbstvertrauen wirkt sich auch positiv auf soziale Bindungen aus. Wer Selbstvertrauen besitzt, empfindet grundsätzlich sein Verhalten, sein Aussehen und seine Leistungen als »in Ordnung«. Dieses Grundvertrauen hilft, mit anderen in Kontakt zu kommen, sich in Gruppen zu integrieren, sich einzubringen und zu behaupten. Menschen mit Selbstvertrauen verfügen deshalb über gute soziale Kontakte. Bindungen und Freundschaften vermitteln nicht nur Zugehörigkeit, sie unterstützen und stärken auch in schwierigen Lebenslagen. Wer seinerseits Freunde unterstützt, erhält im Gegenzug Dank und Anerkennung, was das eigene Selbstbewusstsein wiederum stärkt.

Wenn Selbstvertrauen fehlt

Auf psychisches und physisches Wohlbefinden, auf Motivation und Leistung und sowie auf die Fähigkeit, Stress zu bewältigen, hat fehlendes Selbstvertrauen großen Einfluss: Unsichere Menschen haben häufig das Gefühl, nicht zu genügen, etwas nicht zu können, und sie sind froh, wenn sie großen Herausforderungen aus dem Weg gehen können. Häufig weichen sie vor Entscheidungen zurück. Aus Furcht vor Versagen stellen sie ihr Licht weitestgehend unter den Scheffel oder geben eigene Ansprüche auf. Sie sind schnell bereit nachzugeben. Da sie wenig Selbstvertrauen besitzen, mangelt es ihnen meist an Durchsetzungsfähigkeit. Ihre Angst vor Fehlern und dem eigenem Ungenügen lässt sie oft zögerlich, wenig standhaft und passiv erscheinen.

Die Probleme, die daraus entstehen, liegen auf der Hand: Der Betroffene erlebt wenig positive Bestätigung. Durch sein Zaudern wird ihm auch von anderen immer weniger zugetraut. Dies wertet er – aus seiner Sicht folgerichtig – als weiteres Indiz dafür, dass er ausgegrenzt oder wenig anerkannt ist. Enttäuschung entsteht, das Selbstvertrauen sinkt noch mehr. Häufig findet der Betroffene keinen Ansatz, der belastenden Situation zu entkommen. Ohnmachtsgefühle und Stress sind die Folgen. Ein Teufelskreis entsteht: Die Verunsicherung wächst, der klare und realistische Blick geht mehr und mehr verloren und die Situation erscheint zunehmend auswegloser – oft auswegloser, als sie tatsächlich ist.

2.4 Permanente Arbeit an sich selbst

Kaum jemand hat ein für alle Mal Selbstvertrauen, in allen Lebensbereichen gleichermaßen.

Situationen und Erfahrungen
Selbstvertrauen ist keine stete Größe, die man durch Glück oder Zufall erhalten hat. Es variiert abhängig von Lebenssituationen und Erfahrungen, es kann erschüttert oder gestärkt werden. Wir fühlen uns heute unerschrocken und stark und morgen kann alles ganz anders sein: Kommen mehrere Misserfolge zusammen oder erlebt ein Mensch Erschütterungen, wie z. B. Krankheit, Kündigung oder den Tod nahestehender Menschen, nimmt auch vorübergehend der Grad des Selbstvertrauens ab. Dies ist eine Schutzfunktion unserer Seele, womit sie uns in schweren Zeiten zu Rückzug, Ruhe und Besinnung verhilft, damit sich Psyche und Körper erholen können.

Den umgekehrten Fall gibt es natürlich auch: Man hat z. B. tagelang vor einem Vortrag gezittert, sich überwunden und ihn gehalten – und prompt erkannt, dass man es souverän geschafft hat. Diese Erfahrung verleiht dem Selbstvertrauen Flügel, denn es speist sich genau aus diesen positiven Erfolgserlebnissen. Meistern wir eine Situation immer wieder gut, wächst der Mut und es wird immer mehr Vertrauen in das eigene Können ausgebildet.

Unterschiedliche Lebensbereiche
Bei allen Verrichtungen, die wir gerne tun, die uns locker von der Hand gehen, besitzen wir Selbstvertrauen. Es scheint wie selbstverständlich vorhanden zu sein. Jeder hat solche Bereiche, die wie von selbst laufen. In anderen Lebensbereichen quälen uns hingegen Zweifel, dort werten wir uns ab, halten uns für ungebildet, schlecht, unfähig oder langweilig. Diese Situationen versuchen wir dann gern zu umgehen oder treten nur zaudernd an sie heran, weil wir davon ausgehen, zu versagen. Das heißt: Selbstvertrauen, das in einem Bereich vorhanden ist, muss sich nicht zwangsläufig über alle Lebensbereiche erstrecken.

! **Beispiele: Nicht in allen Bereichen selbstbewusst**

Es ist durchaus möglich, dass eine Mutter mit drei Kindern die Vielzahl ihrer Aufgaben souverän erledigt: Familie, Termine, Haushalt. Im privaten Umfeld verfügt sie über ein gutes Selbstvertrauen. Daneben könnte sie sich in beruflichen Situationen aber wenig zutrauen, weil ihr hierfür das nötige Selbstvertrauen fehlt. Sie ordnet sich dort weit unter ihren Möglichkeiten ein.
Ebenso möglich: Ein Vertriebsleiter mit internationaler Tätigkeit ist beruflich erfolgreich und verdient gut. Ihm kann aber im Privatbereich das Selbstvertrauen fehlen, seine Person als liebenswert und wertvoll anzuerkennen und sich eine stabile Partnerschaft oder Familiengründung zuzutrauen, die er sich wünschen würde.

Die Arbeit am Selbstvertrauen endet nie

Wie wir eine Situation einschätzen und bewerten, geschieht auf der Basis unserer Wahrnehmungen, unserer bisherigen Erfahrungen und der individuellen Informationsverarbeitung in unserem Gehirn (ausführlich dazu, siehe Abschnitt »Wie nehmen Sie sich selbst wahr?«). Mit hinein spielt deshalb der physiologische und emotionale Zustand, in dem wir uns gerade befinden, wie z. B. starke Gefühle, Müdigkeit, Stress oder anderweitige psychische Belastungen. Man kann sich vorstellen, dass es einen Unterschied macht, ob man eine Situation z. B. ausgeschlafen und konzentriert betrachtet oder gestresst, frustriert und müde.

Beispiel: Anders betrachtet !

Frau R. berichtet aus ihrem Führungsalltag: »Ich hatte einen hektischen Zwölf-Stunden-Tag im Büro, war erschlagen und wollte nach Hause. Ich checkte zum Schluss noch meine Mails. In einer Antwortmail las ich, dass die Präsentation, an der ich intensiv gearbeitet hatte, von amerikanischen Kollegen abgelehnt und zur Überarbeitung zurückgeschickt wurde. Sofort sackte meine Stimmung in den Keller. Ich fühlte mich schlagartig leer, enttäuscht und energielos. Ungnädig kamen meine alten Selbstvorwürfe und Zweifel an meinem Können hoch und ich sah nur noch die Kritik an meiner Arbeit.

Beim Lesen der Anmerkungen am nächsten Morgen sah die Sache anders aus: Ausgeruht konnte ich differenzieren und erkennen, dass nur wenige Stellen überarbeitet werden sollten und andere, wesentliche Inhalte, in Ordnung waren und gelobt wurden. Das hatte ich am Abend zuvor überlesen.«

Der Grad des Selbstvertrauens ist also keine Konstante, sondern immer im jeweiligen Lebenskontext zu sehen. Auch gibt es keine Garantie dafür, dass man Selbstvertrauen auf ewig besitzt. Man muss permanent daran arbeiten, das Selbstvertrauen in bestimmten Bereichen auszubauen – oder wiederherzustellen.

Wichtig !

Selbstvertrauen ist ein zartes Pflänzchen, das unter ungünstigen Umständen Mangel leidet, ebenso wie es unter günstigen Umständen prächtig gedeiht.

2.5 Die wichtigsten Einflussfaktoren

Einflussfaktoren, die wesentlich auf das Selbstvertrauen einwirken, sind: Kindheit und Erziehung, Werte- und Normenverständnis und das eigene Rollenverhalten.

2.5.1 Kindheit und Erziehungsstile

Eltern sind die erste und wichtigste Instanz für die Entwicklung des Selbstvertrauens bei Kindern. Die tiefe Beziehung zu den Eltern und die Erfahrungen, die man dabei macht, wirken ein Leben lang. Eltern sollten die sichere Basis und gleichzeitig Vorbild dafür sein, wie man auf die Umwelt zugehen, Konflikte und schwierige Situationen meistern kann. Nachweislich hat der Erziehungsstil großen Einfluss auf die Entwicklung des Selbstvertrauens. Für die Ausprägung eines starken Selbstbewusstseins bergen einige Erziehungsstile und -methoden Gefahren. Nicht nur zu strenges, auch zu lockeres oder vernachlässigendes Erziehungsverhalten kann das kindliche Selbstvertrauen untergraben.

Strenge oder autoritäre Erziehung

Den autoritären Erziehungsstil zeichnen hohes Kontrollstreben seitens der Erzieher und eine geringe Antwortbereitschaft auf Anforderungen und Bedürfnisse des Kindes aus. Die Eltern sind dabei dem Kind gegenüber stark reglementierend und distanziert. Hier gelten strenge Regeln und das Hinterfragen der Autorität wird nicht gestattet. Weicht das Kind vom erwarteten bzw. vorgegebenen Verhalten ab, wird es getadelt, zurückgewiesen, eingeschüchtert oder hart bestraft.

In vielen Studien konnte nachgewiesen werden, dass die so erzogenen Kinder später zu Aggressionen neigen, geringe Sozialkompetenz und wenig Selbstvertrauen aufbauen. Der autoritäre Stil, dessen vordergründige Methoden Belohnung und Bestrafung sind, vermittelt zwar Sicherheit durch klare Regeln, andererseits können Kinder durch übertriebene Härte stark verunsichert werden. Kontrolle, Verbote, häufige Kritik und fehlende Empathie rauben Kindern ihr Selbstvertrauen. Die Folgen sind entweder Rückzug und Verunsicherung oder Gewalt und Aggression gegen sich und andere, was ebenfalls als Ausdruck fehlender Selbstsicherheit gilt.

Antiautoritäre Erziehung

Beim antiautoritären Erziehungsstil (»Laisser-faire«) steht die Annahme im Vordergrund, Erziehung wäre eine störende Beeinflussung der kindlichen Entwicklung. Die Erzieher verhalten sich dem Kind gegenüber relativ passiv und lassen es gewähren. Es werden lediglich geringe oder keine Regeln aufgestellt, so dass sich das Kind selbst überlassen bleibt. Kinder, denen keine Grenzen gesetzt werden, kennen diese folglich auch nicht. Sie sind stets auf der Suche nach Grenzen. Da sie diese ohne Anleitung der Eltern unmöglich finden können, sind sie frustriert und in Folge müssen sie soziale Verhaltensregeln alleine herausfinden, was sie überfordert. Durch fehlende Grenzen und Regeln entsteht zudem disziplinloses Verhalten, durch das die Kinder oft in Konflikte mit anderen Menschen kommen. Da sie sich jedoch keine Strategien für diese Situationen aneignen mussten, können sie damit schlecht umgehen. Zusätzlich entsteht das Gefühl, die Eltern interessieren sich nicht für sie. Durch die fehlende Sicherheit und die mangelnde Konfliktfähigkeit wird das Selbstvertrauen dieser Kinder stark untergraben.

Vernachlässigende Erziehung

Das Schlimmste für ein Kind ist: Eltern, die es zurückweisen, desinteressiert und distanziert sind. Ist das Engagement der Eltern gering, sichert es in manchen Fällen lediglich das physische Überleben. Die Bedürfnisse des Kindes werden nicht wahrgenommen, weshalb diese versuchen, die Aufmerksamkeit durch auffälliges Verhalten auf sich zu ziehen. Die (zumeist negativen) Reaktionen der Eltern werden als Zeichen von Zuwendung und Interesse gewertet. Dies führt unter anderem dazu, dass die Kinder Störungen im Bindungsverhalten aufweisen und starke Defizite in verschiedenen Bereichen haben. Auffallend ist in Untersuchungen, dass diese Kinder nur einen geringen Grad an Selbstkontrolle und Selbstwertgefühl entwickelten.

2.5.2 Normen und Werte

Unsere Norm- und Wertvorstellungen haben ebenfalls Einfluss auf das Selbstvertrauen, da sie zentrale Lebensmotive sind. Normen sind übergeordnete, gesellschaftliche Regeln und Gesetze (auch Gebote und Verbote) einer jeweiligen Gesellschaft, denen Werte zugrunde liegen. Diese Werte bzw. ihre Rangordnung sind stark kulturabhängig.

Beispiel: Normen im Alltag !

In Europa gilt die Norm, mit Besteck statt mit den Fingern zu essen. Dies ist sozusagen ein ungeschriebenes Gesetz. Hält man diese Norm nicht ein und schaufelt den Salat mit den Fingern in den Mund, wäre es möglich, dass man aus einem Lokal verwiesen wird. Hinter der Norm stehen somit sittliche und ethische Werte, wie »Benehmen« oder »Anpassung«. Weitere Normen sind im Alltag etwa: bei Rot an der Ampel stehen zu bleiben, Kleidungsvorschriften, die Zehn Gebote etc.

Diese Regeln geben sozusagen Verhalten und Handlungen in einer bestimmten Kultur- oder Sozialgesellschaft verbindlich vor und unterliegen stark der sozialen Kontrolle. Werte stehen damit in engem Zusammenhang. Sie sind die ethisch-moralische Instanz hinter den Normen. Die Normen ihrerseits stellen den Schutz der Werte sicher.

Grundsätzlich kommt keine Gesellschaft ohne Normen und Werte aus. Sie sichern und regeln soziales Zusammenleben. Allerdings gibt es Abweichungen innerhalb einer Kultur: Wie wichtig ein bestimmter Wert für eine einzelne Person ist, hängt von ihren individuellen Maßstäben ab. Für den Aufbau von Selbstvertrauen ist es wichtig, sich der eigenen, wichtigsten Werte bewusst zu werden und ihnen weitgehend entsprechen zu können. Was ist wichtig für mich? Das ist die zentrale Frage, die wir uns immer wieder stellen sollten. Wer Werte wie Respekt, Mut, Verantwortung etc. ständig verleugnet (oder glaubt, sie verleugnen zu müssen), kann anderen und sich selbst gegenüber keine Wertschätzung aufbauen.

! **Beispiel: Wertekonflikt**

Sie stehen vor dem dringenden Bedürfnis, Ihrem Chef offenes Feedback über sein Verhalten und die negative Auswirkung auf die Mitarbeiter zu geben. Damit würden Sie den für Sie wichtigen Werten »Ehrlichkeit/Offenheit« nachkommen. Dem könnte jedoch der Wert »Sicherheit« bezogen auf Ihren Arbeitsplatz, entgegenstehen. Möglicherweise unterdrücken Sie deshalb aus taktischen Gründen Ihr Bedürfnis, mit dem Chef zu sprechen, verleugnen damit aber gleichzeitig Ihren Wert »Offenheit«.

Werte verändern sich

Normen werden durch Erziehung und Beobachtung erlernt. Auch Werte übernehmen wir größtenteils (manchmal auch unkritisch) von Bezugspersonen unserer Kindheit. Daran richten wir unsere persönlichen Ziele aus. Dennoch sollten sie von Zeit zu Zeit überprüft und mit dem aktuellen Lebensmodell abgeglichen werden. Die Gesellschaft verändert sich (z. B. zunehmende Offenheit in der Sexualität). Und man selbst verändert sich. Es kann sein, dass uns bestimmte Werte mehr oder weniger wichtig werden. Diese Veränderungen geschehen häufig nach Umbruchsituationen, Krisenzeiten oder einfach, indem man älter wird.

! **Beispiele: Veränderte Werte**

Man kann sich vorstellen, dass ein 20-Jähriger die Werte »Freiheit«, »Sicherheit«, »Unabhängigkeit« oder »Mut« anders bewertet als ein 40-Jähriger, und jemand, der gerade Kinder bekommen hat, anders als jemand, dessen Kinder schon flügge geworden sind.
Hängt Ihnen z. B. noch immer der tradierte Satz aus dem Elternhaus: »XY tut/sagt man nicht« im Kopf? Dann wird es Zeit, ihn zu hinterfragen. Es könnte durchaus sein, dass Ihnen die Werte »Aufrichtigkeit« und »Offenheit« mittlerweile viel wichtiger sind als die alten Werte »Anpassung« und »Anstand«. Somit wären Sie heute viel authentischer, wenn Sie sich anderen gegenüber direkter und offener verhielten. Sie würden Ihr Selbstvertrauen stärken, statt sich zu verbiegen.

In Bezug auf das Selbstvertrauen ist es essentiell zu wissen, welche Werte persönlich wichtig sind. Nur dann kann man sie respektieren oder muss ihnen nicht ständig entgegenwirken, was auf Dauer frustriert. Authentizität entsteht, wenn man sich gemäß den eigenen Wertvorstellungen verhält. Folgt man dieser persönlichen Stimmigkeit, weiß man immer, aus welchen Motiven heraus man etwas tut oder unterlässt. Diese Klarheit ist eine spürbare Kraftquelle des Selbstvertrauens.

2.5.3 Rollenerwartungen

Jeder Mensch unterliegt Rollenerwartungen seiner Umwelt. Darunter werden die von der Umwelt erwarteten Verhaltensweisen einer Person in einer bestimmten Position bzw. Rolle verstanden. Die Rollenerwartungen drücken aus, wie dessen Träger dem allgemeinen Verständnis nach sein sollte. Durch sozialen Druck werden diese Erwartungen bewusst oder unbewusst eingehalten, um die zugeschriebene Rolle auszufüllen. Ein Verstoß gegen die Rollenerwartung ginge mit negativer Bewertung oder Sanktion von außen einher und würde mit dem Verlust z. B. von Gruppenzugehörigkeit oder Sicherheit verbunden sein. Auch stellen widersprüchlichen Erwartungen an einzelne Rollen häufig eine Belastung dar.

Beispiel: Alleinerziehende Mütter !

Alleinerziehende Mütter müssen sich in einer Vielzahl von Rollen bewegen. Die Frauen können z. B. gleichzeitig Mutter, Tochter, Geliebte, Freundin, Geschäftspartnerin, Vereinsmitglied etc. sein. Dabei unterliegen sie sehr unterschiedlichen Rollenerwartungen, die sie gleichzeitig erfüllen müssen. Die Kinder erwarten von ihr anderes als die Geschäftspartner, die Freundin anderes als die Mutter, der Geliebte anderes als die Kinder.

Sind die Rollenerwartungen mit den persönlichen Zielen und Bedürfnissen vereinbar, ist es unproblematisch. Wird man den Erwartungen jedoch nicht gerecht – weil z. B. die Ressourcen fehlen, Rollen sich widersprechen oder sie nicht mehr zu uns passen – können Probleme entstehen. Denn: Sind Rollenerwartungen und eigene Ziele nicht miteinander vereinbar, gibt man entweder eigene Bedürfnisse auf oder man verhält sich nicht rollenkonform. Letzteres kann zu Sanktionen durch die jeweilige Gruppe führen und man bekommt keine Bestätigung mehr, empfindet sich als »falsch«. Das Selbstvertrauen wird untergraben, da sich diese Erfahrungen emotional enorm belastend und identitätsbedrohend auswirken.

Im Laufe des Lebens nimmt die Rollenvielfalt normalerweise zu. Deshalb ist es wichtig, sich klar zu werden, in welchen Rollen man sich überhaupt befindet und welche Erwartungen daran geknüpft sind. Diese Rollenerwartungen sollte man kritisch überprüfen, ablehnen oder anpassen. Auf Dauer demotiviert es uns, wenn wir Rollen innehaben, die uns heute nicht mehr entsprechen. Wollen Sie z. B. nicht mehr der Spaß- und Stimmungsmacher oder die Kummerkastentante sein, dann müssen Sie sich konsequent gegen diese Rollen entscheiden und dürfen sie nicht mehr bedienen.

Die Ausbildung von Selbstvertrauen gelingt nur, wenn Sie sich nicht ausschließlich den Rollenerwartungen anderer anpassen, sondern reflektieren, welche Rollen für Ihr Leben wichtig sind. Dies nimmt den Druck, der aufgrund unzähliger Erwartungen auf Ihnen lastet, und Sie werden frei, Sie selbst zu sein.

Auf einen Blick: Was Selbstvertrauen ist
• Zu unserem Selbst gehört alles, was man ist, kann oder könnte: Überzeugungen, Gedanken und Gefühle sowie Wissen und Fähigkeiten.
• Unser Selbstbild ist die Einschätzung dessen, welche Gefühle, Eigenschaften oder Fähigkeiten man in welchem Maße besitzt.
• Selbstvertrauen bedeutet, darauf zu vertrauen, dass man körperliche, psychische, geistige und emotionale Merkmale besitzt, die einen befähigen, die Herausforderungen oder Unwägbarkeiten des Lebens bewältigen zu können.
• Wer selbstsicher ist, kann mit Misserfolgen positiv umgehen und Krisen besser bewältigen.
• Selbstvertrauen ist keine Konstante: Es kann mal mehr, mal weniger vorhanden sein und wir arbeiten unser ganzes Leben lang daran.
• Die Erziehung und die Einflüsse, die wir als Kinder erfahren haben, sowie Normen und Werte unserer Umwelt beeinflussen unser Selbstvertrauen. Trotzdem ist es auch als Erwachsener möglich, sein Selbstvertrauen zu stärken.

3 Wo liegen Ihre Knackpunkte?

Nicht die anderen, wir selbst halten uns oft davon ab, selbstbewusster zu werden. Lassen Sie uns genau hinsehen, welche Haltungen, Gefühle und Gedanken in diesem Sinne Hindernisse sein könnten.

In diesem Kapitel lesen Sie,

- warum wir uns selbst oft anders wahrnehmen und beurteilen als unsere Mitmenschen dies tun,
- warum es wenig hilfreich ist, sich ständig mit anderen zu vergleichen und sich vom Urteil der anderen abhängig zu machen,
- wie wichtig es ist, die eigenen Bedürfnisse zu kennen,
- welche Rolle Hemmungen und Ängste spielen können.

3.1 Wie nehmen Sie sich selbst wahr?

Wir sind stets damit beschäftigt, uns zu kategorisieren, zu bewerten, einzuordnen. Permanent sammeln wir Informationen über uns. Doch: Woher stammen diese eigentlich? Die Quellen für Informationsgewinnung über uns selbst sind:

- Selbstbeobachtung: Wir beobachten unser Verhalten, indem wir den Blick nach innen richten.
- Sozialer Vergleich: Wir suchen nach Ähnlichkeiten und Unterschieden zwischen uns und anderen, um zu einer objektiveren Einschätzung zu kommen. Erst durch Vergleiche lassen sich eigene Fähigkeiten einordnen.
- Feedback von anderen: Wie die Umwelt auf unser Verhalten reagiert, gibt uns Aufschluss darüber, wie wir von anderen gesehen werden. Auch hier erhalten wir rationale (aber auch emotionale und verzerrte) Informationen.

3.1.1 Die Wahrnehmung: Kein Garant für Objektivität

Alle Informationen, die wir über uns und andere sammeln, unterliegen den Grenzen unserer Wahrnehmungsfähigkeit. Halten wir uns einmal die unermessliche Größe vor Augen: 11 Millionen Reize werden in jeder Sekunde von unserem Nervensystem aufgenommen. Diese müssen blitzschnell im Gehirn einer Sofortanalyse unterzogen werden. Dafür bedienen wir uns zuerst einer unbewussten, emotionalen Bewertung. Vereinfacht ausgedrückt, hilft der Wahrnehmungsfilter unserem Gehirn, Informationen sehr schnell einzuteilen in folgende Grobkategorien:

- gut - schlecht/positiv - negativ
- zustimmen - ablehnen
- Kampf - Flucht

Unbekannte, mit vorhandenen Mustern nicht abgleichbare Reize müssen bewusster und sorgfältiger verarbeitet werden. Sie erhalten mehr Aufmerksamkeit und werden im Kurzzeitgedächtnis zwischengespeichert.

All diese Verarbeitungsmechanismen sind grundsätzlich für unser Gehirn sehr sinnvoll, weil der Mensch ohne die Schnellselektion schlicht nicht überlebensfähig wäre. Jedoch muss das Gehirn bei der riesigen Bewertungsflut sehr grob arbeiten und das Ergebnis ist deshalb ein höchst individuell gefiltertes Konstrukt. Unser Wahrnehmungsfilter ist geprägt durch individuelle Erfahrungen, Erlebnisse, Werte, Interessen, Wissen und Gene. Deshalb kann das, was wir wahrnehmen niemals völlig der Realität entsprechen.

!

Wichtig

Wahrnehmung ist kein passiver Prozess, bei dem absolute Realität aufgenommen wird. Sie ist vielmehr ein Prozess, bei dem der Wahrnehmende durch individuelle Selektion aktiv seine Realität gestaltet.

3.1.2 Verzerrung von Selbst- und Fremdwahrnehmung

Wahrnehmung beruht, vereinfacht ausgedrückt, auf unseren fünf Sinnen: Sehen, Hören, Riechen, Fühlen und Schmecken. Auf Wahrgenommenes folgen Reaktionen wie Hormonveränderungen, Emotionen, Verhalten, Handlungen. Wie wir wahrnehmen, hat immer stark mit unserer Bewertung zu tun. Diese wiederum hängt vom individuellen Weltbild, unseren Werten, Denkmustern sowie von persönlichen Erfahrungen, Kultur und Sozialisation ab. Die Bewertung geschieht bewusst und unbewusst, blendet aber oft relevante Informationen aus. Das verstehen wir unter selektiver Wahrnehmung oder Wahrnehmungsverzerrung. Dies ist der Grund, weshalb z. B. das Selbstbild (die Vorstellung, die man sich von der eigenen Person macht) oft stark abweicht vom Fremdbild (die Vorstellung, die sich andere von uns machen). Die Ursachen für Differenzen und Informationslücken liegen in den Verzerrungen, die auf beiden Seiten stattfinden.

Nun könnte man denken, Verzerrungsmechanismen wären bei der Selbstwahrnehmung geringer, zumal man sich ja selbst sehr gut kennt. Das ist aber nicht Fall.

!

Beispiel: Neue Einsichten

Wer selbst schon einmal an einem Videotraining für Kommunikationstechniken teilgenommen hat, kennt das: Man bekommt die Aufgabe, ein Gespräch zu führen, und wird dabei gefilmt. Nicht nur die Tatsache, vor anderen eine Übung zu machen, macht nervös, sondern

auch die laufende Kamera. Herr L. berichtet: »Ich führte das Gespräch – leider nicht so, wie ich es mir vorgenommen hatte. Eigentlich wollte ich etwas anderes sagen, verlor aber vor Aufregung den Faden und musste improvisieren. Ich empfand das Gespräch furchtbar und fühlte mich wie ein Versager. Deshalb wunderte ich mich, als die Kollegen und der Trainer mich lobten und mein Gespräch als gelungenes Beispiel darstellten.
Danach sah ich die Aufzeichnung meines Gesprächs und war erstaunt: Der, den ich da sah, war gut. Ich sah keine zitternden Knie, keine größeren Unsicherheiten und es war kaum zu bemerken, dass ich improvisierte. Ich möchte mich ja nicht selber loben, aber ich fand, dass ich locker und sympathisch wirkte. Ich hatte mich vorher subjektiv für wesentlich schlechter gehalten und wäre mit meiner Leistung absolut unzufrieden gewesen, hätte ich nicht die Aufzeichnung gesehen.«

Da wir unsere eigenen Informationen über uns selbst ebenfalls verzerren und bewerten, ergeben sich daraus ebenso wenig realitätsnahe Einsichten über uns oder unsere Leistung. Das ist der Grund, weshalb der Eindruck, den eine Person von sich selbst hat, oft stark abweicht von dem, den andere von ihr haben. Für den Aufbau von Selbstvertrauen ist es wichtig anzuerkennen, dass wir Verzerrungen unterliegen und daher unsere Wahrnehmung nicht unbedingt stimmen muss. Und: Dass wir nicht einseitig auf unsere Schattenseiten blicken, sondern bewusst auch die positiven Seiten ansehen.

Nicht nur Personen nehmen wir verzerrt wahr, auch bei der Einschätzung von Situationen unterliegen wir den geschilderten Mechanismen.

Beispiel: Beeinflussung der Wahrnehmung !

Emily Balcetis von der New York University und ihr Kollege David Dunning von der Cornell University, New York, konnten dies durch zahlreiche Versuche nachweisen. Zum Beispiel sollten Freiwillige abschätzen, wie weit eine Flasche Wasser von ihnen entfernt auf einem Tisch steht. Die Hälfte der Probanden hatte zuvor salzige Brezeln gegessen und war entsprechend durstig, die andere Hälfte hatte mehrere Gläser Wasser getrunken. Die Durstigen schätzten die Entfernung zur Wasserflasche im Durchschnitt auf 63,5 cm ein. Das war deutlich geringer als die Einschätzung der anderen Gruppe (71 cm). Somit wurde klar, dass auch der körperliche Zustand (hier: Durst) die Wahrnehmung stark beeinflusst.

Warum wir verzerren

Für die Psyche ist Verzerrung sinnvoll: Sie dient dem Selbstschutz bzw. soll Energie- oder Ressourcenverschwendung vermeiden. Bei all dem steht der Schutz physischer und psychischer Bedürfnisse im Vordergrund. Durch die nicht der Realität entsprechende Wahrnehmung bewahren wir uns z. B. vor Enttäuschung und Verunsicherung. In bedrohlichen Situationen können negativ bewertete Objekte durch Wahrnehmungsverzerrungen näher und größer (daher »gefährlicher«) erscheinen. Wissenschaftler vermuten, dass dadurch z. B. der Fluchtreflex schneller ausgelöst werden soll. Folgende Aspekte spielen bei der Verzerrung eine Rolle:

- Durch das Gefühl der »Richtigkeit« kann Verzerrung dazu beitragen, die Persönlichkeit zu stärken.
- Verzerrung trägt dazu bei, das Bedürfnis nach positiver Selbstwahrnehmung zu befriedigen, um psychisches und physisches Wohlbefinden zu sichern.
- Durch Verzerrung projizieren wir Wünsche und Hoffnungen in das Selbstbild, als Schutz vor Enttäuschung.
- Verzerrung durch fehlende Reflektion: Eigene Entwicklungen und Veränderungen werden nicht registriert.
- Verzerrung durch Emotion: Ein gut gelaunter Mensch nimmt z. B. leichter positive Informationen wahr als negative und umgekehrt.
- Verzerrung durch Einfluss nahestehender Menschen: Wird jemand z. B. von Kindheit an oft kritisiert, sieht er sich möglicherweise in einem negativeren Bild im Vergleich zu anderen.
- Verzerrung durch soziale Kontexte: Je nach sozialer Umgebung, in der wir uns aufhalten, kann Wahrnehmung gruppendynamisch beeinflusst werden. Eine Gruppe bestätigt sich gegenseitig in den falschen Wahrnehmungen und generiert dadurch Überzeugungen, die objektiv nicht stimmen. Somit glauben alle das Gleiche (was sicher macht), obwohl es tatsächlich von der Realität abweicht.

! **Wichtig**

Gerade wer über wenig Selbstvertrauen verfügt, nimmt seine Wirkung oder Leistung oft verzerrt wahr und beurteilt sie negativ.

3.1.3 Blinde Flecke

Das vierteilige Johari-Fenster wurde von den amerikanischen Sozialpsychologen Joseph Luft und Harry Ingham entwickelt. Dieses Modell stellt einen Vergleich zwischen Selbst- und Fremdwahrnehmung dar.

- Es zeigt, dass es Bereiche im Verhalten einer Person gibt, die von anderen zwar wahrgenommen werden, aber von der Person selbst nicht.
- Es zeigt, dass überhaupt nur ein Teil des Verhaltens einer Person von ihr selbst und von anderen wahrgenommen werden kann. Andere Aspekte sind nicht bekannt, nicht bewusst oder nicht zugänglich.

In der folgenden Abbildung sehen Sie die Bereiche einer Person dargestellt: links sind diejenigen, welche der Person bekannt sind, rechts diejenigen, welche ihr unbekannt sind.

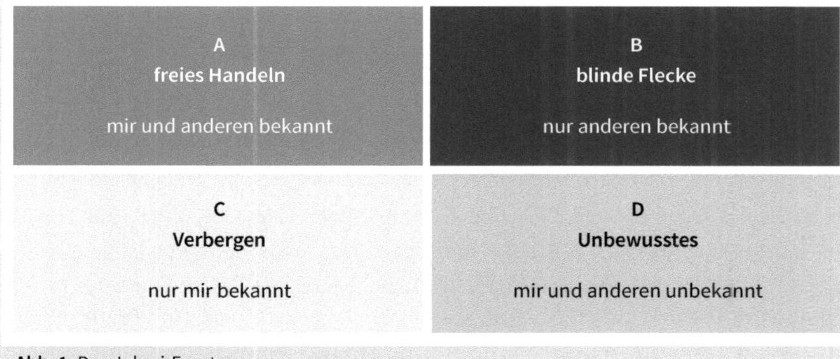

Abb. 1: Das Johari-Fenster

Man kann anhand dieses Modells gut die Bereiche der eigenen Persönlichkeit bzw. des Verhaltens ablesen, über die man keine Informationen besitzt – und auch nicht erlangen kann. Betrachten wir die vier Teilbereiche:

- A: Bekanntes – meine Wahrnehmungen in diesem Bereich decken sich mit denen der anderen.
- B: Selbsttäuschung – man erkennt seine Eigenheiten oder Verhaltensmuster nicht. Die Umwelt hingegen weiß darüber bestens Bescheid.
- C: Täuschung – andere erkennen die Eigenheiten oder Macken einer Person nicht und die Person selbst kommuniziert ihre Geheimnisse oder »Leichen im Keller« nicht.
- D: Unbekanntes – weder ich noch die anderen kennen diesen Bereich. Der verborgene Teil unseres Selbst taucht höchstens in Extremsituationen auf.

Eine realistischere Selbsteinschätzung gelingt, wenn wir uns mit den Quadranten A, B und C bewusst auseinandersetzen. Nur durch Feedback können wir eigene blinde Flecken nach und nach erkennen und Stärken und Schwächen entweder akzeptieren oder bearbeiten.

Beispiel: Feedback !

Herr P. erzählt: »Meine Frau hatte mich mehrmals darauf aufmerksam gemacht, dass ich mich ununterbrochen räuspere, wenn ich angespannt bin. Ich hatte das noch nie an mir festgestellt und reagierte wütend auf ihre »Unterstellungen«. Durch die Betrachtung des Johari-Fensters ist mir bewusst geworden, dass da was dran sein könnte: Vielleicht nerve ich die anderen und merke es gar nicht?«

Wer akzeptiert, dass er blinde Flecken besitzt, nimmt leichter Feedback von anderen an. Eine geringere Vorwurfshaltung, weniger Verleugnungen oder Unterstellungen sind die Folge. Im Bereich des blinden Flecks liegen neben Schwächen ebenso Stärken, die uns nicht bewusst sind. Nutzen Sie deshalb das Feedback anderer, um etwas über Ihre Stärken zu erfahren. Das stärkt auch Ihr Selbstvertrauen.

3.1.4 Das Selbstbild bestätigen

Die US-Psychologen Daniel G. Schroeder, Robert Josephs und William Swann von der Universität Texas konnten in Studien aufzeigen, dass Menschen mit wenig Selbstbewusstsein in ihrer negativen Selbsteinschätzung lieber bestätigt werden, als positiv anerkannt zu werden. Was sich paradox anhört, hat nachvollziehbare Gründe.

!

Beispiel: Kündigung wegen Gehaltserhöhung

Die Studie (Foregoing lucrative employment to preserve low self-esteem) untersuchte, ob ein Zusammenhang besteht zwischen der Bezahlung eines Angestellten, dessen Selbstbewusstsein und seiner Bereitschaft, den Job zu wechseln. Die Wissenschaftler befragten im ersten Schritt 7758 Studenten über den selbsteingeschätzten Grad ihres Selbstbewusstseins. Nachdem die Studenten Angestellte geworden waren und 24 Monate lang gearbeitet hatten, untersuchten die Forscher die Gruppe noch einmal. Sie stellten einen kuriosen Zusammenhang fest: Diejenigen mit wenig Selbstbewusstsein blieben ihrem Arbeitgeber treu, wenn sie keine Gehaltserhöhungen erhielten. Wurde ihr Gehalt erhöht, verließen sie die Firma eher. Bei den Angestellten, die über viel Selbstvertrauen verfügten, war es umgekehrt: Sie blieben überwiegend dann, wenn ihr Gehalt stieg. Blieb es unverändert, wechselten sie.

Das Ergebnis erscheint auf den ersten Blick verwirrend. Wäre es nicht nachvollziehbarer, dem Arbeitgeber treu zu bleiben, wenn das Gehalt steigt? Diese Überlegung ließe einen wesentlichen Aspekt außer Acht: die eigene Wahrnehmung. Die zugrunde liegende Selbstverifikationstheorie stellt folgende These auf: Menschen erhalten existenzielle Sicherheit und Kontrolle, wenn sie die Umwelt und sich selbst als vorhersagbar erleben. Wir alle streben nach Bewahrung des eigenen Selbstbildes und suchen Indizien, die es bestätigen. Dafür verwenden wir Feedback der Umwelt. Je mehr unsere Sicht von anderen bestätigt wird, desto größer wird die Sicherheit. Besonders auffallend ist diese Tatsache bei Menschen, die über ein negatives Selbstkonzept verfügen. Es wurde nachgewiesen, dass die im Beispiel genannten Personen ein negatives Selbstbild hatten und dementsprechend das negative Feedback suchten. Dieses empfanden sie dann als zutreffend, da es ihre Einschätzung bestätigte.

!

Wichtig

Menschen wollen ihr eigenes Selbstkonzept bestätigt sehen, sei es positiv oder negativ.

Sobald Menschen mit stark negativem Selbstkonzept positives Feedback erhalten, geraten sie in eine Zwickmühle: Auf der einen Seite besteht der Wunsch, sich gut zu fühlen (Selbstwerterhöhung) und die Anerkennung anzunehmen. Auf der anderen Seite steht die Befürchtung, irgendwann »durchschaut« zu werden und zugeben zu müssen, so gut vielleicht nicht zu sein.

Wollen wir positives Feedback annehmen, müssen wir erst einmal daran glauben, dass es Seiten und Verhaltensweisen an uns gibt, die gut sind. Wir müssen akzeptieren, dass andere etwas wahrnehmen, das wir selbst eventuell so nicht erkennen (s. Johari-Fenster). Selbst wenn uns die Anerkennung übertrieben erscheint, sollten wir sie stehen und wirken lassen, statt sie sofort zu negieren. Es ist schließlich die ganz eigene Sichtweise eines anderen und dieser hat das Recht, unsere positiven Seiten zu bemerken und zu kommentieren.

3.1.5 Stimmen Selbst- und Fremdbild überein?

Selbstbild und Fremdbild sind nie komplett deckungsgleich. Es gibt keinen Menschen auf der Welt, der genau so wäre, wie er sich selbst oder seine Umwelt ihn sieht.

> *»Der Mensch ist dreierlei: Er ist das, was er selbst von sich denkt. Er ist das, was andere von ihm denken und: Er ist das, was er wirklich ist.«*
> (Stephen Wolinsky, aus »Die Essenz der Quantenphysik«)

Je größer die Übereinstimmung zwischen unserem Selbstbild und dem Fremdbild ist, desto mehr können wir unserer Bewertungsfähigkeit vertrauen. Hohe Übereinstimmung vermittelt Sicherheit bezüglich der eigenen Einschätzung und gilt als wesentliche Voraussetzung für Leistungsfähigkeit und psychisches Wohlbefinden.

Der folgende Fragebogen soll dabei unterstützen herauszufinden, wie deckungsgleich Ihr Selbstbild und Ihr Fremdbild sind. Kopieren Sie ihn dazu mehrmals und kreuzen Sie auf einem der Exemplare spontan an, wie Sie sich in den Kategorien einordnen (-3: trifft gar nicht zu, 0: neutral, 3: trifft völlig zu). Bitten Sie anschließend andere Personen, den Fragebogen auszufüllen. Vergleichen Sie dann das Selbst- und Fremdbild.

Fragebogen Selbst-/Fremdbild							
Selbst-/Fremdbild	**-3**	**-2**	**-1**	**0**	**1**	**2**	**3**
mutig							
durchsetzungsfähig							
intelligent							
sensibel							

Fragebogen Selbst-/Fremdbild							
Selbst-/Fremdbild	**–3**	**–2**	**–1**	**0**	**1**	**2**	**3**
sympathisch							
ehrgeizig							
kompromissbereit							
freundlich							
souverän							
hilfsbereit							
lebensfroh							
lustig, gesellig							
bequem							
direkt							
dominant							
entscheidungsfreudig							
spontan							
risikofreudig							
korrekt							
distanziert							
ordnungsliebend							
vertrauensvoll							

Auswertung: Fragebogen Selbst-/Fremdbild

- Liegt die Einschätzung von 15 oder mehr Kategorien sehr nah beieinander, bestätigt Ihnen das eine gute Selbsteinschätzung.
- Gibt es starke Abweichungen, beschäftigen Sie sich detaillierter mit den einzelnen Bereichen: Was könnte an der Sicht des anderen dran sein? Fragen Sie nach. Versuchen Sie den Grund für starke Differenzen in den Sichtweisen herauszufinden. Sie erfahren dadurch, was anderen an Ihnen gefällt, und Sie erhalten positive Erkenntnisse über sich, die Sie beflügeln und Ihnen neue Energie geben.
- Die Abweichungen zeigen Ihnen, woran Sie eventuell arbeiten sollten. Aus diesen Erkenntnissen können Sie tragfähige, persönliche Entwicklungsschritte ableiten, die Ihr Selbstvertrauen stärken und aufbauen.

3.2 Wie nehmen Sie sich im Verhältnis zu anderen wahr?

Für das Selbstvertrauen ist es nicht nur wichtig zu wissen, wie andere uns sehen, sondern auch wie die eigenen Fähigkeiten im Verhältnis zu anderen stehen. Wären wir allein auf einer Insel, könnten wir nicht besser, schlechter, schneller oder hässlicher sein als ... Die Vergleichsgröße würde fehlen.

3.2.1 Vergleiche mit anderen

Wir brauchen den Vergleich mit anderen, um uns in sozialen Interaktionen bzw. in unserer Leistungsqualität einordnen zu können. Normalerweise vergleichen wir unsere Leistung mit einer Standardgröße und kommen dadurch zu einem »besseren« oder »schlechteren« Ergebnis. Voraussetzung ist: Die Standardgröße stimmt. Ansonsten kann man keine Information aus dem Vergleich ziehen. Beispielsweise wäre es unsinnig, die Geschwindigkeit eines Hamsters und eines Pferdes zu vergleichen, weil die Vergleichsebene nicht stimmt. Vergleichen wir uns mit viel Besseren oder viel Schlechteren, entstehen sogenannte auf- bzw. abwärts gerichtete Vergleiche. Diese können den Selbstwert beträchtlich steigern oder auch untergraben.

Beispiel: Mit wem vergleichen Sie sich? !

Abwärts gerichteter Vergleich

Sie vergleichen sich mit einem Kollegen, der in der gleichen Firma arbeitet, die gleiche Position innehat und die gleiche Verantwortung trägt wie Sie. Der Unterschied: Der Kollege verdient trotz gleicher Leistung weniger. Diese Information stellt eine Selbstwerterhöhung dar und kann das eigene Wohlbefinden steigern. Das Gleiche geschieht, wenn Sie erlittenes Unglück oder Schicksalsschläge von anderen betrachten: Der Gedanke kann in gewissem Maße trösten und hat eine positive Auswirkung auf das Selbst (»Mir geht es besser als anderen.«).

Aufwärts gerichteter Vergleich

Setzt man sich in Vergleich zu Menschen, die herausragende Leistungen oder Höchstleistungen erbringen, kann das Selbstvertrauen sinken. Sobald man sich z. B. mit einem Astronauten oder einem Nobelpreisträger in Physik vergleicht, ist es nicht schwer, deren Fähigkeiten als viel besser einzuschätzen und aus dem Vergleich abzuleiten: »Ich bin schlechter als ...«.

Stellt jemand ständig aufwärts gerichtete Vergleiche mit Höchstleistern in bestimmten Gebieten an, hat dies zur Folge dass Selbstwert und Motivation herabgesetzt werden. Die Strategie der Vergleiche ist sowieso nicht unbedingt als rationaler Informationsgewinn zu sehen – wir haben das Thema der Wahrnehmungsverzerrung weiter vorne bereits besprochen (siehe Abschnitt »Wie nehmen Sie sich selbst wahr?«). Ein Vergleich ist lediglich ein Informationsbaustein, um etwas über sich zu erfahren.

Ob wir auf- oder abwärts gerichtete Vergleiche bevorzugen, liegt laut Forschung daran, bei welchem Vergleich unser vorhandenes positives oder negatives Selbstwertgefühl bestätigt wird. Abwärts gerichtete Vergleiche stärken das Selbstvertrauen, aufwärts gerichtete schwächen es. Selbst wenn unser Verstand die Hintergründe durchaus erfassen kann, stellen wir oft Vergleiche an, die fehlerhaft sind – manchmal trotz besseren Wissens.

!

Beispiel: Das »Ideal« der Werbung

Die Werbeindustrie nutzt unser Bedürfnis nach Vergleichen gnadenlos aus: Wer sich mit einem Model auf einem Werbeplakat vergleicht und die faltenfreie Haut, das glänzende Haar, die »perfekte« Inszenierung des Körpers wahrnimmt, gewinnt logischerweise den Eindruck, bedeutend schlechter oder älter auszusehen als die dargestellte Person. Trotz des Wissens um die Tricks der Werbeindustrie fallen wir immer wieder darauf herein und kaufen deshalb Faltencremes, Diätprodukte, teure Parfüms oder schnelle Autos, um uns dem Erfolg, der Beliebtheit und Schönheit des »Ideal-Menschen« anzunähern.

Bei unsicheren Menschen ist häufig ein innerer Zwang zu beobachten, sich permanent zu vergleichen. Dabei manifestiert sich ihre negative Selbsteinschätzung, denn sie wählen vorwiegend aufwärts gerichtete Vergleichspartner. Die Rückschlüsse, die sie daraus ableiten, sehen Sie als Beweis für ihr Ungenügen, und damit schaden sie ihrem Selbstvertrauen enorm.

Sich benachteiligt fühlen

Wer das Gefühl hat, im Leben ständig benachteiligt zu werden, sollte genau betrachten, *was* er vergleicht. Oft nimmt man lediglich die Erfolge der anderen wahr, ohne auch ihre Misserfolge oder die Vielzahl ihrer Bemühungen mit ins Kalkül zu ziehen. Dadurch entsteht ein Bild von jemandem, der ganz locker durchs Leben geht. Dieses Bild dient dann als Bestätigung dafür, dass andere viel mehr Vorteile und Glück haben als man selbst. Durch diese hinkenden Vergleiche demontiert man sein Selbstvertrauen.

3.2.2 Abhängig vom Urteil anderer

Selbstunsichere Menschen beschäftigen sich oft stark mit Gedanken und Urteilen von anderen. Sie legen auf die Bewertung durch andere größeres Gewicht als auf die eigene Meinung und das eigene Gefühl. Wer ständig nur um die Fragestellung kreist, wie er sich verhalten muss, um vor anderen gut dazustehen, wird irgendwann handlungsunfähig durch die Vielzahl der Anforderungen. Die Orientierung an anderen hindert uns daran, unser Potential als Individuum auszuschöpfen. Es legt uns im schlimmsten Fall lahm, da wir in einem ständigen Dilemma zwischen verschiedenen Anspruchshaltungen fest hängen: Macht man es dem einen recht, beschwert sich der andere, findet man hier eine vertretbare Lösung, kommen zuwiderlaufende Anforderungen von ganz anderer Seite. Zwischen der Vielzahl der Aufgaben reibt man sich auf. Eigene Ansprüche und Bedürfnisse kommen dabei völlig zu kurz und Ermüdung, Frust und Enttäuschung sind die Folgen.

!

Wichtig

Wer seinem Urteil und Gestaltungsvermögen misstraut, kommt aus dem Gleichgewicht. Das Zentrum der Schwerkraft liegt aber nirgendwo anders als innerhalb der eigenen Person.

Meist orientieren wir uns deshalb so stark am Urteil anderer, weil wir von ihnen Lob und Anerkennung wollen. Diese Erwartungshaltung führt schlussendlich aber zur ständigen Angst davor, Lob und Anerkennung nicht zu erhalten und enttäuscht zu werden. Morgan Scott Peck, amerikanischer Psychiater und Psychotherapeut, formulierte zu dem Thema folgende Zeilen: »Lob von anderen zu brauchen, ist das Schlimmste, das Sie sich antun können. Sie wären besser dran, wenn Sie von Heroin abhängig wären. Solange Sie welches haben, lässt Heroin Sie nie im Stich und macht Sie immer glücklich. Wenn Sie aber von einem Menschen erwarten, dass er Sie glücklich macht, so werden Sie unablässig enttäuscht.«

3.3 Kennen Sie Ihre Bedürfnisse?

Wer sich gruppenorientiert verhält, kommt immer wieder in Situationen, in denen er nachgeben, Rücksicht nehmen und eigene Bedürfnisse zurücknehmen muss. Zweifellos ist dies eine wichtige Fähigkeit, denn ohne soziales Verhalten gäbe es kein funktionierendes Zusammenleben. Andererseits ist es ebenso wichtig, auf seine eigenen Bedürfnisse zu achten. Irgendwann empfindet auch der sozialste Mensch Frust darüber, wenn er seine Interessen immer hinten anstellt oder mit seinen Belangen nicht rücksichtsvoll umgegangen wird.

In der Grafik auf der nächsten Seite sehen Sie, dass auch die Befriedigung des Selbstwertgefühls und der Wunsch nach Erfolgserlebnissen Bedürfnisse sind. Die Bedürfnispyramide der Psychologin Ursula Nuber beruht auf dem Entwicklungsmodell menschlicher Bedürfnisse des Psychologen Abraham Maslow. Nuber erweiterte dieses Modell und stellte darin auch die Wichtigkeit des Selbstwertes dar.

Wir können aus dieser Darstellung ableiten, wie die Hierarchie unserer Bedürfnisse aussieht: Unten, an der Basis der Pyramide stehen die Grundbedürfnisse wie Essen, Trinken und Sicherheit. Sind diese befriedigt, wenden wir uns dem nächsthöheren Bedürfnis zu. Bereits nach den Grundbedürfnissen kommen die Bedürfnisse nach Zugehörigkeit, Anerkennung und Aufbau des Selbstwerts.

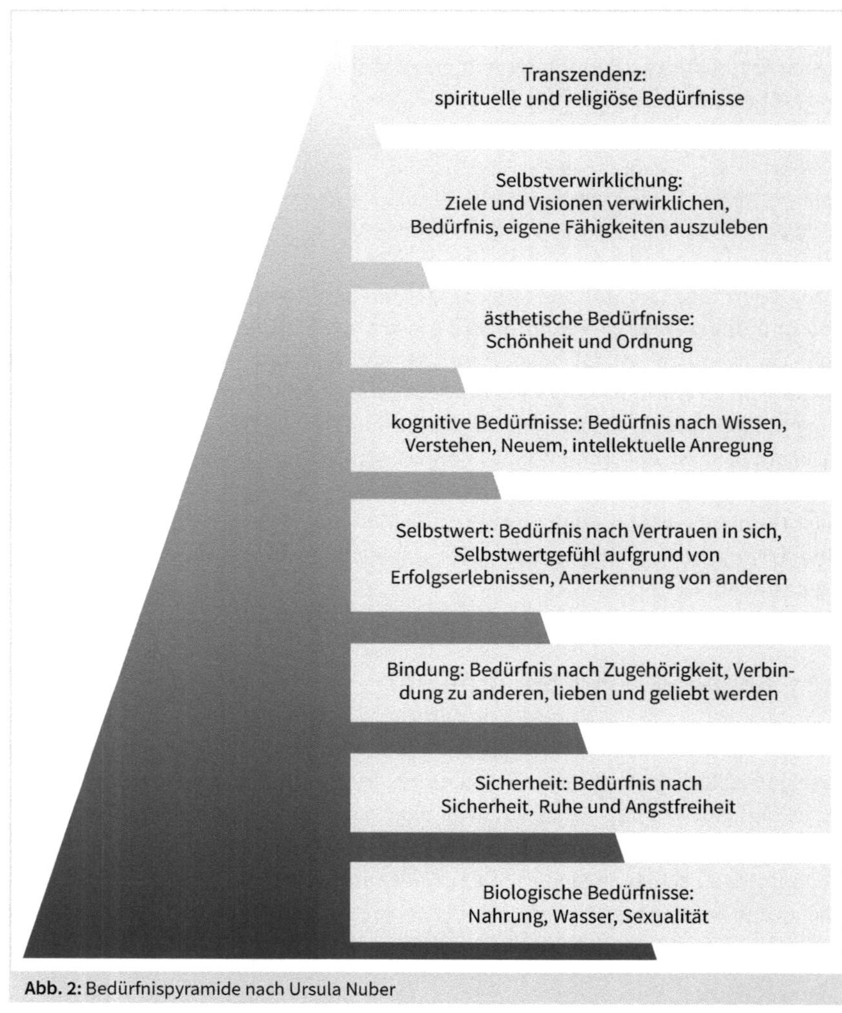

Abb. 2: Bedürfnispyramide nach Ursula Nuber

Zugehörigkeit – ein wichtiges Bedürfnis

Dass die Einordnung der eigenen Person, der Vergleich mit anderen Menschen so überaus wichtig ist, hängt mit unserem Bedürfnis nach Zugehörigkeit zusammen. In der Bedürfnishierarchie steht es sehr weit unten, was seine Wichtigkeit unterstreicht. Die Bedürfnisse der unteren Ebenen müssen befriedigt sein, bevor man sich der nächsthöheren Ebene zuwenden kann. Unser Gehirn ist auf ausreichend gute soziale Beziehungen geeicht: Aktuelle Untersuchungen der Neurobiologie beweisen, dass das Gehirn nicht nur direkte Bedrohungen des Körpers als Gefahr wertet, sondern auch gestörte zwischenmenschliche Beziehungen, unlösbare Konflikte, drohende Einsamkeit, schwere Kränkungen oder sozialen Ansehensverlust – also jeden drohenden Verlust von Sicherheit bezüglich unserer sozialen Zugehörigkeit.

Beispiel: Zugehörigkeit hält gesund

!

Das Erleben von Zugehörigkeit ist nach vorliegenden Forschungen nachweislich gesundheitsfördernd und sogar für die Lebensdauer bedeutsam. 1999 beschrieb der Mediziner und Sozialforscher Ronald Groosarth-Maticek im Rahmen umfangreicher empirischer Studien: Ein gutes Zugehörigkeitsgefühl erhöht die Wahrscheinlichkeit, alt zu werden um das Vierfache. Auch der Therapeut Theo Schoenaker berichtete 2006 über die Zunahme von psychosomatischen Erkrankungen, Fehlleistungen, Unzufriedenheit und geringer Belastbarkeit bei Menschen, die sich als nicht zugehörig zu einem System fühlten. Aus ethnografischen Studien weiß man, dass die Verbannung eines Mitglieds aus dem Stammesverbund oft sogar einem Todesurteil gleichkam und zu hoher Sterblichkeit führte, selbst wenn genug Nahrung zu finden war.

Selbstwert und Selbstvertrauen entstehen aus dem Erleben des Angenommenseins, der Gleichberechtigung, Teilnahme und Anerkennung. Das Empfinden von Zugehörigkeit zu Sozialsystemen ist für uns Menschen existenziell. Durch die übergeordnete Stellung der Zugehörigkeit wird klar, warum manche Menschen trotz tiefer seelischer Verletzungen, Missachtung ihrer Bedürfnisse und ihrer Würde dazu neigen, sich Systemen unterzuordnen oder sich anzupassen. Manchmal ist der Grad der Anpassung deutlich höher als die Berücksichtigung der eigenen Bedürfnisse – sie nehmen das in Kauf, um sich zugehörig zu fühlen.

Wie viele Menschen in unserer westlichen Kultur arbeiten mehr als sie müssten, verdienen und besitzen viel mehr als sie brauchen? Sie arbeiten für Statussymbole, die nicht lebensnotwendig sind und haben für sich oder ihre Kinder kaum mehr Zeit. Nicht Wenigen ist die Ruhe, Ausgeglichenheit und Lebensqualität verloren gegangen. Trotzdem machen wir fast alle mit: Dies ist ein Beispiel von (teilweise unbewusster) Anpassung an ein System, das Leistung, Profit und Steigerung heißt. Dabei muss Selbstverwirklichung nicht zwangsläufig dem Zugehörigkeitsbedürfnis entgegenlaufen: Wer seinen Lebenszielen unter Berücksichtigung der Bedürfnisse seiner engsten Umwelt treu bleibt und sie verfolgt, wird belohnt mit Selbstvertrauen: Er empfindet sein Leben als stimmig und richtig.

3.4 Kennen Sie Ihre Hemmungen?

Es gibt innere Widerstände, die unser Können, unsere Lockerheit und Kreativität blockieren. Hemmungen verhindern, dass wir uns so geben, wie wir möchten und könnten. Hemmungen sind z. B. Rückzugsverhalten, Schüchternheit, Verstummen in Gruppen, steifes oder ungeschicktes Benehmen, Erröten, Verunsicherung, Denkblockanden, stockendes Sprechen usw. Sie sind an sich nichts Krankhaftes. Es sind jedoch unangenehme Reaktionen, die meist in Kindheitstagen erworben wurden. Durch gehemmtes Verhalten versucht man in der Regel zu vermeiden, angreifbar zu werden.

3.4.1 Unterwerfung und Rückzug

Psychologisch gesehen ist Schüchternheit oder Hemmung ein Unterwerfungsverhalten. Man hält sich für schwächer als den anderen und unterwirft sich freiwillig dem Gegenüber. Das tun wir körpersprachlich, indem wir uns nicht mit »breitem Kreuz aufbauen«, sondern eine eher verschlossene Körperhaltung einnehmen. Weiterhin vermeidet man z. B. festen Blickkontakt, spricht sehr leise oder gar nicht, entschuldigt oder rechtfertigt sich häufig. Oft stimmt man anderen entgegen besseren Wissens zu oder sagt das, was diese hören wollen. Damit signalisieren wir: »Ich bin nicht aggressiv, ich tu dir nichts – lass mich in Ruhe.«

Da viele Schüchterne ihre Hemmungen als unangenehm empfinden, versuchen sie, die Auslösesituationen zu vermeiden. Sie bleiben möglichst Menschenansammlungen fern, meiden Feste, Rendezvous, Gesellschaften, größere Veranstaltungen etc. und nicht selten benutzen sie dafür Ausreden. Diese Tendenz ist insofern gefährlich, da sie zu sozialer Isolation führen kann und dadurch ganz massiv dem Selbstbewusstsein schadet.

3.4.2 Angst vor Blamage

Gehemmte Menschen erröten leicht, sobald sie angesprochen werden. Sie fürchten, dem Gesprächspartner nicht gewachsen zu sein. Oder sie fürchten, dieser könnte etwas von ihnen wollen, das sie nicht erfüllen können, und er könnte ihre Unfähigkeit bemerken etc. Diese Sorge muss nicht der Realität entsprechen und tut es oft auch nicht (s. Verzerrung von Selbst- und Fremdwahrnehmung im Abschnitt »Wie nehmen Sie sich selbst wahr?«). Ursache von Hemmungen ist in vielen Fällen, dass die Betroffenen großen Wert auf die Meinung anderer legen. Dies gilt in Bezug auf die eigene Erscheinung, das Auftreten oder Verhalten. Dabei ist zu beobachten, dass sich Schüchterne in Gegenwart von Menschen, die sie als schöner, schlauer, besser in irgendeiner Form erachten, besonders gehemmt fühlen. In Gesellschaft von Menschen, auf deren Meinung sie keinen großen Wert legen, spüren sie weniger Hemmungen.

3.4.3 Gesteigerte Sensibilität

Die Veranlagung zu Hemmungen und Schüchternheit ist teilweise erblich, aber auch erworben. Großen Einfluss haben hierbei bisherige Erfahrungen: Ein autoritärer Erziehungsstil etwa (siehe Abschnitt »Die wichtigsten Einflussfaktoren«) begünstigt die Entwicklung von schüchternem Verhalten. Hinzu können unbewältigte, traumatische Erlebnisse aus der Vergangenheit kommen. Auch leiden gehemmte Menschen unter Situationen, denen sie sich nicht gewachsen fühlen oft extrem, da sie häufig hochsensibel darauf reagieren.

Beispiel: Gesteigerte Sensibilität !

Ein junger Abteilungsleiter berichtete: »Ich war auf unsere Betriebsfeier gegangen, hatte mich überwunden, obwohl ich eigentlich keine Lust darauf hatte. Ich setzte mich zu anderen Kollegen an den Tisch. Anfangs war das noch ganz o. k., ich nahm auch am Gespräch teil. Nach dem Essen begann eine Band zu spielen und es wurde getanzt. Nachdem ich nicht tanzen wollte, saß ich einige Zeit allein am Tisch. Ich beobachtete die Leute um mich herum. Manchmal sahen die Kollegen zu mir herüber, dann schnell wieder weg, wenn ich hinsah. Einige Kolleginnen habe ich beobachtet und wusste, dass sie über mich redeten oder lästerten. Ich fühlte mich zunehmend angespannt und irgendwann so fürchterlich, dass ich ohne Verabschiedung gegangen bin.«

Verunsicherte Menschen stellen ihre Antennen extrem sensibel auf »Alarm«. In erster Linie tun sie dies, um sich zu schützen. Durch die übergroße Sensibilität nehmen sie eine Menge Dinge wahr, die um sie herum geschehen. Diese beziehen sie häufig fälschlicherweise auf sich und leiten daraus den Beweis ab, weniger respektiert, gemocht oder anerkannt zu werden als andere. Hinzu kommt: Durch ihre Unsicherheit neigen sie dazu, ständig auf der Lauer zu liegen, um Beweise dafür zu finden, dass sie lächerlich gemacht werden. Um Befangenheit bei ihnen auszulösen, genügt es, dass sie *glauben*, jemand würde sie missbilligen oder lächerlich machen. Gelächter kann sie in der Annahme bestätigen, dass man über sie Witze macht, Tuscheln beweist, dass schlecht über sie geredet wird.

3.5 Kennen Sie Ihre Ängste?

Ängste und Angststörungen haben in den letzten Jahren überdimensional zugenommen. Die Folgen für die Betroffenen sind nicht nur psychisch belastend, sondern können zu anhaltendem Stress führen, auch ein Zusammenhang zur Entstehung von Depressionen wird in der Forschung gesehen.

Angst per se ist ein wichtiges Urgefühl: Sie schärft die Sinne, macht uns wach und ist ein Mechanismus, der uns vor Gefahren schützt. Grundsätzlich ist Angst ein Gefühl wie Zorn, Trauer, Freude oder Glück. Ausgelöst wird Angst durch eine Bedrohung, die wir zunächst als nicht zu bewältigen einschätzen. Die Auslöser können aber durchaus unterschiedlich sein: Angst vor einem Braunbären im Wald haben wir wohl alle, nicht aber z. B. vor einer Party mit vielen Menschen. Angst führt immer zu Stressreaktionen im Körper wie erhöhtem Puls und Blutdruck, Muskelanspannung, bis hin zu Schwitzen, Zittern, Schwindel etc.

3.5.1 Arten von Angst

Psychologen definieren drei Gruppen von Ängsten, die sich überschneiden können:

- **Existenzängste:** Angst vor körperlicher Bedrohung, wie Krankheit, Alter, aber auch vor Arbeitsplatzverlust und Verarmung.
- **Soziale Ängste:** Angst vor Selbstwertbedrohung, wie Präsentationsangst, Angst vor Meinungsäußerung, Autoritätsverlust, Angst vor anderen.
- **Leistungs- und Versagensängste:** wie Prüfungsangst, Angst vor Neuerung, Fehlern, Kontrollverlust, Angst vor Beurteilung oder Zusammenarbeit.

Neben den genannten gibt es eine Reihe von Ängsten wie Flugangst, Angst vor Spinnen, Platzangst etc., die sich in die oben genannten Kategorien subsumieren lassen.

! **Wichtig**

Alle Ängste, unabhängig durch welchen Reiz sie ausgelöst werden, sind immer als eine Art Durchsage zu betrachten. Diese warnt uns, sobald wir uns in irgendeiner Form in unserer Existenz bedroht fühlen.

3.5.2 Strategien gegen Angst

Flucht oder Kampf, Verteidigung oder Koalition sind als Reaktionen der Angstabwehr bekannt. Es gibt noch eine Vielzahl weiterer, unbewusster Strategien, die wir zur Angstabwehr nutzen. Sie sind in vielen Fällen nicht dauerhaft zielführend, doch wir haben die Erfahrung gemacht: Sie »helfen«, z. B.:

- Perfektionismus: gegen Angst vor Fehlern.
- Rückzug: gegen Angst vor Ablehnung anderer.
- Fluchtwege wie Alkohol, Medikamente, Drogen, Krankheit, innere Kündigung etc.: um dem Stressor auszuweichen bzw. ihn aushalten zu können.
- Verdrängung/Vergessen: um sich nicht mit dem Angstauslöser auseinander setzen zu müssen.
- Regression (kindliches, hilfloses Verhaltensmuster): um sich helfen zu lassen und z. B. keine eigenen Entscheidungen treffen zu müssen.

3.5.3 Ängste und Bedürfnisse

Bedürfnisse wollen befriedigt werden. Geschieht dies, entsteht ein gutes Gefühl. Deshalb sind wir ständig damit beschäftigt, unserer Bedürfnisbefriedigung nachzugehen. Daneben gibt es aber auch Bedürfnisse, die wir gar nicht erst zulassen. Unterdrückte Bedürfnisse machen Angst, weil wir befürchten, sie nicht unter Kontrolle halten zu können oder für ihre Befriedigung bestraft zu werden. Die Angst vor Strafe stammt meist aus der Kindheitserfahrung, dass bestimmte Bedürfnisse von der Umwelt bestraft wurden. Beispielsweise könnte das Bedürfnis nach Anerkennung durch Abwertung, Verachtung oder auch körperliche Misshandlung frustriert worden sein. Es entstand eine psychische Verletzung und man hat infolgedessen gelernt, sich davor zu schützen. Dies kann z. B. durch Unterdrückung oder Verdrängung geschehen. Die Angst, für Bedürfnisbefriedigung bestraft zu werden, bleibt oft bis ins Erwachsenenalter bestehen.

Beispiel: Beziehungen

!

Viele Bindungsängste entspringen früheren Erfahrungen von Ablehnung, z. B. in der Kindheit. Wer auf diesem Gebiet häufig enttäuscht wurde, kann oft auch als Erwachsener in keiner festen Bindung leben, obwohl es ihm ein großes Bedürfnis wäre. Hier kann die Angst vor Ablehnung und Enttäuschung so hemmend im Vordergrund stehen, dass die Gefahr zu groß erscheint und man sich lieber »bindungsunwillig« zeigt. In dem Fall behauptet man von sich z. B.: »Ich bin und bleibe Single, denn ich bin absolut glücklich damit«.

Der größte Angstauslöser, der mit fehlendem Selbstvertrauen einhergeht ist: die Angst, Wertschätzung, Anerkennung und Zugehörigkeit zu verlieren.

3.5.4 Angst vor Ablehnung der Person

Die Angst, von anderen abgelehnt zu werden, zählt zu den häufigsten und stärksten Befürchtungen. Sie entspringt vor allem dem Bedürfnis nach Zugehörigkeit (siehe Abschnitt »Kennen Sie Ihre Bedürfnisse?«). Manche Menschen haben deshalb Angst davor, sich zu verändern, andere, so zu bleiben wie sie sind.

- **Wenn ich mich verändere:** Angst steht häufig dem eigenen Veränderungswunsch im Weg, weil man fürchtet, dass man von anderen abgelehnt wird, sobald man sich anders als gewohnt verhält. Tatsächlich ist es für die Umwelt zunächst irritierend, wenn jemand, der sich z. B. nie auffällig gekleidet hat, plötzlich im neuen Look ankommt. Selbstunsichere ängstigen sich vor der Reaktion auf ihre Veränderung und unterlassen sie aus diesem Grund oft.
- **Wenn ich mich nicht verändere:** Gerade Menschen mit wenig Selbstvertrauen stellen viel an der eigenen Person in Frage. Sie blicken häufig auf andere und finden dort

vieles besser. An sich sehen sie hauptsächlich Mängel, innere wie äußere. Sie fürchten, blieben Sie so wie sie sind, wären sie völlig ungenügend. Sie sind deshalb ständig auf der Suche, wie sie sich richtiger oder besser machen können um entsprechend »schön und cool« zu werden. Auch hier steckt der Wunsch nach Zugehörigkeit dahinter, ebenso die Angst vor Ablehnung, sofern man nicht wie die anderen ist. Neben der Mode- und Kosmetikindustrie lebt die Branche der Schönheitschirurgen sehr gut von dieser Unzufriedenheit mit sich, etwa von unzähligen Brust-, Nasen- oder Lippen-OPs. Die Veränderungswünsche können sich im Extrem bis hin zu Süchten steigern, etwa Kaufsucht, Magersucht etc. Selbstvertrauen kann jedoch nur entstehen, wenn es gelingt, sich selbst zu akzeptieren, sich anzunehmen, wie man ist und die erfolglose Jagd nach dem Anders-sein-wollen zu durchbrechen.

3.5.5 Angst vor Versagen

Wer sich vor Misserfolgen fürchtet, neigt häufig dazu, wenig zu unternehmen und kaum etwas zu riskieren. Versagensängste sind in unserer leistungsorientierten Gesellschaft ein weit verbreitetes Phänomen. Die Angst vor Versagen hemmt Kreativität und individuelle Stärken, und wirkt sich damit negativ auf die Leistungsfähigkeit aus.

3.5.5.1 Handlungslähmung

Durch die Angst traut man sich nichts zu und probiert nichts aus – schon gar nichts Neues. Damit blockiert man von vornherein Erfolge und Veränderung. Man lebt getreu der Haltung: »So schlimm ist meine Lage nicht. Ich habe ja wenige Ansprüche. Lieber nichts ändern und alles so belassen, wie ich es kenne, man weiß ja nie, ob es dadurch nicht schlechter wird.« Das ist der Grund, warum Menschen mit wenig Selbstvertrauen oft das Gefühl haben, sie erreichen weniger als andere. In vielen Fällen trifft das auch zu. Mit einer zögerlichen Einstellung kann man nur schwer Entscheidungen treffen, da jede Entscheidung falsch sein und unangenehme Folgen nach sich ziehen könnte. Man bleibt also im Vermeidungsverhalten stecken – leider ohne auszuprobieren, wie es wäre, würde man seine Talente, Begabungen und Fähigkeiten zum Einsatz bringen. Wer in Passivität verharrt, weil er annimmt, dass etwas schiefgeht, wird genau das Versagen bzw. das Nicht-Vorwärtskommen erleben, vor dem er sich fürchtet. Statt einem selbstbestimmten und mit Erfolg bereicherten Leben, blickt er auf eine Biografie voller Anpassung, Zurückhaltung und geringer Gestaltungsspielräume.

Versagensängste untergraben das Selbstvertrauen dadurch, dass sie die Situationen verhindern, in denen es sich aufbauen ließe.

3.5.5.2 Perfektionismus

Versagensängste zeigen sich nicht nur in lähmender Starre. Es gibt ein weiteres Anpassungsverhalten.

Perfektionismus !

Stellen wir uns jemanden vor, der über die Maßen viel plant und durchdenkt, alles mehrmals überprüft und jede Tätigkeit akribisch vorbereitet. Er könnte als ordnungsliebender Mensch gelten, der Sorgfalt und Struktur schätzt. Jemand also, der von sich und anderen bestmögliche Leistung haben möchte.
In dieser Annahme liegt der Fehler: Perfektionisten *wollen* nicht Ordnung und Gründlichkeit – etwa weil sie sie lieben – nein, sie *brauchen* sie. Sie tun alles, um Fehler zu vermeiden. Dahinter steht nicht selten ihre Angst vor Versagen.

Perfektion ist eine weitere Strategie, z. B. mit der Angst vor Enttäuschung, Ablehnung und Kritik, umzugehen. Auch Perfektionisten mangelt es häufig an Selbstvertrauen. Sie fürchten sich vor Blamage und davor, angreifbar zu werden. Sie können schlecht mit Chaos, Unordnung und intransparenten Situationen umgehen. In der Perfektion findet der Perfektionist die nötige Sicherheit und Kontrolle. Dafür nimmt er viel Stress und Aufwand für Vorbereitung, Kontrolle oder Fehlersuche in Kauf. Er nimmt an: Mache ich alles perfekt, erscheine ich stark und werde unangreifbar. So versucht er, seine Angst vor Kritik und Ablehnung in den Griff zu bekommen. Hinter vielen verbissen erscheinenden Perfektionisten stecken extrem sensible Menschen, die ein großes Bedürfnis nach Anerkennung haben – oft mehr, als man ahnt. Ausgedehnter Perfektionismus führt jedoch oft in einen Teufelskreis: Viele Perfektionisten arbeiten durch ihre Angstgetriebenheit extrem viel. Sie leiden unter Erschöpfungsfolgen oder Burn-out, ohne jemals die dahinterliegenden Ursachen ihrer Angst erkannt zu haben.

Das Beispiel Perfektionismus macht überdies deutlich, dass wir uns in viele Tretmühlen unbewusst selbst hineinmanövrieren. Zu gern sehen wir die Schuld dafür jedoch in unserer Umwelt und denken: »Ich kann nichts dafür, dass ich so viel arbeiten muss. Mir bleibt ja nichts anderes übrig … es liegt an den Umständen oder den Anforderungen.« Sobald man erkennt, dass man sich aufgrund fehlenden Selbstvertrauens selbst dazu verdonnert, immer perfekt und fehlerfrei sein zu müssen, sieht die Situation anders aus. Erstens muss man sich nicht wundern, wenn man eines Tages vor Erschöpfung in die Knie geht. Zweitens erkennt man: Aus diesem Teufelskreis kann einem niemand anderer heraushelfen, als man selbst. Hier ist Umdenken und Veränderung von Denkmustern und Sichtweisen angesagt. Aus diesem Grund macht es Sinn, sich mit seinen Ängsten auseinanderzusetzen.

3.5.6 Klären Sie, wovor Sie Angst haben

Der psychischen Gesundheit schadet es enorm, wenn man versucht, die Angst permanent zu vermeiden: Irgendwann muss man ihr ins Auge blicken. Sobald man der Angst mit aktiven Maßnahmen begegnet, wie z. B. logischem Denken oder tatkräftiger Veränderung der Außenwelt, kann man übertriebene Abwehrreaktionen oder Symptombildungen verhindern. Unklare Ängste wirken so lange weiter, bis man sie sich bewusst macht und sinnvoll damit umzugehen lernt. Die Auseinandersetzung mit Selbstunsicherheit sowie Unfähigkeits- und Minderwertigkeitsgefühlen ist sozusagen eine Aufgabe, die uns so lange im Leben begleitet, bis wir sie lösen.

Geschieht dies nicht, treten die Ängste mit allen Begleiterscheinungen immer wieder auf. Man fühlt sich solange geplagt von der Überzeugung, dem Schicksal hilflos ausgeliefert, unbeholfen, unattraktiv usw. zu sein, bis man die dahinterliegende Angst (und das entsprechende Vermeidungsverhalten) durchschaut hat. Deshalb ist es wichtig, den eigenen Ängsten auf die Spur zu kommen.

Leitfaden: So ergründen Sie Ihre Ängste	
1.	Wann genau tritt die Angst auf?
2.	Wie äußert sich die Angst?
3.	Wovor will Ihre Angst Sie schützen?
4.	Können Sie zu diesem Schutz selbst etwas beitragen?
5.	Ist die Angst immer vorhanden oder gibt es Ausnahmen?
6.	Was geschähe, wenn Ihre Angst nicht käme?
7.	Was ist in nicht angstbesetzten Situationen anders?
8.	Was kann Ihnen in der Angstsituation helfen/hat Ihnen schon einmal geholfen?

Lassen Sie Ängsten nicht den Vortritt

Jeder Mensch hat manchmal Angst, Furcht oder zumindest ein flaues Gefühl in der Magengrube, das ist normal. Bedenken und Ängste sollten aber kein Grund sein, inaktiv zu werden oder ausschließlich zur Angstvermeidung aktiv zu werden. Trotz Herzklopfens und Unruhe sollte man sich bewusst immer wieder an die angstauslösenden Situationen heranwagen und sich sozusagen desensibilisieren, statt stets auszuweichen. Versuchen Sie, trotz Angst aktiv zu bleiben, und tun Sie, was Sie sich vorgenommen haben, auch wenn Sie sich überwinden müssen.

Am wichtigsten dabei ist die Erkenntnis, dass Sie trotz Angst gehandelt haben. Das ist ein Erfolg, der Selbstvertrauen aufbaut: Wer versucht, eine Situation aktiv zu beeinflussen, kann spüren, wie die Angst schwindet. Aktivität ist ein enorm gutes Gegenmittel gegen Angst. Wenn Sie es nicht auf einmal schaffen, die Angst zu überwinden, gehen Sie schrittweise vor. Trauen Sie sich ständig ein wenig mehr zu. Je mehr die Angst schwindet, desto mehr tritt das Selbstvertrauen in den Vordergrund.

Beispiel: Angst überwinden !

Frau J. erzählte: »Ich war auf der Suche nach einem Praktikumsplatz und sollte zu einer Hochschulmesse gehen. Die Vorstellung wurde mir aber immer unangenehmer, ich fühlte mich als Bittsteller und wusste nicht, was ich mit den Personalreferenten reden sollte. Ich wollte mich am liebsten davor drücken und nicht hingehen, bis mir meine Freundin sagte: ›Solange du nicht lernst, dich für deine Ziele einzusetzen, wirst du nichts erreichen. Du musst klar sagen, was du willst und dich dafür einsetzen, keiner trägt dir eine Stelle hinterher.‹
Mir war klar, dass sie Recht hatte, überwand mich und bin hingegangen. Ich führte dort einige gute Gespräche und hatte zum Schluss drei Praktikumsstellen, aus denen ich mir eine aussuchen konnte. Stolz war ich auch auf mich, weil ich mich aufgerappelt hatte und dafür wurde ich mit neuem Selbstbewusstsein belohnt.«

Auf einen Blick: Wo liegen Ihre Knackpunkte?
• Was wir an uns selbst wahrnehmen, ist oft durch Verzerrung geprägt, indem wir z. B. Informationen einfach ausblenden oder sie negativ bewerten.
• Jeder verfügt über blinde Flecken – Bereiche der Persönlichkeit, die uns selbst nicht bekannt, wohl aber von anderen wahrnehmbar sind.
• Dies sind die Gründe dafür, dass unser Selbstbild oft von dem Bild, das andere von uns haben (Fremdbild) abweicht. Ein Ansatzpunkt für mehr Selbstvertrauen ist es, sich diese Abweichungen bewusst zu machen.
• Selbstunsichere Menschen vergleichen sich oft mit anderen – und schneiden dabei meist schlecht ab, weil die Vergleichsebene nicht stimmt.
• Wer dem Urteil anderer mehr Gewicht beimisst als seinem eigenen, schadet seinem Selbstvertrauen.
• Hemmungen erschweren den Aufbau von Selbstvertrauen: Sie führen oft zu Rückzugsverhalten oder übertriebener Sensibilität.
• Wer seine Ängste erkennt und bewusst an ihnen arbeitet, schafft die Basis, auf der Selbstvertrauen wachsen kann.

4 Selbstcoaching-Techniken für Selbstvertrauen

Sie haben nun vielleicht Ihre Knackpunkte entdeckt und können erkennen, was Ihrem Selbstvertrauen bisher geschadet hat. Der nächste Schritt ist jetzt, sich selbst zu helfen, um diese zu überwinden.

In diesem Kapitel lesen Sie, wie Sie

- sich selbst besser kennenlernen,
- mit vermeintlichen Schwächen umgehen und sich von übertriebener Selbstkritik lösen können,
- sich Ziele für Ihre Veränderung setzen,
- im Laufe des Lebens verinnerlichte Gedanken über sich und Ihre Leistungen Schritt für Schritt verändern können.
- körpersprachlich sicherer auftreten,
- den anderen im Gespräch auf Augenhöhe begegnen und Grenzen setzen.

4.1 Identität: Wer bin ich?

Identität bezeichnet die Eigentümlichkeit und Unverwechselbarkeit eines Menschen. Sie beschreibt die einzigartigen Merkmale, die uns von anderen unterscheidbar machen. Sie ist eng verknüpft mit unserem Namen und unserem Geschlecht, unserem Beruf und unseren Vorlieben etc. Die Identität ist so etwas wie unser persönlicher Wegweiser, der uns hilft, uns in der Vielzahl der Lebensmöglichkeiten zurechtzufinden.

In diversen Vorlieben kommt zur Geltung, was man Individualität nennt. Dadurch unterscheidet sich ein Mensch in einer sehr persönlichen Weise von anderen. Erkennt ein Mensch sich selbst und seine Möglichkeiten, kann er Lebensziele und Wertvorstellungen ableiten, denen er sich verpflichtet fühlt. Gelingt es ihm, seine Vorstellungen größtenteils zu verwirklichen, kann er daraus schließen, dass er Kontrolle über sich und sein Leben hat. Dies ist wesentlich für den Aufbau des Selbstvertrauens.

4.1.1 Worin sich Identität zeigt

Identität ist dabei kein starres Konstrukt, das ein Leben lang unverändert bleibt. Wir alle haben unsere Identitäten im Laufe des Lebens schon mehrmals gewechselt, z. B.

vom Kleinkind zum Schüler, zum Ingenieur oder zur Führungskraft usw. Identität soll und muss sich verändern, um sich an Lebenskontexte anzupassen. Die Identitätsbildung ist somit eine aktive Eigenleistung.

Identitätsbildung zeigt, dass man zwischen seiner persönlichen Identität (seinen individuellen Eigenheiten und Erfahrungen) und seiner sozialen Identität (seinen Rollenerwartungen und -vorgaben) ein Gleichgewicht herstellen kann. An der eigenen Vorstellung von einem guten, stimmigen Leben richtet man, bewusst und unbewusst, seine Werteorientierung und Einstellungen, seine denk- und handlungsleitenden Motive sowie seine Lebensziele aus. Gelingt dies, ist Identität das Kennzeichen einer reifen und gesunden Persönlichkeit. Sie ist geprägt durch ein starkes Gefühl der Verwurzelung, durch Wohlbefinden und Selbstachtung.

Der Ausdruck von Identität zeigt sich z. B. in:

- der Ausgestaltung der individuellen Wohnsituation, Kleidungswahl, Körperpflege, des Wärme- und Schlafbedarfs, der Essensgewohnheiten,
- den Eigenarten, Vorlieben, Fertigkeiten, der Neugierde und Kreativität sowie in den sozialen Beziehungen,
- der Aktivität, dem Erholungs- und Bewegungsbedürfnis,
- dem Lebensstil, der Partnerwahl und Kindererziehung, der Gestaltung des Alterungsprozesses,
- den Vorstellungen von Lust und Genuss, dem Geschmack, den Vorlieben bei Unterhaltung und Hobbys etc.

4.1.2 Selbstreflexion

Früher war es wichtig, vorgefertigte Identitätsvorstellungen zu übernehmen, um das Leben bewältigen zu können. Heute haben wir viel mehr Möglichkeiten und Freiheiten – wir müssen unsere Identität selbst gestalten. Es kommt bei der Bildung von Identität also stärker als früher darauf an, über sich selbst reflektieren zu können.

In der folgenden Übersicht finden Sie Leitfragen, die Ihnen dabei helfen können. Hier gibt es keine guten oder schlechten Antworten, kein Richtig oder Falsch. Sie sollten lediglich darauf achten, dass Sie mit Ihrer (ehrlichen) Antwort selbst zufrieden sind.

Leitfragen an mich: Wer bin ich?
• Welche Besonderheiten (negativ/positiv) habe ich?
• Durch was unterscheide ich mich von anderen?

Leitfragen an mich: Wer bin ich?
• Habe ich zu den wesentlichen Dingen meines Daseins eine eigene Meinung und handle ich danach?
• Kenne ich meine Wünsche und Bedürfnisse oder werden sie mir von anderen vorgegeben?
• »Spiele« ich ständig eine Rolle oder zeige ich offen und selbstbewusst mein Wesen?
• Kann ich meine Position in meiner sozialen Umgebung weitestgehend realistisch einschätzen?
• Kann ich anderen mit Respekt und Anerkennung begegnen oder bin ich gefangen in dem Gefühl von Angst oder Neid, weil ich so sein möchte wie sie?
• Wirke ich auf andere so, wie ich bin, oder haben andere oft ein ganz anderes Bild von mir?
• In welchem Ausmaß folge ich meinem Lebenstraum und in welchem Umfang empfinde ich mich als Gefangenen meiner sozialen Verpflichtungen?
• Strebe ich nach dem Besten für mich und andere?
• Bei wem und in welchem Umfang mache ich ggf. davon Abstriche?
• Bin ich mir bewusst, welchen Preis ich für meine derzeitige Lebenssituation bezahle?
• Bin ich vorbehaltlos bereit, diesen Preis zu zahlen?
• Tausche ich mich regelmäßig mit guten Freunden/kompetenten Beratern aus?
• Bekomme ich ehrliches Feedback?
• Hole ich dieses aktiv ein?
• Nehme ich mir Zeit, um allein zu sein und nachzudenken?
• Kann ich mit Freunden/Partnern Erfolge teilen? Freuen sie sich mit mir?
• Habe ich die gleiche Distanz zu persönlichen Erfolgen wie zu Misserfolgen?
• Was hindert mich, eine (ggf. schon lange) geplante Veränderung einzuleiten?

4.1.3 Widersprüche auflösen

Bei der Betrachtung der Identität können Diskrepanzen auffallen zwischen dem, wie ich mich wahrnehme, und dem, wie ich sein möchte. Ziel sollte es sein, die momentane Lebenssituation der Vorstellung der eigenen Ideal-Identität anzunähern. Das ist jedoch ein immerwährender, lebenslanger Prozess. Und: Man kann ihn ausschließlich selbst steuern und gestalten.

Wichtig !

Wer weiß, wie er leben will, und wer sich um die Umsetzung dieses Zieles bemüht, gelangt zu einer befriedigenden, individuellen Lebensführung. Das verleiht Selbstvertrauen und Stärke.

4.2 Sich selbst akzeptieren

Viele Menschen, die darunter leiden, dass sie zu wenig Selbstvertrauen besitzen, sind stark nach außen fokussiert, auf andere Menschen. Häufig vergleichen sie sich und kommen bei ihrer Betrachtung schlechter weg als andere. Da Sie jedoch ein einzigartiger Mensch sind, sind Sie unvergleichbar. Aus diesem Grund können Sie auch nicht »schlechter« sein als andere. Die Aufgabe besteht vielmehr darin zu lernen, sich anzunehmen.

4.2.1 Schwächen als Stärken sehen

Selbst die Schwächen, die Sie an sich wahrnehmen, haben wie jede Medaille zwei Seiten. Neben der von Ihnen kritisierten gibt es immer auch eine gute Seite dieser vermeintlichen Schwäche.

!

Beispiel: Gefühle als Schwäche?

Herr K., Führungskraft im Coaching: »Das Problem ist, dass ich so extrem sensibel und sentimental bin. Das ist meine Schwachstelle, die mir große Nachteile bringt. Neulich unterrichtete ich eine Mitarbeiterin vom Auslaufen ihres Arbeitsvertrags, die daraufhin in Tränen ausbrach. In solchen Situationen muss ich mit mir kämpfen, dass ich es schaffe, meine feuchten Augen zu verbergen. Mir ist das peinlich – ich finde diese Gefühlsduselei unmöglich in meiner Position und halte mich für schwach.«

Die positive Seite an genannter Schwäche ist die Empathie, das Mitfühlen, das emotionale Erfassen der Situation. Menschen mit diesen Fähigkeiten sind wichtig und werden in jedem Team benötigt. Gleiches gilt z. B. für Menschen, die wenig an allgemeinen Gesprächen teilnehmen und dies als Schwäche auffassen. Dafür sind sie Meister des Beobachtens und Zuhörens. Sie bekommen dadurch viel mehr mit als der Rest der Gruppe.

4.2.2 Angemessene Selbstkritik

Dass Dinge so laufen, wie wir sie haben wollen, ist ein frommer Wunsch. Wer sich allein darauf konzentriert, dass alles nach Plan läuft, wird feststellen, dass dies oft nicht so ist. Scheitert ein Plan, schreiben sich unsichere und selbstkritische Menschen oft unreflektiert die Schuld für das Scheitern zu. Auch wenn sie selbst die Dinge bestmöglich vorbereitet und alles in ihrer Macht Stehende getan haben, sind sie von ihrem Versagen überzeugt. Das ist eine perfekte Technik, das Selbstvertrauen zu untergraben. Laufen Dinge nicht so, wie sie sollen, kann es tausenderlei Gründe dafür geben. Für manche sind Sie verantwortlich, für andere möglicherweise nicht. Überlegen Sie deshalb klar, bevor Sie sich kritisieren:

- Für welche Reaktionen/Ereignisse müssen Sie tatsächlich selbst die Verantwortung übernehmen?
- Für welche nicht?
- Wofür müssen Sie den Kopf hinhalten und was stand klar außerhalb Ihres Einflussbereichs?

Halten Sie die diversen Gründe eines Misserfolgs, auch wenn sie zusammenhängend erscheinen, konsequent auseinander: Wo haben Sie selbst etwas vermasselt und wo waren Umstände am Scheitern beteiligt wie z. B. Poststreik, Stromausfall, Terminuntreue anderer, Vulkanausbruch etc., die von Ihnen unbeeinflussbar waren?

Streichen Sie zunächst einmal alle abwertenden Tiraden aus Ihrem Wortschatz, wie: »Mal wieder typisch für mich … Ich bin dermaßen blöd … Ich bin der geborene Versager.« Halten Sie sich vor Augen, dass Sie alles getan haben, was Ihnen gut und richtig erschien. Das allein verdient Respekt, auch wenn es am Ende nicht zu einem guten Ergebnis geführt hat. Vernichten Sie Ihr Selbstvertrauen nicht, indem Sie sich durch überzogene oder globale Selbstkritik nieder machen. Selbstverständlich muss man Ursachen von Fehlern betrachten und aus ihnen lernen. Aber allzu harsche Selbstkritik, mit der wir uns lediglich frustrieren, schadet dem Selbstvertrauen, der Lebensfreude und der Motivation.

Wichtig !

Bedenken Sie: Meistens gehen wir mit uns selbst viel härter ins Gericht, als wir es mit anderen Menschen je tun würden.

4.2.3 Realistisch und eigenverantwortlich

Wenn Sie sich bemühen, Ihre Stärken und Schwächen in Ihr Leben zu integrieren, tragen Sie zum individuellen Identitätsaufbau bei. Blenden Sie nichts aus und verstecken Sie nichts. Nehmen Sie sich in Ihrer Einzigartigkeit an. Bemühen Sie sich darum, Ihre Fähigkeiten und Möglichkeiten möglichst realistisch zu erkennen. Sie werden staunen: Sobald Sie aufhören, sich ausschließlich klein und madig zu machen, werden Sie stärker als Sie glauben.

Machen Sie sich zudem klar, dass Sie ein eigenverantwortlicher Mensch sind. Mit allen Rechten und Pflichten. Warten Sie nicht darauf, dass Ihnen jemand sagt, wo es lang geht, was Sie tun oder wie Sie entscheiden sollen. Sie als Person haben ein Recht auf eine unabhängige und freie Existenz, losgelöst von Erwartungen anderer. Gleichzeitig haben Sie die Pflicht, in Eigenverantwortung zu gehen. Beenden Sie die Suche nach jemandem, der Sie führt, übernehmen Sie Ihre Lebensgestaltung selbst und gehen Sie im Vertrauen auf Ihre Ressourcen Ihren eigenen Weg.

4.3 Ziele setzen: Was will ich?

Wichtig ist, dass Ihnen klar ist, wohin Sie wollen, sonst werden Sie zum Getriebenen, der am Ende irgendwo oder nirgendwo landet. Wenn Sie Ihre Ziele kennen, können Sie an deren Erreichung arbeiten – und den Erfolg genießen, wenn Sie es geschafft haben. Sich Ziele zu setzen, ist somit eine wesentliche Voraussetzung zum Aufbau von Selbstvertrauen. Gehen Sie nicht davon aus, dass Ihr Umfeld weiß, was Sie wollen und brauchen und in diesem Sinne für Sie sorgt: Nur im Märchen werden Wünsche von den Augen abgelesen.

Möglicherweise stellen Sie fest, dass Sie in Ihrer derzeitigen Lebenssituation keine stimmige Identität aufbauen können. Auch ist es nicht selbstverständlich, dass man in Abhängigkeit von Familie, Arbeitsplatz, Freundeskreis etc. die Bedingungen vorfindet, die man für den Aufbau seines individuellen Lebenskonzepts braucht.

!

Beispiel: Bilanz ziehen

Herr U.: »Ich bin übers Wochenende alleine weggefahren, um nachzudenken. Meine Situation, familiär, privat und arbeitstechnisch erdrückt mich fast. Mir ist aufgefallen, dass ich die letzten drei Jahre lediglich »durchgehalten« habe, anstatt zu leben. Die körperlichen Beschwerden wie Schlaflosigkeit und Herzrasen machen mich fertig, mir ist klar geworden, dass ich etwas verändern muss. Das werde ich jetzt tun, und zwar solange, bis es mir gut geht und ich mir mal wieder sagen kann: Das Leben ist nicht nur Kampf, sondern auch schön.«

Machen Sie sich Gedanken darüber, ob Sie in Ihrem Lebensumfeld (noch) so sein können, wie Sie sein möchten und ob die Ausrichtung grundsätzlich stimmt. Wenn die Gegebenheiten zu Ihren Vorstellungen ständig konträr laufen, verlieren Sie enorm viel Energie damit, eine ungute Situation aufrecht zu erhalten. Sie haben dabei aber keine Chance, genügend für sich zurückzubekommen und glücklich zu werden. Wenn Sie dieses Gefühl haben, wird es Zeit für Veränderung. Verharren Sie nicht länger in Umständen, die Sie über die Maßen belasten.

Blicken Sie bei Ihrer Neuausrichtung gezielt auf die Bereiche, die *Sie* verändern können. Stellen Sie sich dazu folgende Fragen:

- Passen die Bedingungen innerhalb Ihres Umfelds (noch)?
- Welche Bedingungen passen/welche nicht?
- Welche wollen oder müssen Sie ändern?

- Was davon lässt sich rasch, was langfristig verändern?
- Wie können Sie Veränderung schrittweise gestalten?
- Welche (Teil-)Ziele müssen Sie dafür festlegen?

Die folgende Checkliste enthält Denkanstöße, welche Ihnen beim Reflektieren helfen können. Sie selbst wissen am besten, woran Sie arbeiten wollen und müssen. Überlegen Sie, welcher Bereich in Ihrem Leben gut läuft und nicht verändert werden soll und welchen Sie verbessern möchten. Stellen Sie bewusst sich allein in den Fokus der Betrachtung. Vertrauen Sie sich und darauf, dass Sie alles besitzen, was Sie benötigen, um Ihre Vorstellungen von einem glücklichen Leben zu realisieren.

Checkliste: Selbst-bewusste Veränderungsarbeit
• Können Sie Ihre Werte und Überzeugungen im Alltag leben? In welchen Bereichen handeln Sie ihnen zuwider?
• Was war schon immer Ihr Lebenstraum?
• Tun Sie das, was Sie tun möchten? Oder tun Sie das, wovon Sie annehmen, Ihr Umfeld würde es erwarten?
• Akzeptieren Sie Vorstellungen, die andere Menschen vom Leben haben?
• Welche Zugehörigkeiten und Menschen sind Ihnen wichtig, welche nicht (mehr)?
• Welchen Preis müssten Sie zahlen, würden Sie alte Verbindungen aufgeben?
• Was bekämen Sie stattdessen?
• Können Sie akzeptieren, dass Sie weder ein perfekter noch ein minderwertiger Mensch sind – nicht besser, aber auch nicht schlechter als andere?
• Handeln Sie und halten Sie an Ihren Zielen fest – trotz Unbehagens oder wenn Sie sich überwinden müssen?
• Was stellt das Belastendste in Ihrer derzeitigen Situation dar? Verändern Sie dies zuerst.
• Wobei brauchen Sie Unterstützung und Hilfe? Wo können Sie diese finden?
• Vertrauen Sie Ihren Fähigkeiten und Kenntnissen? Ihr Wissen und Ihre Lebenserfahrung nehmen stetig zu, Sie werden täglich besser.

Lernen zu akzeptieren

Oft lästert man, macht sich über andere lustig, verurteilt vorschnell, ohne Hintergründe zu kennen. Wer schlecht über andere denkt, zieht oft den Schluss, andere denken ebenso schlecht über ihn. Und wer über andere herzieht, geht davon aus, dass es die anderen genauso machen. Diese Gedanken verunsichern.

Wer hingegen die grundsätzliche Einstellung hat, dass man selbst und die anderen in Ordnung sind, geht achtsamer mit sich und den anderen um. Für das eigene Selbstbewusstsein ist es äußerst wohltuend, wenn wir sowohl uns als auch andere Menschen in ihren Eigenheiten akzeptieren, wenn wir jedem vorerst positiv entgegentreten und ihn wohlwollend betrachten. Das ist leichter zu schaffen, wenn man die Haltung einnimmt: »Jeder Mensch handelt stets in der ihm bestmöglichen Art und Weise.«

4.4 Den inneren Kritiker bannen

Die amerikanischen Psychologen Hal und Sidra Stone haben den Begriff des »inneren Kritikers« geprägt. Innere Kritiker untergraben das Selbstvertrauen, indem sie uns mit übertrieben selbstkritischen Gedanken oder vorwurfsvollen Monologen mutlos machen. Resignation zu verbreiten, ist die Spezialität des Kritikers. Die Stimme und die Sätze des inneren Kritikers kennen wir meist gut – häufig noch aus unserer Kindheit.

Der innere Kritiker

- beschimpft uns,
- vergleicht uns mit anderen und lässt uns dabei schlecht abschneiden,
- sagt, dass mit uns etwas nicht stimmt, hält uns jeden kleinsten Fehler unter die Nase,
- hat ein Langzeitgedächtnis für Situationen, in denen wir uns blamiert haben,
- macht uns Schuldgefühle, weil wir z. B. eine schlechte Mutter/Ehefrau, ein schlechter Freund, Mitarbeiter etc. sind,
- entmutigt uns und macht uns Angst, indem er uns vor Augen führt, was schiefgehen kann,
- verurteilt uns, weil wir nicht gut genug aussehen, zu viel wiegen oder einen körperlichen Mangel haben,
- weckt uns gern nachts auf, um uns auf Fehler hinzuweisen und diese aufzubauschen,
- untergräbt die Zuversicht und unser Selbstwertgefühl.

!

Beispiele: Stimmen des Kritikers

Selbstkritik: »Hättest du das doch nur anders gemacht. Immer stellst du dich so dumm an. Wie kann man nur so dämlich sein?«
Wertungen: »Du bist ein Versager. Du kannst das sowieso nicht. Du taugst zu nichts.«
Pessimistische Vorhersagen: »Das wird bestimmt schiefgehen. Das schaffst du niemals.«

Die Art und Weise, wie wir über uns denken oder mit uns selbst kommunizieren, hat großen Einfluss auf unser seelisches Befinden. Bissige, entmutigende Kommentare oder überzogene Kritik machen das mühevoll aufgebaute Selbstvertrauen zunichte, deshalb sollten wir den inneren Kritiker im Auge behalten und ab und zu in seine Schranken weisen.

4.4.1 Was sagt Ihr innerer Kritiker?

Finden Sie heraus, was Ihr innerer Kritiker so von sich gibt. Beobachten Sie sich aufmerksam z. B. in Situationen, in denen Sie etwas Ungewohntes vorhaben oder etwas Neues ausprobieren wollen. Achten Sie darauf, was Ihnen dabei durch den Kopf geht:

- Welche Aktionen Ihres Kritikers fallen Ihnen auf?
- Was sagt er und an wen erinnert er Sie?
- Was würden Sie sofort anpacken, wenn Ihr innerer Kritiker schweigen und Sie nicht demotivieren würde?

4.4.2 So behandeln Sie den inneren Kritiker

Unterbrechen Sie das von Ihrem inneren Kritiker ausgelöste Gedankenkarussell. Setzen Sie sich nicht passiv den Vorwürfen aus, sondern analysieren Sie, ob etwas dran sein könnte.

Leitfaden: Eine ergebnisoffene Haltung erreichen	
1.	Machen Sie sich bewusst, wer zu Ihnen spricht. Stellen Sie fest, dass die Sätze aus Ihrer Kindheit stammen, vielleicht von den Eltern, vergegenwärtigen Sie sich Ihr Lebensalter und kommen Sie wieder in der Gegenwart an.
2.	Berichten Sie dem inneren Kritiker von Ihren Stärken. Erklären Sie ihm, dass Sie aufgrund Ihrer Fähigkeiten gut selbst auf sich achten können.
3.	Danken Sie Ihrem Kritiker für seine Aktivität und bitten Sie ihn ab jetzt um mehr Zurückhaltung.
4.	Vereinbaren Sie mit Ihrem inneren Kritiker Zeiten in denen er Rederecht hat und welche, zu denen er schweigen muss (z. B. nachts).
5.	Vereinbaren Sie mit ihm eine Fehler-Toleranzgrenze. Liegen schwere Fehler vor, darf er sich melden, sind die Fehler gering und unbedeutend – muss er schweigen.
6.	Sollten Sie die Stimme nicht abstellen können, lenken Sie sich bewusst ab und bringen Sie sich auf andere Gedanken: Fokussieren Sie Ihre Aufmerksamkeit auf Dinge, die Ihnen an diesem Tag gut gelungen sind.
7.	Vereinbaren Sie mit Ihrem inneren Kritiker, dass Sie in bestimmten Situationen wagen, riskieren und ausprobieren dürfen, ohne dass er dazwischenfunkt.

4.5 Die inneren Antreiber erkennen

Die inneren Antreiber sind Verwandte des Inneren Kritikers. Sie kritisieren nicht, doch sie sind dominante Instanzen in uns, die uns, wie der Name schon sagt, antreiben. Innere Antreiber weisen auf fünf grundlegende elterliche Forderungen hin, welche in unterschiedlicher Weise und Ausprägung unbewusst in jedem Menschen wirken. Innere Antreiber sind so etwas wie verinnerlichte Lebensregeln. Sie sagen uns, wie wir etwas tun oder wie wir sein sollen und sie beeinflussen stark unser Denken, Fühlen und Verhalten. Die Antreiber resultieren aus den Erfahrungen unserer Kindheit und Jugend und stammen von Eltern, Verwandten oder nahen Bekannten. Von den Eltern wurden sie durchaus wohlwollend und aus nachvollziehbaren Gründen vermittelt: Sie wollten erreichen, dass ihr Kind im Leben klarkommt.

Die fünf Antreiber

Antreiber	Dahinterliegende Primärziele
Sei liebenswürdig. Mach es allen recht. Gefalle den anderen.	Zuwendung bekommen und Ablehnung vermeiden.
Sei immer perfekt. Mach keine Fehler.	Sich Respekt verschaffen durch Kontrolle über Dinge und Menschen.
Sei stark. Beiß die Zähne zusammen. Zeig keine Gefühle.	Sicherheit erhöhen, Verletzlichkeit und Abhängigkeit vermeiden.
Mach schnell. Beeil dich. Schau immer vorwärts.	Sich Bedürfnisse erfüllen, Entbehrungen vermeiden.
Streng dich an. Mühe dich bis zum Letzten ab.	Lob und Anerkennung als Belohnung für die Bewältigung schwieriger Aufgaben.

Obwohl wir sie in der ursprünglichen Form nicht mehr brauchen, wirken Antreiber oft stark ins Erwachsenenleben hinein. Meist haben wir sie derart verinnerlicht, dass sie uns nicht bewusst sind. Darin liegt die Schwierigkeit im Umgang mit den inneren Antreibern: Sie wirken sozusagen aus dem unbewussten Off heraus, wodurch wir sie nur schwer hinterfragen oder abstellen können. Sie können deshalb erbarmungslos das Selbstvertrauen angreifen, sobald wir von ihnen abweichen.

Test: Innere Antreiber herausfinden

Innere Antreiber werden wir nie ganz los, man kann sie sich aber bewusstmachen und in Grenzen halten. Der folgende Test kann Ihnen dabei helfen. Vergeben Sie bitte pro Aussage 1 bis 5 Punkte: 1 Punkt für »trifft gar nicht auf mich zu« und stufenweise bis zu 5 Punkte für »trifft völlig auf mich zu«.

Test: Innere Antreiber herausfinden		
Aussagen	**Punkte**	
• Wenn ich eine Arbeit mache, dann mache ich Sie gründlich.		A
• Ich fühle mich verantwortlich dafür, dass diejenigen, die mit mir zu tun haben, sich wohlfühlen.		D
• Ich bin immer auf Trab.		B
• Ich vermeide es, anderen gegenüber meine Schwächen zu zeigen.		E
• Nichtstun kann ich nicht aushalten.		C
• Häufig verwende ich Sätze wie: »Es ist schwierig, das so genau zu sagen.«		C
• Ich sage oft mehr, als nötig wäre.		D
• Ich habe Mühe damit, Leute zu akzeptieren, die nicht genau sind.		A
• Es fällt mir schwer, Gefühle zu äußern.		E
• »Nur nicht locker lassen«, heißt mein Motto.		C
• Wenn ich meine Meinung äußere, begründe ich sie auch.		A
• Wenn ich einen Wunsch habe, erfülle ich ihn mir schnell.		B
• Ich liefere meine Arbeit erst ab, wenn ich sie mehrmals überarbeitet habe.		A
• Wenn Leute trödeln, regt mich das auf.		B
• Es ist mir wichtig, akzeptiert zu werden.		D
• Ich habe eine harte Schale um einen weichen Kern.		E
• Ich versuche herauszufinden, was andere von mir erwarten, um mich danach zu richten.		D
• Leute, die unbekümmert vor sich hin leben, kann ich nicht verstehen.		C
• Bei Diskussionen unterbreche ich andere oft.		B
• Ich löse meine Probleme selber.		E

Test: Innere Antreiber herausfinden		
Aussagen	**Punkte**	
• Aufgaben erledige ich möglichst rasch.		B
• Im Umgang mit anderen bin ich auf Distanz bedacht.		E
• Ich sollte viele Aufgaben besser erledigen.		A
• Ich kümmere mich oft um nebensächliche Dinge.		A
• Erfolge fallen nicht vom Himmel, ich muss sie hart erarbeiten.		C
• Für Fehler habe ich kein Verständnis.		E
• Ich schätze es, wenn andere auf meine Fragen rasch und klar antworten.		B
• Es ist mir wichtig, von den anderen zu erfahren, ob ich etwas gut gemacht habe.		D
• Wenn ich eine Aufgabe einmal begonnen habe, führe ich sie zu Ende.		C
• Ich stelle meine Wünsche oft zugunsten der Bedürfnisse anderer Personen zurück.		D
• Ich bin anderen gegenüber oft hart, um nicht von ihnen verletzt zu werden.		E
• Ich trommle oft ungeduldig mit den Fingern auf den Tisch.		B
• Beim Erklären von Sachverhalten verwende ich gerne Aufzählungen wie erstens, zweitens, drittens ...		A
• Ich glaube, dass die meisten Dinge nicht so einfach sind, wie viele glauben.		C
• Es ist mir unangenehm, andere Leute zu kritisieren.		D
• Bei Diskussionen nicke ich häufig mit dem Kopf.		D
• Ich strenge mich an, meine Ziele zu erreichen.		C
• Mein Gesichtsausdruck ist eher ernst.		A
• Ich bin häufig nervös.		B
• So schnell kann mich nichts erschüttern.		E
• Meine Probleme gehen die anderen nichts an.		E
• Ich sage oft: »Mach weiter« oder »zack, zack«.		B
• Ich sage oft: »genau«, »exakt«, »klar«, »logisch«.		A
• Ich sage oft: »Das verstehe ich nicht«.		C

Test: Innere Antreiber herausfinden		
Aussagen	**Punkte**	
• Ich sage häufig: »Könnten Sie es nicht einmal versuchen?« statt »Versuchen Sie es bitte«.		D
• Ich bin diplomatisch.		D
• Ich versuche, die an mich gestellten Erwartungen zu übertreffen.		A
• Beim Telefonieren bearbeite ich z. B. gleichzeitig Mails oder Akten.		B
• »Zähne zusammenbeißen«, heißt meine Devise.		E
• Trotz enormer Anstrengung will mir vieles einfach nicht gelingen.		C

Auswertung Test: Innere Antreiber herausfinden

Addieren Sie nun bitte jeweils die Punkte, die Sie allen Aussagen mit einem A gegeben haben, dann die Punktzahlen der B-Aussagen usw. Der oder die Antreiber mit den höchsten Zahlenwerten sind Ihre Hauptantreiber.

	Summen	Antreiber
A		Sei perfekt.
B		Mach schnell.
C		Streng dich an.
D		Mach es allen recht.
E		Sei stark.

Mit Hilfe der folgenden Checkliste können Sie Ihre Antreiber hinterfragen und entschärfen.

Checkliste: Entschärfen von inneren Antreibern
• Inwieweit ist Ihr Antreiber heute noch gerechtfertigt?
• Was würde passieren, wenn Sie Ihren Antreiber verstärken würden?
• Was würde geschehen, wenn Sie Ihren Antreiber in sämtlichen Situationen ernst nehmen würden?
• Wie würde es sich auswirken, wenn Sie Ihren Antreiber weniger ernst nehmen würden?
• Welche Vor- und Nachteile bringt Ihnen die konsequente Befolgung Ihres Antreibers heute noch?

4.6 Körpersprache: Selbstsicher auftreten

Körpersprache ist die älteste Sprache überhaupt. Sie ist bei Mensch und Tier gleichermaßen ein wichtiges Kommunikationsmittel. Im Tierreich ist sie beim Balzen und Werben, bei Revierkämpfen oder als Rivalitätsverhalten zu beobachten und auch wir Menschen drücken allein über unsere Körpersprache viel aus – bewusst und unbewusst. Körpersprache ist stark instinktgesteuert, teilweise angeboren und sie ist ein hoch automatisiertes, überwiegend reaktives Verhalten. Hebt z. B. jemand schnell die Hand, löst dies in der Regel beim Gegenüber automatisch eine Schutzgeste aus. Ängstigt sich jemand, nimmt seine Körperspannung zu, ohne dass er darüber nachdenkt. Über dieses instinktiv-unbewusste Verhalten haben wir kaum Kontrolle.

4.6.1 Körpersprache verändern

Man kann jedoch auch bewusst die Haltung verändern und eine Körperhaltung annehmen, die Stärke demonstriert. Das lässt sich in gewissem Maße trainieren. Man kennt dies aus Selbstverteidigungskursen, in denen man lernt, in bedrohlichen Situationen nicht in instinktives Angst- oder Opferverhalten zu verfallen. Stattdessen übt man seinerseits Drohgebärden und lernt, sich durch Selbstbewusstsein »groß zu machen«.

Macht man sich gedanklich im Kopf »klein«, kommuniziert dies der Körper sofort. Eingeknickte Hüften, ein schiefer Kopf, oder versteckte Hände zeigen unbewusst ein unterwürfiges Verhalten. Schutzhaltungen wie verschränkte Arme oder verschlungene Beine tragen dazu bei, dass nach außen hin unsicher wirkt.

Wir wissen heute, dass Körpersprache einerseits Ausdruck unseres Befindens ist, wir aber andererseits über bewusst selbstsichere Körperhaltung Einfluss auf unsere Stimmung nehmen können. Probieren Sie es aus: Sobald Sie niedergeschlagen sind und bemerken, dass Sie mit hängenden Schultern und gebeugtem Rücken dasitzen, richten Sie sich bewusst auf, ziehen Sie Ihre Schultern nach hinten und halten Sie sich aufrecht. Sie werden spüren, dass sich unmittelbar Spannung, Energie einstellen. Selbst ein über einige Minuten künstlich herbeigeführtes Lächeln führt dazu, dass der Körper entsprechende Hormone ausschüttet, welche die Stimmung aufhellen. Nutzen Sie solche Zusammenhänge bewusst aus.

Hilfreich ist es, folgendes Verhalten im Alltag zu trainieren:

- aktiven Blickkontakt mit dem oder den Gesprächspartner(n) suchen und halten,
- sicheren, festen Stand (mit beiden Fußsohlen auf dem Boden) bzw. lockere, flächige Sitzposition,
- aufrechte, gerade Körper- und Kopfhaltung.

Wichtig

Selbstbewusstes Auftreten lässt sich trainieren. Allerdings muss man bereit sein zu üben. Doch es lohnt sich. Sie werden von Ihrem Umfeld als stärker wahrgenommen – das wiederum wirkt sich positiv auf Ihr Selbstwertgefühl aus.

4.6.2 Stimme und Sprechen

Auch durch die Stimme machen wir uns ein Bild von einer Person. Spricht sie sehr leise, nuschelnd oder schrill, interpretieren wir das als Unsicherheit oder Nervosität. Tiefe, volle Stimmen nehmen wir als kompetent und sicher wahr. Damit Ihre Stimme gut zum Schwingen kommt, achten Sie deshalb besonders auf:

- fließenden Atem (versuchen Sie, nicht die Luft anzuhalten),
- lockeren Oberkörper und lockere Schultern,
- aufrechte Kopf- und Körperhaltung,
- gerade Schultern und aufgerichtete Wirbelsäule,
- tiefe Bauchatmung,
- lautes und deutliches Sprechen,
- eine Sprechgeschwindigkeit, die Ihnen selbst zu langsam erscheint,
- kurze, unkomplizierte Sätze.

Üben Sie häufig, vor anderen Menschen zu sprechen, auch wenn es anfänglich schwerfällt. Je öfter Sie dies tun, desto leichter wird es Ihnen mit der Zeit fallen.

4.7 Körpermerkmale und Aussehen verändern

Zu groß, zu schmal, die Haut schlecht, die Nase zu groß – kaum jemand, der nicht mit irgendeinem körperlichen Merkmal hadern würde. Sicher macht gutes Aussehen manches leichter, eine Gewähr für großes Selbstvertrauen ist es nicht. Es gibt körperliche Eigenheiten, die einem nicht gefallen und solche, unter denen man leidet. Wenn Ihnen körperliche Auffälligkeiten zu schaffen machen, dann unternehmen Sie etwas dagegen. Nicht alle, aber manche Merkmale lassen sich verändern. Es ist hier ausdrücklich nicht von Schönheitswahn oder -idealen die Rede, sondern von der Beseitigung hemmender Faktoren.

Ändern, was zu ändern ist

Veränder- und korrigierbare, körperliche Besonderheiten sind beispielsweise Zahnschiefstellungen oder schlechte Zähne, in gewissem Maße Figur und Gewicht, abstehende Ohren, extrem schlechte Haut etc. In vielen Fällen gibt es Möglichkeiten zur Verbesserung: Angefangen von Ernährungsumstellung über Sport, Bewegung, Beratung oder entsprechende Therapien. Veränderungen sollten dann in Betracht gezogen werden, wenn man sich unwohl fühlt, Leidensdruck entsteht und man sich im öffentlichen Auftreten gehemmt fühlt.

Verändern Sie Ihr Outfit
Auch in Kleidungsfragen oder bei der Frisur lässt sich häufig viel verändern, ohne allzu großen Aufwand. Entscheidend ist nicht, welche Kleidung Sie tragen, welche Figur Sie haben oder welche Frisur – entscheidend ist, ob Sie sich damit wohlfühlen oder nicht. Tragen Sie Kleidung, in der Sie sich wohl, sicher und schön fühlen oder unpassend, eingeengt und unattraktiv? Es gibt für jede Figur die passende Kleidung, das ist nicht vorrangig eine Frage des Budgets. Wenn Sie nicht wissen, was Ihnen steht, dann lassen Sie sich beraten. Das Gleiche gilt für Frisur- oder Make-up-Fragen. Eine pfiffige Frisur, die den Typ unterstreicht wirkt positiver und gepflegter als eine herausgewachsene Dauerwelle.

Wenn Sie feststellen, dass Ihnen etwas, das veränderbar ist, nicht mehr gefällt, dann ändern Sie es. Melden Sie sich z. B. beim Sportverein oder für einen Yogakurs an, machen Sie eine Farb- und Typberatung, gehen Sie Walken etc. Alles, was Ihnen gut tut, bewirkt ein positiveres Körpergefühl, und allein dadurch fühlen Sie sich bereits bedeutend wohler und attraktiver.

Wohlfühlen – auch ohne Veränderung
Manchmal ist eine Veränderung nicht möglich, man muss O-Beine, schütteres Haar oder breite Hüften hinnehmen und sich damit abfinden. Nehmen Sie sich an, wie Sie sind, tun Sie jedoch alles, um Ihr Wohlbefinden zu steigern. Wohlfühlen trägt enorm zu Sicherheit und Selbstvertrauen bei. Halten Sie sich jedoch immer vor Augen: Gesundes Selbstvertrauen basiert auf inneren Faktoren und der Haltung in Ihrem Kopf – nicht auf äußerlichen Merkmalen.

4.8 Selbstbewusst kommunizieren

Trainieren Sie Ihre kommunikativen Fähigkeiten, damit Ihr Selbstvertrauen wächst: Führen Sie lockeren Small Talk, machen Sie ein Kompliment, tauschen Sie sich aus – aber stets auf Augenhöhe mit Ihrem Gesprächspartner.

4.8.1 Augenhöhe als Gesprächsbasis

Das Gegenüber als gleichwertigen Partner ernst zu nehmen, egal in welchem Verhältnis er zu einem steht, ist stärkend für beide Seiten. Mit dieser Haltung entsteht gewaltfreie sowie vertrauensvolle Kommunikation. Manche Menschen versuchen, andere einzuschüchtern, Macht auszuüben und sich dadurch in eine stärkere Position zu bringen. Sie stellen sich über andere und machen sich »größer«. Unsichere machen sich oft selbst »kleiner« als nötig. Langfristig blockiert jede unausgewogene Beziehung jedoch gute soziale Kontakte. Kommunikation beider Partner auf Augenhöhe ist also von beiderseitigem Nutzen.

Die unterschiedlichen Haltungen und Positionen in Kommunikationssituationen sind in der folgenden Grafik zu sehen: Versuchen Sie, eine partnerschaftliche, ausgeglichene Kommunikationsbasis mit anderen Menschen zu finden. Lassen Sie sich aber Ihrerseits auch nicht unterdrücken. Fordern Sie Respekt und Wertschätzung ein, sobald Sie das Gefühl haben, jemand spricht mit Ihnen von oben herab. Machen Sie sich nicht freiwillig »kleiner« als Ihr Gegenüber, das schadet Ihrem Selbstvertrauen.

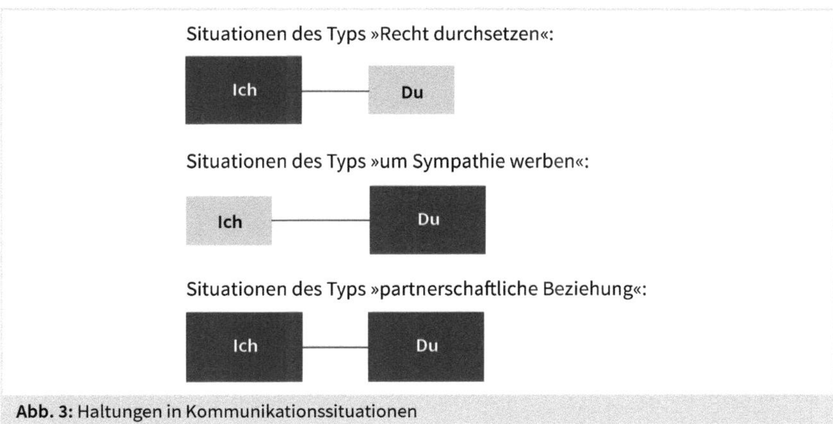

Abb. 3: Haltungen in Kommunikationssituationen

Zielführende Kommunikation braucht Augenhöhe. Sie haben das Recht, eine faire, gleichberechtigte Gesprächsebene einzufordern.

4.8.2 Klare Botschaften

Mit klaren Botschaften sagen Sie ganz eindeutig, was Sie wollen, tun werden oder verstanden haben. Sie werden dadurch für andere Personen zu einem transparenten, starken und eindeutigen Kommunikationspartner. Je klarer Ihre Kommunikation ist, desto selbst-bewusster werden Ihre Aussagen sein.

Leitfaden: Klare Botschaften
• Sprechen Sie für sich, indem Sie Wörter benutzen wie: »ich«, »mich«, »mir« usw. Verstecken Sie sich nicht hinter einem neutralen »man«.
• Teilen Sie Ihre Gedanken Beurteilungen und Überzeugungen mit: »Mir gefällt ...«, »Mich enttäuscht ...« etc.

Leitfaden: Klare Botschaften
• Teilen Sie Ihre Gefühle mit: »Ich freue mich über …«, »Mich beunruhigt, dass …« etc.
• Drücken Sie Ihre Absichten klar aus – so verhindern Sie, dass andere Vermutungen anstellen müssen und Ihre Aussagen interpretieren: »Ich entscheide mich für …«, »Ich will …« etc.
• Vermeiden Sie unkonkrete Formen der Kommunikation, also Wörter und Wendungen wie »vielleicht«, »ich könnte«, »eigentlich wollte ich«, »man sollte« etc.
• Sprechen Sie deutlich aus, was Sie getan haben oder tun werden: »Ich habe …«, »Ich werde …« etc.

Durch diese Art der Kommunikation wird das Selbstvertrauen enorm gestärkt: Wer unmissverständlich seine Haltung ausdrückt, festigt seine Persönlichkeit. Diese Stärke wird von anderen wahrgenommen und baut das Selbstbewusstsein auf.

4.8.3 Ich- und Du-Botschaften

Gerade schüchterne Menschen vermeiden Ich-Botschaften. Sie befürchten, als egoistisch zu gelten, wenn sie ihr »Ich« zu sehr in den Vordergrund stellen. Das ist ein Irrtum, denn Ich-Botschaften bieten Ihnen den Vorteil, eindeutige, persönliche Signale zu setzen, indem Sie aus Ihrer Sichtweise heraus über Sachinhalte und Gefühle sprechen.

Ich-Botschaften sind klare Ansagen und provozieren kaum Abwehr und Rebellion beim Gesprächspartner: Sie unterstellen ihm nichts und werfen ihm nichts vor. Mit einer Ich-Botschaft sagt man nur, was bei einem selbst ankommt und welches Gefühl das bei einem auslöst. Damit kann das Gegenüber meist gut leben, ggf. Missverständnisse rasch ausräumen und verstehen, was sein Kommunikationsverhalten bei Ihnen auslöst. Deshalb können Sie mit dieser Technik selbst heikle Gespräche selbstbewusst führen, ohne eine Konfrontation befürchten zu müssen.

In Du-Botschaften wird das eigene Erleben in eine Aussage über den anderen verpackt bzw. in Form einer Unterstellung an den anderen gesendet. Diese Formulierungen werden meist als Angriff aufgefasst – was sie in vielen Fällen auch sind – und der Gesprächspartner reagiert darauf mit einem Gegenangriff. Es besteht leicht die Gefahr der verbalen Eskalation. Betrachten Sie die Beispiele hierzu:

Du-Botschaft	Ich-Botschaft
Sie unterstellen mir …	Ich fühle mich missverstanden.
Da liegen Sie falsch!	Ich bin anderer Ansicht.

Du-Botschaft	Ich-Botschaft
Sie sind unverschämt.	Ich möchte mich gern sachlich mit Ihnen unterhalten.
Sie entscheiden einfach …	Ich fühle mich übergangen.
Ihr aggressives Verhalten …	Ich fühle mich unwohl, wenn mich jemand anschreit.

Vorsicht vor versteckten Du-Botschaften

Doch Vorsicht: Nicht jeder Satz, der mit »Ich« beginnt, ist eine echte Ich-Botschaft. Es kann sich ebenso um eine versteckte Du-Botschaft handeln. Das sind meist mehr oder minder verborgene Vorwürfe, die beim Gegenüber fast zwangsläufig Abwehr oder Aggression hervorrufen. Hier einige typische Beispiele für versteckte Du-Botschaften:

Versteckte Du-Botschaft	Echte Ich-Botschaft
Ich finde, Sie sollten andere mal ausreden lassen.	Mir ist wichtig, dass alle ausreden können.
Ich kann mir nicht vorstellen, dass Sie das schaffen.	Ich befürchte, dass der Terminplan nicht eingehalten werden kann.
Ich glaube, dass Ihnen das völlig egal ist.	Ich bin mir nicht sicher, ob Sie das interessiert.

Es gibt immer Möglichkeiten, versteckte Du-Botschaften in Ich-Botschaften zu übersetzen. Unabhängig davon, ob Sie sich für eine Bitte, eine Frage oder eine Aussage über Ihre Gefühle entscheiden, wichtig ist, dass Sie Ihrem Gesprächspartner nichts unterstellen. Sonst werden Sie automatisch mit einer Abwehrhaltung konfrontiert.

4.8.4 Stellen Sie Fragen

Die richtigen Fragen zu stellen und diese Fragen richtig zu stellen, ist das A und O guter Kommunikation. Man erhält dadurch nicht nur wichtige Informationen, sondern angemessene Fragen signalisieren dem Gegenüber auch Interesse und Offenheit. Mit Fragen können Sie sich außerdem hervorragend wehren, sobald Ihnen jemand zu nahe tritt oder Vorwürfe macht. Fragen Sie nach und lassen Sie sich erläutern, was der andere erwartet.

Beispiel: Konkret hinterfragen !

»Von Ihnen kommt einfach zu wenig!« – »Zu wenig in Vergleich womit/mit wem/wann?«
»Es ist unmöglich, das in der Zeit hinzubekommen.« – »Was müsste geschehen, damit Sie es hinbekommen?« oder »Ist es schon einmal gelungen, die Arbeit in dieser Zeit zu schaffen?«

»Diesen Mist brauchen Sie mir nicht erzählen.« – »Habe ich Sie richtig verstanden: Sie glauben, ich erzähle Unsinn?«

Wenn Sie Dinge konkret hinterfragen, sind Sie der agierende Part, Ihr Gesprächspartner der reagierende. Dadurch fordern Sie ihn auf, Ihnen weitere und stichhaltige Argumente zu liefern und seine Aussagen zu begründen. Fragen fördern die Qualität der Kommunikation. Durch richtige Fragen erfahren Sie den Kenntnisstand, die Meinung und die Motive Ihres Gesprächspartners. Die Voraussetzung dafür, eine präzise und weiterführende Frage stellen zu können, ist konzentriertes Zuhören. Wie die Frage, so die Antwort: Beachten Sie die Fragestellung. Sie bestimmt Art, Inhalt und Umfang der Information, die Sie als Antwort erhalten. Je nachdem, was Sie erfahren wollen, setzen Sie den entsprechenden Fragetypus ein.

Fragetypen

- **Offene (W-)Fragen:** Ermitteln von Informationen, Meinungen, Ansichten, Wünschen. vor allem mit den Fragewörtern: was, wer, wie, woher, wofür, wann ... Beispiele: »Was meinen Sie dazu?« »Wie verhält es sich mit ...?« etc. Die Antwort erfolgt immer als Satz.
- **Geschlossene Fragen:** Ermitteln von klarer Information und Herbeiführen einer Entscheidung: »Haben Sie schon mit Herrn/Frau XY gesprochen?«, »Sind Sie dafür?« etc. Die Antwort ist Ja oder Nein.
- **Alternativfragen:** Herbeiführen einer Entscheidung oder Ermitteln einer Vorgabe. Der Partner kann zwischen zwei Alternativen entscheiden: »Bevorzugen Sie Rot oder Weiß?«, »Heute oder morgen?« etc.
- **Konterfragen:** Zeit gewinnen oder genauere Informationen erhalten durch Wiederholung oder Zusammenfassung: »Sie halten es also für denkbar, dass ...?«, »Wenn ich Sie richtig verstehe, meinen Sie ...?« etc.

4.8.5 Fehlerquellen in der Kommunikation

Gespräche, in denen es um Wichtiges geht und bei denen Sie eventuell nervös sind, sollten Sie bestmöglich vorbereiten. Darüber hinaus können Sie während des Gesprächs viel zu seinem Gelingen beitragen, indem Sie aufmerksam zuhören und sprechen.

Checkliste: Fehler in der Kommunikation vermeiden
Hören Sie aufmerksam zu:
• Proben Sie nicht, während der andere spricht, in Gedanken bereits Ihre Antwort aus oder denken Sie über Ihren nächsten Beitrag nach.

Checkliste: Fehler in der Kommunikation vermeiden
• Versuchen Sie als Zuhörer, den vollständigen Sinn der Aussage mit Konzentration zu erfassen.
• Interpretieren Sie nicht mehr in die Aussage anderer hinein, als diese sagen, z. B. wenn jemand sagt: »Ich ging nach Hause«, und Sie interpretieren: »Ja, bestimmt hat es Ihnen gereicht …«
Sprechen Sie bewusst mit anderen:
• Ordnen Sie Ihre Gedanken, bevor Sie sprechen und halten Sie tragfähige Argumente bereit.
• Bringen Sie nicht zu viele Aussagen und Ideen in einer Äußerung unter, die der andere nicht erfassen kann.
• Reden Sie nicht aus lauter Unsicherheit zu viel. Achten Sie auf die Auffassungskapazität der anderen.
• Sprechen Sie möglichst über Dinge, die Ihnen vertraut sind. So werden Sie nicht verunsichert, sobald jemand nachfragt.
• Beziehen Sie sich direkt auf Aussagen des anderen und sprechen Sie nicht übergangslos über eigene Themen, z. B wenn jemand sagt: »Über seine Blumen habe ich mich sehr gefreut«, und Sie antworten: »Weißt du übrigens, von wem ich zum Essen eingeladen wurde?« Besser wäre: »Oh, wie schön, zu welchem Anlass hast du die denn bekommen?«

4.8.6 Angemessen kritisieren

Gegenseitige Kritik lässt sich in der Zusammenarbeit oder im Zusammenleben kaum umgehen. Ziel von Kritik soll immer sein, eine gute Gesprächsbasis zu erhalten und Fehler auszumerzen. Wenn Sie an jemandem etwas zu kritisieren haben, sprechen Sie es frühzeitig und offen an. Der andere kann nur dann etwas verändern, wenn er weiß, was Sie stört. So umgehen Sie weitere Konflikte und Wut, die bei unausgesprochenen Themen unter der Oberfläche gären. So vermeiden Sie, dass die Stimmung eines Tages plötzlich explodiert. Möglicherweise stellt Ihr Gegenüber die Störung sofort ab und bedauert sein Verhalten: »Es tut mir leid, ich wusste nicht, dass Sie das stört. Hätten Sie doch früher etwas gesagt!« Deshalb: Wenn für Sie etwas nicht stimmt, fassen Sie Mut und kritisieren Sie freundlich, aber bestimmt (siehe auch den folgenden Abschnitt »Mit Ablehnung und Kritik umgehen«).

Leitfaden: Eine ergebnisoffene Haltung erreichen	
1.	Sagen Sie klar und deutlich, womit Sie nicht zufrieden sind. Beschränken Sie sich dabei auf diesen einen aktuellen Fall.
2.	Beschreiben Sie konkret, worin die Probleme für Sie bestehen, z. B. »Das bringt mich wiederholt unter Zeitdruck und ärgert mich.«

Leitfaden: Eine ergebnisoffene Haltung erreichen		
3.	Hören Sie sich die Argumente des anderen an, vielleicht liegen akzeptable Gründe für sein Verhalten vor.	
4.	Bewerten Sie das Thema erst danach.	
5.	Suchen Sie einen gemeinsamen Lösungsansatz: »Wie kommen wir jetzt zu einer Lösung? Was schlagen Sie vor?«	
6.	Vereinbaren Sie ein konkretes, verbindliches Ergebnis mit Fakten: Wer, wann, was ...	
7.	Schließen Sie das Kritikgespräch positiv ab:	
	a)	Ist der Kritikpunkt gelöst: Thema vom Tisch.
	b)	Keine Lösung in Sicht: Führen Sie ein weiteres Gespräch und klären Sie, was ggf. bei Ihrer ersten Vereinbarung unklar war. Eventuell müssen weitere Schritte eingeleitet werden (Einbindung weiterer Entscheider etc.).

4.8.7 Mit Ablehnung und Kritik umgehen

Kritik an der eigenen Person lässt sich nicht komplett vermeiden. Denn: Nur wer im Koma liegt, macht keine Fehler. Manche Kritik scheint angebracht, damit kann man meist leben. Andere dagegen erscheint unangemessen oder ungerecht. Tragen Sie Ihrerseits zur Lösung bei und beschaffen Sie sich Informationen über das, was schiefgelaufen ist. Auch hier gilt: Fordern Sie faires Kommunikationsverhalten Ihnen gegenüber ein, im Sinne klarer Botschaften und wertschätzendem Verhalten.

Hören Sie Kritik gelassen an

Wer kritisiert wird, befindet sich in einer passiven Rolle. Es ist wichtig, sich vorab klar zu machen, dass der Andere nicht wirklich weiß, wie man ist, oder dass er die genauen Beweg- und Hintergründe eines Verhaltens nicht kennt. Er kann bei seiner Kritik nur sagen, wie die Person oder das Verhalten auf ihn gewirkt haben. Dabei sollte man berücksichtigen: Die Wahrnehmung des Kritikers ist durch keine Klarstellung revidierbar. Er empfindet, was er empfindet, und er kommt zu einer Bewertung, die stimmen kann oder auch nicht. Deshalb ist hilfreich, die Meinung des anderen zunächst einmal ruhig anzuhören, ohne sofort in Abwehrhaltung zu gehen.

Der positive Aspekt an Kritik ist, dass sie dazu beiträgt, die eigene Wirkung auf andere kennenzulernen und auf Fehler aufmerksam gemacht zu werden (siehe »Blinde Flecke« im Abschnitt »Wie nehmen Sie sich selbst wahr«?).

Checkliste: Wenn Sie kritisiert werden
Hilfreich ist folgende Haltung:
• Hören Sie möglichst ruhig und vorurteilsfrei zu.
• Verlangen Sie ggf. respektvollen Umgang.
• Unterbrechen Sie Ihr Gegenüber nicht.
• Konzentrieren Sie sich auf das Gesagte.
• Versuchen Sie zu verstehen, was der andere meint.
• Bei Unklarheiten: Fragen Sie erst im Anschluss nach.
• Sehen Sie Feedback als eine »Gabe an Sie«: Jemand hat sich Gedanken gemacht über Sie. Sie entscheiden, was Sie davon annehmen und was Sie daraus lernen möchten.
Bei Ihrer Antwort achten Sie auf Folgendes:
• Bleiben Sie ruhig und sachlich.
• Wiederholen Sie das, was Sie verstanden haben.
• Stellen Sie Fragen, wenn Ihnen etwas unklar ist.
• Kommunizieren Sie mit Ich-Botschaften.
• Falls angebracht: Gestehen Sie den Fehler ein und entschuldigen Sie sich. Ist die Kritik nicht angebracht: Klären Sie die Fakten, stellen Sie Ihre Sichtweise dar, anstatt sich zu rechtfertigen.
• Beziehen Sie ggf. einen anderen Ansprechpartner mit ein, wenn Sie eine Sache nicht klären können. Manchmal braucht man eine weitere Stellungnahme, manchmal eine Entscheidung von anderer Stelle.

Machen Sie sich nicht klein

Vorsicht: Fallen Sie, wenn Sie kritisiert werden, nicht in die Opfer- oder Kindchenrolle, in der Sie das Gefühl haben, »geschimpft« zu werden. Kritik hat meist ganz sachliche Gründe und ist nicht per se als Ablehnung Ihrer Person aufzufassen. Sie hat auch erst einmal nichts damit zu tun, dass der andere Sie nicht mag oder er Sie als ungenügend ansieht. Nehmen Sie bewusst die Körperhaltung eines selbstbewussten Menschen an, statt den Kopf hängen zu lassen. Ziehen Sie mögliche Erklärungen für die Kritik in Betracht und überprüfen Sie die Sachverhalte: Darum geht es – nicht um Ihre Person.

4.9 Für sich kämpfen

Besonders wichtig wird eine aufrechte, selbstbewusste Haltung, wenn wir mit Forderungen konfrontiert werden: Andere muten uns oft Dinge zu, die uns belasten oder für die wir uns nicht verantwortlich machen lassen wollen. Dann ein klares Nein zu formulieren oder eine Bitte abzulehnen, erfordert Mut und Selbstvertrauen. Ganz wesentlich dabei ist: Legen Sie für sich fest, wozu Sie bereit sind und wozu nicht.

4.9.1 Ziehen Sie Grenzen

Der Verlauf persönlicher Grenzen ist für unsere Gesprächspartner nicht sichtbar. Grenzen lassen sich nur durch eindeutige, verbale Rückmeldungen ziehen. Etwas abzulehnen, das man nicht tolerieren möchte, fällt wesentlich leichter, wenn man Klarheit darüber hat, was man tun kann und will.

Nehmen Sie Unbehagen und diffuse Gefühle ernst, denn sie sind ein geeignetes Diagnoseinstrument im Umgang mit Ihren Grenzen. Sobald Sie sich ärgern, wütend, frustriert oder enttäuscht sind, sollten Sie dies als ein Indiz dafür sehen, dass Grenzen überschritten wurden oder dass Ihre Grenzlinie nicht eindeutig gezogen ist.

Haben Sie das Gefühl, von anderen häufig ausgenutzt oder übervorteilt zu werden, könnte dies ein Zeichen dafür sein, dass Sie Ihre Grenze zu eng gezogen haben. Erweitern Sie diese, um mehr Platz für sich zu bekommen. Verteidigen Sie den neu gewonnenen Raum konsequent. Steht das Gefühl fehlender Unterstützung oder Einsamkeit im Vordergrund, haben Sie die Grenze möglicherweise zu weit gezogen und damit für zu viel Distanz gesorgt. Zieht man den Grenzverlauf enger, muss man zwar mehr von sich preisgeben, hat aber den Vorteil, dass andere Menschen näher an einen heranrücken können. Sobald Sie sich über rücksichtsloses Verhalten und Grenzüberschreitungen ärgern, verteidigen Sie die Einhaltung ihrer Grenzen. Erheben Sie unmissverständlich Einspruch dagegen. Von Vorteil kann sein, wenn Sie klare Argumente für die Ablehnung mitliefern.

Unabhängig davon, welchen Missstand Sie verändern möchten, müssen Sie klar »Stop« sagen und auf Ihre Grenzen verweisen. Unter Umständen müssen Sie Ihr Umfeld mehrmals darauf hinweisen, wenn Grenzen übertreten werden. Tun Sie dies konsequent und verteidigen Sie Ihre Grenze selbstbewusst.

! **Beispiel: Projektverteilung**

Frau M., Mitarbeiterin eines großen Telekommunikationsunternehmens klagte: »In unserem Team wurden vor einem Jahr zwei Mitarbeiter abgebaut. Für uns restliche zehn wurde der Arbeitsaufwand natürlich mehr, denn wir arbeiteten jetzt für zwölf Mitarbeiter. Nun ist noch eine Kollegin in Mutterschutz gegangen, ein Kollege ist längerfristig erkrankt und dann hat auch immer wieder jemand Urlaub. Diese Projekte wurden dann auch an uns verteilt und wir sollten nun zu acht das Pensum von zwölf Mitarbeitern stemmen. Das geht schon seit vier Monaten so, dass ich hier Zwölf-Stunden-Tage habe und mein Privatleben langsam wackelt. Ich habe meinen Chef um ein Gespräch gebeten und ihm klipp und klar gesagt, dass ich entweder mehr Zeit bekommen oder er mich von Projekten entlasten muss.«

Die Mitarbeiterin hat für sich erkannt, dass ihre Grenzen der Belastbarkeit, der Gutmütigkeit und des Loyalitätsanspruchs überschritten wurden. Deshalb hat sie durch eindeutige Kommunikation ihre Grenzen verteidigt.

4.9.2 Nein sagen

Wenn jemand von Ihnen etwas will, das Sie nicht bereit sind zu geben, müssen Sie dies klar kommunizieren. Wer sich davor drückt, eine Ablehnung auszusprechen, muss letztendlich Dinge tun, die er nicht tun möchte. Lassen Sie sich vor allem nicht überrumpeln. Wer erst einmal zugesagt hat, tut sich schwer, wenn er wieder absagen muss. Bitten Sie um Bedenkzeit, wenn Sie sich nicht sicher sind. Denken Sie nach, ob Sie das Verlangte tun müssen oder wollen, bevor Sie sich entscheiden. Ist beides nicht der Fall, dann lehnen Sie ab.

- Sagen Sie nur Ja, wenn Sie voll und ganz Ja meinen.
- Wenn Sie nicht Ja sagen können, bedeutet dies automatisch ein Nein.
- Argumentieren Sie ggf. Ihre Ablehnung.
- Verbitten Sie sich Vorhaltungen und Vorwürfe, wenn Sie etwas nicht tun. Sie haben Ihre Gründe.
- Bleiben Sie konsequent bei Ihrem Nein.

Wenn Ihnen das Abschlagen von Bitten anderer schwer fällt, denken Sie daran: Auch wenn Sie oft und gern geholfen und Gefälligkeiten übernommen haben, kann niemand von Ihnen erwarten, dass Sie dies immer tun. Teilen Sie Ihre Absichten ohne Wenn und Aber mit. Dass Sie um etwas gebeten werden, ist legitim – dass Sie ablehnen auch. Lehnen Sie freundlich, aber bestimmt ab, schließlich sind Sie ein freier Mensch.

Für Ihre Ablehnung gilt immer:

- Geben Sie nur Begründungen an, wenn Sie welche geben möchten.
- Eine Entschuldigung ist nicht angebracht, denn Sie haben keinen Fehler gemacht.

Nicht nur, wenn man etwas aus zeitlichen oder anderen Gründen nicht tun kann, ist ein Nein angemessen. Sie haben auch das Recht, etwas abzulehnen, zu dem Sie schlicht und ergreifend keine Lust haben.

4.9.3 Hilfe organisieren und annehmen

Manche Menschen haben Schwierigkeiten damit, sich rechtzeitig Hilfe und Unterstützung zu organisieren. Oft liegen folgende Haltungen zugrunde: »Das muss ich doch wohl alleine schaffen, andere können das auch«, »Ich will nicht schwach dastehen«, »Es ist mir peinlich, andere um Hilfe zu bitten« etc. Dann tun sie sich schwer, sich unter die Arme greifen zu lassen. Gerade unsichere Menschen lehnen wohlmeinende Hilfsangebote aus diesen Gründen oft ab. Sich rechtzeitig Hilfe und Unterstützung zu organisieren, ist jedoch keine Schwäche, sondern eine Stärke.

Wer Hilfe ablehnt, läuft Gefahr, immer mehr zu ermüden und irgendwann ausgebrannt zu sein. Durch dauerhafte Überforderung wird man nicht nur schwächer, sondern auch ideenärmer. Die Anspannung durch die Dauerbelastung nimmt immer mehr zu und man schafft es kaum noch zu regenerieren. Irgendwann tritt ein Punkt der Überlastung ein, an dem einem absolut nicht mehr einfällt, wie man aus diesem Teufelskreis wieder herauskommt. Es ist deshalb sinnvoll, nicht erst dann Hilfe anzunehmen, wenn man bereits kurz vor dem Zusammenbruch steht.

Manche Probleme lassen sich frühzeitig und mit Unterstützung sogar besser und schneller lösen. Ist eine Situation erst einmal völlig verfahren, dauert der Lösungsprozess meist viel länger und kostet letztendlich mehr Geld und Nerven. Seien Sie klar in Ihrer Entscheidung: Wenn Sie merken, es geht allein nicht mehr weiter, dann schalten Sie Fachleute ein oder nehmen andere Hilfsangebote wahr.

Es ist wunderbar, wenn Sie den Anspruch haben, sich selbst zu helfen. Aber: Sie müssen nicht alles alleine schaffen. Sobald es einen Punkt gibt, den man – aus welchem Grund auch immer – selbst nicht lösen kann, dann ist es eine gute und intelligente Entscheidung, Hilfe zu organisieren und anzunehmen. Dies gilt für z. B. Haushaltshilfen genauso wie für Unterstützung durch Beratungsstellen bei finanziellen, gesundheitlichen, seelischen und familiären Schwierigkeiten. Suchen Sie sich einen Experten – oft kann er Lösungen oder Ideen anbieten, die rasch Abhilfe schaffen, von übermäßigem Druck befreien und zu neuen Perspektiven führen.

4.9.4 Belastendes über Bord werfen

Manche Belastungen lassen sich nicht beseitigen, mit ihnen muss man sich arrangieren. Andere hingegen lassen sich abstellen. Durchforsten Sie kritisch die unliebsamen und beschwerlichen Bereiche Ihres Lebens und verändern Sie diese aktiv. Sobald Sie spüren, dass etwas nicht (mehr) passt, überlegen Sie, ob und wie Sie es über Bord werfen können. Sie werden feststellen, dass es befreiend ist, etwas nicht mehr tun zu müssen, was jahrelang unreflektiert zu Ihrem Programm gehörte. Das sind häufig auch solche Tätigkeiten, die Zeit, Energie und Nerven kosten und Ihnen im Gegenzug wenig oder gar keine Vorteile bringen.

Beispiel: Gewohnheitstätigkeiten

!

Frau I. fiel auf: »Als unsere Kinder im Kindergarten waren, übernahm ich Buchhaltungsarbeiten für den Trägerverein als kostenlose Elternarbeit. Noch jahrelang machte ich das weiter, obwohl längst keines unserer Kinder den Kindergarten mehr besuchte. Ich habe einfach nicht mehr darüber nachgedacht. Irgendwann ist mir aufgefallen, wie viel Zeit und Energie mich das kostete, wie mich die ständigen Termine belasteten. Ich wollte das eigentlich schon längst beenden, um mehr Zeit zu haben. Jetzt hab ich dieses Amt endlich niedergelegt und bin so froh über die freigewordene Zeit, die ich für mich und die Familie einsetzen kann.«

An folgenden Symptomen erkennen Sie, dass Sie etwas verändern sollten:

- anhaltendes Unlustempfinden und Belastung durch eine Tätigkeit,
- Auftreten psychosomatischer oder psychischer Beschwerden,
- Unproduktivität und (zu) viel Zeitaufwand für die Tätigkeit oder Aufgabe,
- kreisende Gedanken, Zweifel, Fehler,
- das Gefühl, dass das, was Sie tun, nicht richtig ist.

Wichtig

!

Denken Sie daran: Das Schlimmste, was man tun kann, ist keinen neuen Weg zu gehen und Dinge, die nicht (mehr) passen, aufrecht zu erhalten und dauerhaft zu ertragen. Handeln Sie im Ihrem Sinne: Sie haben ein Recht darauf, dass es Ihnen gut geht.

4.9.5 Widerstand gegen Ihre Veränderung

Nehmen wir an, Sie haben es geschafft, Ihr Leben zu verändern. Das ist grundsätzlich positiv: Sie haben sich weiterentwickelt, Ihnen geht es besser, sie haben Selbstvertrauen und Energie aufgebaut. Möglicherweise fühlen Sie sich recht wohl und sind stolz darauf, dass Ihr Selbstbewusstsein gewachsen ist.

Jetzt kommt die Krux, mit der man rechnen muss: Es ist möglich, dass Ihr Umfeld auf Ihr Anders-Sein wenig begeistert reagiert. Ihr verändertes Verhalten wird zweifellos wahrgenommen und bewertet. Waren Sie als ehemals zurückhaltender, verunsicherter Mensch doch recht pflegeleicht, angepasst und bequem für andere, sagen Sie jetzt plötzlich Ihre Meinung, stellen Forderungen oder legen sich auch mal quer. Mit dieser Veränderung müssen sich Ihre Mitmenschen erst einmal abfinden und sie müssen lernen, mit der neuen Situation umzugehen. Vielleicht bekommen Sie sogar gesagt, Sie hätten sich zum Schlechteren hin verändert. Schließlich waren Sie früher einfacher und anspruchsloser. Aus der Sicht der anderen stimmt dies. Jetzt aber stimmt die Situation für Sie.

! **Wichtig**

Wenn Sie einen Entwicklungsschritt vollzogen haben, müssen Sie damit rechnen, dass Sie Durchhaltevermögen brauchen, um die Veränderung im Umfeld durchzusetzen und zu etablieren.

4.10 Lieben, genießen und dankbar sein

Wer nichts genießen kann, kann nichts lieben. Wer nichts liebt, ist für nichts dankbar. Liebe, Genuss und Dankbarkeit hängen eng zusammen und sind die Voraussetzung für ein erfülltes Leben.

4.10.1 Liebe zu sich selbst aufbauen

Wenn sich ein Mensch selbst liebt, spricht man von Eigenliebe. Darunter versteht man, dass eine Person sich selbst annimmt mit all ihren Schwächen und Fehlern, ihrem Können und ihren Stärken. Dies ist nicht zu verwechseln mit Selbstverliebtheit, übersteigerter Eitelkeit oder Narzissmus. Eigenliebe bedeutet, sich zu schätzen, wie man ist, und dankbar für seine Einzigartigkeit zu sein. Gelingt dies vorwiegend, können Freude, Ausgeglichenheit und Zuversicht entstehen.

Eigenliebe und Liebe zu anderen

Erich Fromm zufolge bedingen Selbstliebe und die Liebe zu anderen Menschen einander. »Wer nur andere lieben kann, könne überhaupt nicht lieben«, schrieb er. Auch im christlichen Gebot »Liebe deinen Nächsten wie dich selbst«, hängt die Liebe zu anderen Personen untrennbar mit der Eigenliebe zusammen. Wer der eigenen Person Wertschätzung und Respekt entgegenbringt, vermag das auch anderen gegenüber. Die Eigenliebe ist sozusagen der Nährboden, in dem die Liebe zu anderen wurzelt. Eigenliebe wächst, indem man lernt, zu sich, seinen Wünschen und Vorstellungen zu stehen. Je besser es gelingt, entsprechend zu leben, desto mehr Zufriedenheit und Selbstvertrauen entstehen.

Das Leben lieben

In der Hektik des Alltags kümmert man sich um viele Dinge, vergisst darüber sich selbst und – viel schlimmer – den eigenen Lebenssinn. Manchmal wollen wir gar nicht so genau in uns blicken und sind froh um den Trubel, da er von unseren Defiziten und Frustrationen ablenkt. Doch gerade in unbefriedigten Wünschen und heimlichen Sehnsüchten liegen unsere wahrhaft wichtigen Lebensthemen. Dort liegen die Vorstellungen vom Leben, die wir uns einst gemacht und dann vernachlässigt haben. Meist fällt uns diese Vernachlässigung erst dann auf, wenn das Leben frustrierend und stockend erscheint. Spätestens dann sollten wir uns wieder aktiv um die liebevolle

Gestaltung unseres Lebens bemühen, ganz nach dem Motto: Enjoy your life, it might be your last.

Beispiel: Wenn sich der Müll anstaut !

Stellen Sie sich einen Flusslauf vor. Das Wasser fließt ruhig und sauber dahin, kann abfließen und transportiert angeschwemmten Unrat immer wieder ab. Hat sich aber durch zu wenig Aufmerksamkeit Treibholz am Ufer gesammelt, bleibt immer mehr Müll daran hängen. Mit der Zeit verändert sich die Fließgeschwindigkeit des Wassers. Durch Stauungen kann der Unrat nicht vorbeiziehen, sammelt sich mehr und mehr und bildet weitere Hindernisse. Der Lauf des Wassers gerät ins Stocken, es kommt zu Überflutungen und Strudeln. Blickt man darauf, sieht man nichts als eine riesige Ansammlung von Müll und unruhiges Wasser.

Wenn wir unseren Vorstellungen zu wenig Aufmerksamkeit geschenkt haben und wenig liebevoll mit unserer Lebensgestaltung umgegangen sind, ist so mancher Lebenslauf mit dem geschilderten Fluss vergleichbar.

Stauungen auflösen

Sinnvoller Weise sollten wir in dem Fall die Ursachen des Staus beseitigen. Gelingt es, die angesammelten »Müllberge« unseres Lebens beiseite zu schaffen, bringen wir unseren Lebenslauf wieder ins Fließen. Der Blick auf die Stauungen erfordert Mut und wird möglicherweise schmerzhaft sein, da er Veränderung und Loslassen von Altem bedeutet. Doch nur, wer sich der Herausforderung stellt, wird eine Verbesserung herbeiführen. Der mutige Blick auf das, was uns an unserer freien Lebensgestaltung hemmt, macht offen für das, was wir verändern müssen. Aus dieser Erkenntnis kann man individuelle Ziele ableiten.

4.10.2 Bleiben Sie sich treu

Eng mit der Eigenliebe ist die Treue zu sich selbst verbunden. Damit ist gemeint, den eigenen Vorstellungen und Lebensmotivationen treu zu bleiben. Sehr oft erwischen wir uns dabei, dass wir in unserer Entwicklung feststecken, da wir uns bescheinigen »Geht nicht, weil ...« oder »Bei anderen geht das, aber nicht bei mir ...« etc. Wir suchen nach Ausreden, weil wir wissen, dass jede Veränderung Unsicherheit bedeutet und das ist unangenehm. Deshalb halten wir unbefriedigende Zustände so oft aufrecht. Wir quälen uns, bis der Leidensdruck unerträglich wird oder wir erkennen müssen, dass das eigene Leben eine einzige Selbstverleugnung ist.

Handeln Sie, wenn Ihr Leben nicht mehr stimmt – das sind Sie sich und Ihrem Leben schuldig. Werden Sie sich klar, wo für Sie die Reise hingehen soll. Setzen Sie alles daran, Ihre Wünsche und Ziele umzusetzen. Das hat nichts mit Egoismus zu tun. Viel eher werden Sie, sofern Sie wieder Harmonie und Selbstvertrauen in sich spüren, für andere Menschen wertvoller, liebevoller und hilfreicher sein, als sie es in Ihrer Unzufriedenheit jemals sein können.

!

Wichtig

Ohne Eigenliebe kann man sich nicht treu sein. Wer sich nicht treu ist, kann sich selbst nicht vertrauen. Die Gleichung ist einfach:
Eigenliebe = Selbsttreue = Selbstvertrauen.

4.10.3 Lust und Genuss im Alltag

Wie viele Stunden hat ein Jahr? Bitte tippen Sie schnell und spontan:

- 10.000 Stunden?
- 50.000 Stunden?
- 100.000 Stunden?

Die Zahl verblüfft immer wieder, hat man doch das Gefühl, ein Jahr wäre eine lange Zeit:

Es sind »nur« 8.760 Stunden! Zieht man von diesem Kontingent an Jahresstunden nun seine Verpflichtungen ab, dann schmilzt die Zahl der wirklich freien Stunden, die man für Schönes und Genussvolles zur Verfügung hat, auf ein kleines Häufchen zusammen.

Umso wichtiger ist es, auch Augenblicke für Angenehmes zu nutzen und möglichst viel zu genießen. Genuss steht für positive Empfindungen, körperliche oder seelische. Genuss verwöhnt und spricht die Sinne an: Das kann durch ein schönes Buch, ein Glas Wein, einen Film, Musik, ein gutes Gespräch, eine Tasse Kaffee geschehen. Ganz egal, was Ihnen Genuss verschafft, bauen Sie jeden Tag etwas davon ein. Angenehmes wird vom Gehirn positiv bewertet. Das führt zu einer vermehrten Ausschüttung von Dopamin und ähnlicher Stoffe. Diese sogenannten Botenstoffe erzeugen positive Gefühle im Belohnungssystem des Gehirns: Es entsteht daraus das, was wir Wohlempfinden, Entspannung und Glücksgefühl nennen.

4.10.4 Die Sache mit dem Irgendwann

Wir warten immer auf den besten Zeitpunkt, etwas Schönes zu tun, eine Situation zu ändern, eine Idee umzusetzen, den Beginn für etwas Neues etc. Das kann sich hinziehen, weil der Zeitpunkt nie wirklich passt und geeignet erscheint. Deshalb warten wir auf bessere Zeiten. Statt in der Gegenwart zu leben, projizieren wir unser Glück in die Zukunft. Vorteilhafter wäre es, ginge man nach dem Motto vor: Der beste Zeitpunkt zu handeln ist, sobald ein Gedanke in unser Bewusstsein tritt. Das heißt: Wenn draußen die Sonne scheint und Sie Lust auf Biergarten haben, dann vertagen Sie die Idee nicht auf nächsten Sommer. Die Zauberformeln für die Lust am Alltag lauten nicht: »Hätte ich doch gestern ...«, »Morgen werde ich ganz bestimmt ...« oder »Irgendwann beginne ich mit ...« Die Devise lautet: Jetzt! Probieren Sie aus, welche positive Wirkung es auf Ihr Selbstvertrauen hat, wenn Sie es etwas tun, auf das Sie gerade Lust haben oder was Sie längst tun wollten.

4.10.5 Tun Sie sich etwas Gutes

Der Körper ist ein sensibler Gradmesser für Überlastung und Stress. Wenn Sie erschöpft, müde, ideenlos oder gereizt sind, ist das ein Zeichen, dass Sie nicht gut mit sich umgegangen sind. Lassen Sie es ein paar Tage lang ruhiger angehen. Allein durch Ausruhen erholen sich Physis und Psyche und auch Ihr Selbstvertrauen stabilisiert sich durch neue Energie. Tun Sie etwas Angenehmes, selbst wenn es nur eine Kleinigkeit ist, etwas, das Ihnen Lust, Genuss und Lebensfreude bereitet.

Beispiel: Feste feiern !

Feiern Sie sich, wann immer sich die Gelegenheit bietet: bei großen und kleinen Erfolgen, Geburts-, Jahres,- Namenstagen etc. Gerade bei Menschen, die sich selbst zu wenig schätzen, sich selbst für klein und unbedeutend halten, kann durch bewusst herbeigeführten Genuss die Einsicht entstehen: Ich bin etwas wert, ich habe Spaß, ich mache Dinge, die mir und auch anderen Freude machen usw. Daraus entsteht die Energie, die Sie für Ihr Selbstvertrauen brauchen.

4.10.6 Dankbar sein

»Jeder Mensch bekommt zu seiner Geburt die Welt geschenkt. Die ganze Welt. Die meisten von uns haben aber noch nicht einmal das Geschenkband berührt, geschweige denn hineingeschaut.« Diesen Satz hat der Erziehungswissenschaftler Leo Buscaglia einmal formuliert.

Dankbarkeit entsteht, wenn wir den Blick auf das Schöne, das Gelungene und Gute richten. Die Glücksforschung hat Dankbarkeit als wesentliche Fähigkeit glücklicher Menschen herausgearbeitet. Wer sich vom Leben beschenkt fühlt, erlebt sich selbst bewusst. Jeder hat Gründe um dankbar zu sein. Insbesondere für selbstunsichere Menschen ist es heilsam und stärkend, das Geschenk Ihres Lebens aus dem Blickwinkel der Dankbarkeit zu sehen. Man kann bewusst wahrnehmen, ein einzigartiges, wunderbares Rädchen im Wunderwerk der Schöpfung zu sein. Dankbarkeit veranlasst Menschen, achtsam mit dem umzugehen, was sie haben – statt maßlos zu fordern vom Umfeld, der Welt, dem lieben Gott. Wer sich freut über das, was er hat, ist ein glücklicher Mensch und besitzt das Selbstvertrauen, dafür zu sorgen, dass er einer bleibt.

»Nimm die Welt von der leichten Seite und der Geist wird frei von jeder Last sein. Miss den zehntausend Dingen keine Bedeutung bei und dein Herz wird nicht verwirrt sein. Lass dir Leben und Tod gleich wichtig sein und dein Verstand wird ohne Angst sein. Nimm gegenüber Wandel und Beständigkeit die gleiche Haltung ein und nichts wird deine Klarheit trüben.«

Lao-Tse

Auf einen Blick: Selbstcoaching Techniken
• Wer sich klar darüber wird, wer er ist und wie er leben möchte, wird sich seiner Identität bewusst – das ist die Basis für Selbstvertrauen.
• Kein Selbstvertrauen ohne Selbstakzeptanz: Schwächen beinhalten immer auch Stärken. Selbstkritik hilft nur, wenn man sich angemessen und nicht zu hart bewertet.
• Selbstvertrauen aufzubauen, bedeutet, sich zu verändern. Dafür braucht man Ziele, die den eigenen Vorstellungen entsprechen.
• Verinnerlichte Kritiker und Antreiber machen uns oft das Leben schwer. Es gilt, diese zu erkennen, über ihren Nutzen nachzudenken – und sie dadurch zu entschärfen.
• Mangelndes Selbstvertrauen zeigt sich oft körpersprachlich: Wir machen uns »klein«. Eine aufrechte und offene Körperhaltung, ein fester Stand und Blickkontakt können uns beim Aufbau von Selbstvertrauen helfen.
• Im Gespräch mit anderen gilt: Klare Ich-Botschaften, Fragen und angemessen formulierte Kritik helfen, sich anderen gegenüber zu behaupten.
• Wer lernt, angemessen Nein zu sagen, sorgt gut für seine eigenen Bedürfnisse und stärkt sein Selbstvertrauen
• Auch die emotionale Komponente ist wichtig: Wer sich selbst liebt und das Leben genießt, fühlt sich stärker, ausgeglichener und zufriedener.

Teil 2: Mut

5 Einführung

Mut gilt als erstrebenswerte Tugend. »Eine mutige Entscheidung!« – da schwingt Bewunderung mit. Mutige Menschen dienen als Vorbilder. In Wahrheit ist zwischen Mut und Übermut nur ein schmaler Grat. Menschen, die »zu mutig« waren und persönlichen Schaden genommen haben, werden bedauert – und nicht bewundert. Viele Menschen leiden unter dem Gegenteil: Es mangelt ihnen an mutiger Zuversicht, sie haben das Gefühl: »Mit mehr Mut könnte ich viel Erstrebenswertes erreichen«.

Was hält uns davon ab, mutig zu sein? Unsere Geisteshaltung bestimmt, wie mutig wir sind. Jeder kann in seinem individuellen Umfang mutig sein! Eine Voraussetzung dafür ist es, seine Kräfte realistisch einzuschätzen. Sonst wird Mutigsein zum Glücksspiel!

In diesem Teil lernen Sie Ihren persönlichen »Mut-Level« kennen. Sie erfahren, wie Sie ihn nach oben verschieben. Tipps helfen Ihnen, mit Hindernissen und Blockaden umzugehen. Lernen Sie, wie Sie Ihr Bauchgefühl und Ihren Verstand mutbringend einsetzen. Die wirklich Mutigen haben kein blindes Vertrauen in die eigenen Fähigkeiten. Die wirklich Mutigen sind in der Lage, Risiken und Chancen richtig einzuschätzen.

6 Ein bisschen Mut tut gut!

Mutiges Handeln sieht je nach Kontext und kulturellem Umfeld sehr unterschiedlich aus. Das Waghalsige ist bei Weitem nicht immer mutig.

In diesem Kapitel lesen Sie,

- warum Mut in der Gruppe besonderen Bedingungen unterliegt,
- was Mut von Übermut unterscheidet,
- warum es zu mehr Lebensqualität führen kann, Risiken einzugehen,
- wie Erziehung und Geschlechterrollen unser Verhalten beeinflussen,
- welche konkreten Schritte Sie gehen müssen, um mutiger zu werden.

6.1 Mutgeschichten – Mut ist nicht gleich Mut

Mut hat viele Gesichter: Mal ist es eine scheinbare Kleinigkeit, wie ein offenes Wort, die Mut erfordert, ein anderes Mal ist beherztes Zupacken gefragt. Eines steht fest: Mut verschafft uns größere Handlungsspielräume und damit ein Stück mehr Freiheit und Souveränität.

6.1.1 Mut im Team

!

Beispiel

Kurz nach seiner Beförderung organisierte der neue Abteilungsleiter einen Teamtag im Hochseilgarten. Dabei lösten die Teammitglieder Aufgaben in etwa 10 m Höhe durch einen Seilparcours. Ziel des Teamtages war es, das Teamvertrauen zu fördern und die Mitarbeiter zu motivieren. Der dienstälteste Mitarbeiter, Max Huber, litt an Höhenangst.
Die meisten Übungen konnte er als Sicherer vom Boden aus gut bewältigen. Bei der abschließenden Herausforderung jedoch, dem »Sprungturm«, sollte jeder Teilnehmer einen schwankenden 9 m hohen Pfahl erklettern und anschließend – von der Gruppe gesichert – abspringen. Unterstützt von den Kollegen (»Max, das schaffst du!«) und aus Angst davor, als Versager dazustehen, machte er sich auf den Weg.
Auf zwei Dritteln der Pfahlhöhe fing Max an, sich zu verkrampfen. Er konnte weder vor noch zurück und schon gar nicht loslassen. Erst als es einem Trainer gelang, zu ihm zu klettern, konnte die Situation gelöst werden. Schweißgebadet und zitternd kam Max wieder am Boden an.

Max Huber hat sich »zu« mutig über seine Ängste und Bedenken hinweggesetzt. Mögliche Gründe dafür gibt es viele: Er

- wollte die Kollegen nicht enttäuschen,
- hatte Angst, zu versagen,
- wollte sich selbst etwas beweisen,
- wünscht sich Anerkennung und das Gefühl dazuzugehören
- und wollte zu guter Letzt vor dem neuen Chef keinen Gesichtsverlust erleiden.

Auch wenn die Aktion am Sprungpfahl noch einmal gut ausgegangen ist, der Preis fürs Mutigsein war hoch. Statt Bewunderung erntete er Mitleid. Die Kollegen und der Chef werden den Eindruck gewinnen, dass Max Huber seine Fähigkeiten nicht richtig einschätzen kann. Statt eines gestiegenen Selbstbewusstseins wird sich bei Max die Erkenntnis festigen: »Das kannst Du nicht!«

Was Mut im Team bedeutet

Aus der Sozialpsychologie wissen wir: Menschen verhalten sich in Gruppen anders als alleine. Wir streben nach Zugehörigkeit und Anerkennung. Viele unserer Handlungen sind darauf ausgerichtet, von den anderen gemocht zu werden. So lassen sich Aktionen und Aussagen Einzelner erklären, die im Widerspruch zur »inneren Überzeugung« stehen. Um unsere Zugehörigkeit nicht aufs Spiel zu setzen, stellen wir eigene Bedürfnisse und Ängste in den Hintergrund. Oft unbewusst bewegen uns dabei zwei Fragen:

- Bin ich im Team akzeptiert, wenn ich anders bin?
- Was passiert, wenn ich mich den Teamregeln nicht unterordne?

In guten Teams wird offen mit der Unterschiedlichkeit einzelner Teammitglieder umgegangen. Und der Einzelne darf sich, auch mit anderen Überzeugungen, zugehörig fühlen. In einem Umfeld, in dem Schwächen nicht versteckt werden müssen, fällt es auch den Ängstlichen leichter, selbst zu entscheiden, wann sie mutig sind und wann nicht.

! **Wichtig**

Manchmal braucht es mehr Mut, etwas nicht zu tun, als etwas zu tun! Mut im Team bedeutet, den Erwartungen der anderen nicht zu entsprechen, wenn eigene Überzeugungen oder Ängste dagegen stehen.

6.1.2 Mut und Übermut

! **Beispiel**

Im August 2002 kletterte der Profibergsteiger Alexander Huber ohne Seil und Hilfsmittel in drei Stunden »free solo« durch die Nordwand der Großen Zinne in den Dolomiten. Die Route gilt selbst mit Seil als eine der schwierigsten Felsklettereien der Alpen. Fünf Tage lang bereitete er sich mit Seil auf die Begehung vor, indem er die Route mehrmals kletterte. Dabei studierte er jede schwierige Passage und trainierte die nötigen Kletterzüge. Auch wusste er nach der Vorbereitung, welchen Griffen er trauen konnte und wo Gefahr drohte. Klar war bei dieser Aktion dennoch: Der geringste Fehler würde den Absturz und damit den sicheren Tod bedeuten! Eine mutige Aktion oder bodenloser Leichtsinn?

Da der bekannte Extremkletterer öffentliche Aufmerksamkeit genießt, löste die Besteigung eine kontroverse Diskussion aus: »Ist Alexander Huber ein Held oder ist er verrückt?« Die Beiträge reichten von völliger Ablehnung (»Der hat den totalen Schaden.«) bis hin zu Bewunderung (»Eine fantastische Leistung.«). Seine eigene Einschätzung dazu: »Ich bin kein Hasardeur. Viele Leute denken, dass wir Bergsteiger keine Angst haben. Das ist Unsinn. Angst ist überlebenswichtig. Wenn ich völlig ohne Angst in den Bergen herumklettern würde, dann würde es nicht lange dauern, bis es mich runterhaut.«

Das klingt nicht nach einem Helden – und auch nicht nach einem Verrückten. Eher nach einem, der weiß, welche Risiken er eingeht, und bewusst damit umgeht.

Macht es überhaupt Sinn sich mit einem Extrembergsteiger zu vergleichen, wenn es um Mut geht? Ja, macht es! Weil es keine »Mut-Skala« (0 = Feigling bis 10 = Held) gibt. Ich bin nicht weniger mutig, nur weil ich als Gelegenheitskletterer stets mit Seil klettere. Und Lebensentscheidungen, wie die Gründung einer Familie, erfordern oft mehr Mut als der Bergprofi bei seinem »Tagesgeschäft« benötigt.

Mutiger werden, ohne übermütig zu sein

Wie geht ein »Mut-Profi« Herausforderungen an, die im Grenzbereich der eigenen Möglichkeiten liegen? Die Grundlage dafür ist ein ausgeprägtes Vermögen, sich selbst einzuschätzen.

- Was bin ich in der Lage zu leisten?
- Wo fängt bei mir die Unsicherheit an?
- Welche Stärken besitze ich?
- Welche Schwächen habe ich?
- Wie ausgeprägt ist mein Selbstvertrauen?
- Reichen meine Fähigkeiten für diese Aufgabe aus?

Ein weiterer entscheidender Aspekt ist die Vorbereitung mit dem Ziel, nichts dem Zufall zu überlassen.

- Wie sehen die Anforderungen an mich genau aus?
- Welche Risiken gibt es?
- Wie werde ich mit den Risiken umgehen?
- In welchem Verhältnis stehen Chancen und Risiken für mich?

Die meisten mutigen Menschen bezeichnen sich selbst nicht als mutig. Das hat nichts mit Bescheidenheit zu tun. Denn die »Mutigen« kennen die Voraussetzungen, um mutig zu sein:

- eine ausgeprägte Selbstwahrnehmung,
- Analysefähigkeit und Genauigkeit,
- Konzentrationsvermögen und Ausdauer.

! **Wichtig**

Mut bedeutet nicht, ohne Angst zu handeln, sondern trotz der Angst! Wenn ich zu dem Schluss komme, dass mir das Risiko in diesem Fall zu hoch ist, kann »handeln« auch bedeuten, etwas bewusst nicht zu tun. Es gilt unsere Ängste wahr- und ernst zu nehmen. Ignorieren wir die Signale, die uns die Angst sendet, sind wir nicht mutig, sondern leichtsinnig!

6.1.3 Mut zum Risiko

! **Beispiel**

Ursula Gruber arbeitet seit zehn Jahren in einem stark wachsenden Familienunternehmen. Die Mitarbeiteranzahl hat sich in dieser Zeit von 45 auf 710 entwickelt. Jährlich werden zwei bis drei neue Standorte eröffnet. Mit ihrem Wissen und der langjährigen Zugehörigkeit gehört Ursula Gruber zu den erfahrenen Mitarbeitern. Die Arbeit macht ihr Spaß und sie ist der Firma gegenüber absolut loyal. Auch die Vorgesetzten scheinen zufrieden zu sein. Negative Rückmeldungen zu ihrer Arbeitsleistung erhält sie jedenfalls so gut wie nie. Außerdem nutzt sie jede Gelegenheit zur beruflichen Weiterbildung. Es gibt nur einen Haken: Ursula Gruber würde auf der Karriereleiter gerne weiter nach oben klettern. Tatsache ist aber, dass selbst Kollegen mit weniger Erfahrung an ihr »vorbeibefördert« werden. Für die neu eröffneten Standorte sucht das Unternehmen in- und extern laufend geeignete Standortleiter. Vergeblich wartet Ursula Gruber darauf, dass ihr der Job angeboten wird. Da bliebe nur noch, sich aktiv auf die Stelle zu bewerben. Aber für diesen Schritt fehlt ihr der Mut! Im Lauf der Zeit steigt Ursula Grubers Unzufriedenheit mit ihrem Job, ihrer Situation und schließlich auch mit sich selbst immer weiter an.

So nachvollziehbar Ursula Grubers Unzufriedenheit auch ist – den Vorgesetzten oder dem Unternehmen die Schuld zu geben, hilft nicht weiter. Andererseits liegt hier ein wirkliches Dilemma vor:

Nicht handeln:	Aktiv werden:
sich nicht auf die Stelle bewerben und weiter den Frust ertragen	sich auf die Stelle bewerben und eventuell eine Absage erhalten

Mögliche Ängste, die uns daran hindern, mutig neue Wege zu gehen, gibt es viele:

- **Angst vor Ablehnung:** Bewerbe ich mich nicht, kann ich auch nicht abgelehnt werden!
- **Angst vor der Reaktion der Kollegen:** Was sagen die Kollegen, wenn ich nicht genommen werde? Und was, wenn ich genommen werde?
- **Angst davor, unbequem zu sein:** Fordere ich zu viel von meinen Chefs, wenn ich für mich die Stelle beanspruche?

In unserer Coaching-Praxis erleben wir häufig, dass Menschen unzufrieden mit sich sind, weil Ihnen der Mut zu neuen Wegen oder scheinbar risikoreichen Entscheidungen fehlt. Diese Unzufriedenheit macht die Situation dann noch schlimmer. »Jetzt stecke ich schon in einer Krise. Und dann fehlt mir auch noch der Mut, etwas dagegen zu tun.«

Risiken eingehen für mehr Lebensqualität

»Ein Risiko geht jeder ein, der auf Dauer kein Risiko eingeht«, sagt der Autor Martin Gerhard Reisenberg. Wenn wir den Verlust von Lebensqualität auch als Risiko sehen, stimmt diese Aussage vollkommen. Es geht also darum, sich bewusst für ein Risiko zu entscheiden. Dazu sollten wir wissen, wie unsere Optionen denn genau aussehen:

1. Welche Möglichkeiten habe ich?
2. Welche Chancen verbergen sich hinter den einzelnen Möglichkeiten?
3. Welche Risiken sind mit den einzelnen Möglichkeiten oder Alternativen verbunden?
4. Wie bewerte ich die Risiken für mich persönlich?

Wichtig !

Es ist nicht möglich, sich nicht zu entscheiden. Auch wenn ich nichts tue, entscheide ich mich: für das Nichtstun! Da auch das »Nichtstun« Konsequenzen hat, ist es in jedem Fall besser, sich mit den Folgen meiner Entscheidungsoptionen auseinanderzusetzen. Und dann mutig die Risiken in Kauf zu nehmen.

6.2 Mut vor dem Hintergrund von Kultur und Erziehung

Unser kultureller Hintergrund prägt, wie wir wahrnehmen, wie wir denken, welche Werte die Basis unseres Handelns sind. Mut wird in unterschiedlichen Kulturen unterschiedlich beurteilt, empfunden und verstanden. Unabhängig vom kulturellen und historischen Kontext könnte man wohl sagen: Mut ist die Fähigkeit, sich in Gefahr zu begeben. Die Differenzen ergeben sich aus dem, was in welcher Gesellschaft als Gefahr wahrgenommen wird und was nicht. Ursprünglich war Mut überlebensnotwendig.

Beispiel

Unsere Urahnen durchstreiften die Wälder, um Nahrung zu sammeln. Raschelte es im Gebüsch, schütteten sie unterschiedlichste Stresshormone aus. Das Geräusch könnte von einem Säbelzahntiger oder einem harmlosen Tier kommen. Stand er nun dem Säbelzahntiger Aug' in Aug' gegenüber, gab es zwei Entscheidungsalternativen, um das Ziel »Überleben« zu erreichen: Kampf oder Flucht. Bei der Strategie Verteidigung/Kampf war mutiges Handeln gefragt.

In unserer heutigen relativ bedrohungsfreien Gesellschaft ist Mut auf ganz andere Art und Weise gefragt. Unsere Herausforderungen liegen im Bewältigen unserer Alltagsthemen: Sicherung des Arbeitsplatzes, monatliche Tilgungszahlungen für das gekaufte Haus, Klärung des Konflikts mit dem Partner, soziale und gesellschaftliche Kontakte pflegen u. v. m.

Kennzeichen von Kultur sind Werte, Glauben, Wissen, Bräuche. Menschen anderer Kulturen verfügen über ein unterschiedliches Mut-Verständnis. Was in Deutschland als mutig bezeichnet wird, gilt etwa in den Vereinigten Staaten von Amerika als selbstverständlich.

Beispiel

Im Durchschnitt zieht ein US-Amerikaner zehn Mal in seinem Leben um, ein Deutscher laut Statistik vier Mal. Die Amerikaner als sehr mobiles Volk wechseln ihren Wohnort von der Ost- zur Westküste, von Nord nach Süd oder umgekehrt.

Wie häufig sind Sie in Ihrem Leben umgezogen? Sind Sie innerhalb Ihrer Stadt umgezogen oder von Nord- nach Süddeutschland oder von den alten Bundesländern in die neuen? Was in der amerikanischen Kultur zum Lebensalltag gehört, ist in Deutschland eher noch die Ausnahme.

6.2.1 Mut und Erziehung

Im 19. Jahrhundert war die Erziehung geprägt von Ordnung, Disziplin, Gehorsam und Fleiß. Körperliche Strafen gehörten zum Alltag, nach dem Motto: »Eine Ohrfeige hat noch niemandem geschadet.« Ausdrücklich erlaubt waren im Schulalltag auch harte Strafen, wie Ruten- oder Stockschläge. Gute Erziehung bedeutete strenge, autoritäre Erziehung. Es galt zu gehorchen und »die Obrigkeit« (Eltern, Lehrer etc.) anzuerkennen, Widerspruch wurde nicht geduldet. Ziel der Erziehung war es, die Kinder an die herrschenden sozialen Strukturen anzupassen und ihnen gute Manieren zu vermitteln. Mut war da allenfalls als militärischer Gehorsam gefragt.

Im 20. Jahrhundert wandelten sich diese Grundsätze maßgeblich. Antiautoritäre Ansätze und der Laissez-faire-Stil bildeten für viele der 68er-Generation das Erziehungsmodell der Wahl. Reformschulen entstanden, die Waldorfschule, die Montessorischule und Summerhill sind die bekanntesten.

Heute im 21. Jahrhundert steht im Mittelpunkt, das Kind mit all seinen individuellen Talenten zu fördern und zu fordern, seine Bedürfnisse wahrzunehmen und klare Grenzen und Regeln zu setzen. Die Kinder sollen lernen, als Erwachsene ein selbstbestimmtes Leben in der gesellschaftlichen Gemeinschaft zu führen, mutig ihre Vorstellungen, Meinungen und Ziele zu verfolgen und dies dabei in einer teamfähigen, sozialen Art und Weise.

6.2.2 Alles Gender oder was?

Die Diskussionen um Gender-Mainstream sind facettenreich. Es besteht die Gefahr, dass die Gleichstellungspolitik gegen die Familienpolitik ausgespielt wird, anstatt beide offensiv anzugehen. Lernen Sie Ihre persönlichen Gender-Bilder kennen. Wichtig ist: Es gibt keine richtige oder falsche Antwort! Ihre intuitiven, spontanen Bilder sind gefragt.

6.2.3 Übung: Geschlechterrollen

Nehmen Sie ein DIN-A4-Blatt quer, knicken Sie es in der Mitte und schreiben Sie auf die eine Seite »Mädchen«, auf die andere »Junge« als Überschrift. Sie haben nun zwei Minuten Zeit, sich auf die »Mädchen«-Seite zu konzentrieren und alle Eigenschaften/Begriffe aufzuschreiben, die Sie mit »Mädchen« verbinden. Nach den zwei Minuten konzentrieren Sie sich auf die »Jungen«-Seite und notieren hier die Schlagwörter.

Auswertung: Übung Geschlechterrollen
Welche Eigenschaften/Begriffe assoziieren Sie mit Mädchen? Eher Wörter wie »lieb«, »verspielt«, »brav« usw. Und wie beschreiben Sie die Jungen? Stehen hier eher Aussagen wie »abenteuerlustig«, »laut«, »wild«, »kämpferisch«?

Diese Einstellungen und Erwartungen projizieren Sie unbewusst an Ihre Umwelt und an sich. Platte, festgelegte Vorstellungen wie »Frauen können nicht Auto fahren«, »Männer können keine Gefühle zeigen«, begegnen uns in großer Vielzahl im täglichen Leben und schwirren um uns herum. Mit diesen Klischees werden nicht nur die Ideen zu typischen Eigenschaften, sondern auch Bewertungen dominant. So gelten Frauen etwa als fürsorglich, emotional, ausdrucksstark, Männer eher als rational, selbstbewusst. Diese Klischees sollten uns bewusst sein, wenn wir in den folgenden Kapiteln auf dem Weg zu selbstbestimmterem und mutigerem Handeln einen Blick auf unsere persönlichen Bedingungen werfen.

Mut in der Gender-Debatte bedeutet mehr, als gängige Geschlechterbilder und männliche bzw. weibliche Verhaltensmuster zu hinterfragen. Es bedeutet, den persönlichen Umgang mit anderen Menschen bewusst wahrzunehmen und sich zu fragen, inwieweit anerzogenes Verhalten dieses bestimmt.

6.3 Mut – das Salz in der Suppe

!

Beispiel

Nächste Woche ist es soweit, die jährliche Großkundenveranstaltung findet statt. 800 Groß- und Einzelhändler haben für den zweitägigen Event zugesagt – bei einer Veranstaltungsgebühr von 390 EUR kein Pappenstiel. Ihre Aufgabe ist es, die maßgebliche Präsentation zu halten und für das neue Produkt zu werben. Präsentationen schütteln Sie als alter Hase aus dem Ärmel. Außerdem besitzen Sie das Mut-Rezept.
Was lernten Sie im letzten Seminar? – »Halten Sie sich nur genau an die Checkliste und nichts kann schiefgehen. Viele meiner Teilnehmer haben es schon ausprobiert und sind alle total begeistert von dem Ergebnis. Es ist wie ein Rezept, ganz einfach. Weil kochen kann doch jeder, oder?«

Theorien lassen sich leicht anpreisen, doch wie schaut es in der Praxis aus, wenn das Gegenüber nicht so reagiert, wie in der Checkliste beschrieben? Hier ist Handlungskompetenz gefragt und professionelles Improvisationstalent. Es wäre schön, wenn es mit dem Mut so einfach wäre! Mit dem Mut ist es wie mit dem sprichwörtlichen »Salz in der Suppe«. Stellen Sie sich vor, Sie und fünf weitere Personen sollen nach ein und demselben Rezept kochen, nehmen wir an eine Lasagne. Jeder von ihnen erhält exakt die gleichen Zutaten und Gewürze. Jeder von Ihnen verfügt über denselben Erfahrungsschatz, wie eine schmackhafte Lasagne zubereitet wird. Was glauben Sie? Schmeckt die Lasagne bei allen Köchen identisch? Oder gibt es Unterschiede, vielleicht sogar erhebliche Unterschiede im Geschmack? Wir wagen zu behaupten, dass jede Lasagne so individuell schmeckt, wie es auch die Köche sind.

6.3.1 Mut-Rezept

Erwarten Sie das simple Mut-Patentrezept? Dann legen Sie dieses Buch gleich wieder zur Seite! Möchten Sie etwas ausprobieren, das wirklich zu Ihnen passt, das Ihre persönliche Handschrift trägt und authentisch wirkt? Dann sollten Sie weiterlesen. Das Mut-Rezept, das wir Ihnen vorschlagen, ist komplex und besteht aus vier erlesenen Zutaten:

- Selbstvertrauen,
- Erfahrung,
- Planen,
- Handeln.

Wichtig

Erkenne, wo du stehst, wohin du willst. Mach deinen Plan. Und dann geh!

!

6.3.1.1 Selbstvertrauen: Erkenne, wo du stehst, Teil 1

Die erste Zutat unseres Mut-Rezeptes ist das Selbstvertrauen. Wir kommen nicht mit geringem Selbstvertrauen auf die Welt. Sind wir eher schüchtern, zurückhaltend und fühlen uns gehemmt, liegt der Ursprung in unseren frühkindlichen Erfahrungen. Quelle von geringerem Selbstvertrauen sind auch unsere Vorbilder, die uns in der Kindheit prägten. Unsere innere Selbstvertrauensstimme kann als Kritiker oder als Tröster zu uns sprechen.

Je nachdem, welche Selbstvertrauensstimme das Innenleben dominiert, beeinflusst das dementsprechend Ihr Mut-Verhalten. Sendet die innere Stimme eher Botschaften wie: »Das schaffst du nie, dafür bist du sowieso zu dumm, das letzte Mal hat es auch nicht funktioniert«, so ist der Kritiker dominant. Die Folge ist: Wir machen uns selbst klein, fühlen uns minderwertig und versuchen eher, »unsichtbar« zu sein. Der Tröster ist aktiv, wenn die innere Stimme vermittelt: »Das hat jetzt gar nicht geklappt, aber beim nächsten Mal wird's bestimmt besser funktionieren, was ist schon ein Fehler, hättest du es nicht probiert wärst du jetzt auch nicht schlauer!«

Seien Sie Ihr bester Freund. Ihren besten Freund machen Sie nicht klein, sondern unterstützen und motivieren ihn. Er ist immer liebenswert und wertvoll für Sie, sonst wäre er wohl nicht ihr bester Freund.

6.3.1.2 Erfahrung: Erkenne, wo Du stehst, Teil 2

»Der Mensch hat dreierlei Wege, klug zu handeln: durch Nachdenken ist der edelste, durch Nachahmen der einfachste, durch Erfahrung der bitterste.«
Konfuzius, chinesischer Philosoph

Die zweite Zutat des Mut-Rezeptes ist die Erfahrung. Unser Erfahrungsschatz wird permanent vergrößert durch Erlebnisse, Beobachtungen, Einsichten. Frühe Erfahrungen hinterlassen die einprägsamsten Eindrücke, meist auf der unbewussten Ebene. Lösen Erlebnisse aus der Vergangenheit eher Gefühle von Frustration oder von Zufriedenheit aus? Erfahrungen sind stark mit dem Selbstvertrauen und den inneren Stimmen verwoben. Es wäre jedoch fatal, den Schluss zu ziehen: »In der Kindheit habe ich so viele schlechte Erfahrungen gemacht, daran wird sich auch weiter nichts ändern.« Mutorientiert ist dagegen die Haltung: »Trotz der schlechten Erfahrung lasse ich mich nicht in den Frustrationsstrudel ziehen, sondern lerne daraus und richte mein neues Handeln danach.«

Erfahrungen sollten immer wieder überprüft und hinterfragt werden. Frühe Erfahrungen sollten mit dem »Erwachsenenblick« betrachtet werden. Natürlich lassen sich frühkindliche Verletzungen nicht »auslöschen«, überhandnehmen sollten sie im Erwachsenenalter nicht. Die Folge wäre ein nach urkindlichen Mustern ausgerichtetes Verhalten, das wie ein Computervirus mutiges Handeln unterlaufen würde.

6.3.1.3 Plane: Erkenne, wo du hinwillst

Die dritte Zutat des Mut-Rezeptes: ein Plan. Seien Sie mutig und melden Sie sich morgen zum nächsten Marathon an. Spätestens in zwei Monaten wird irgendwo in Deutschland einer stattfinden – also, los geht's, oder vielmehr: Laufen Sie los!

Dies ist selbstverständlich ein Schlag und kein Ratschlag – wie so vieles im Leben. Wenn Sie derzeit kein Ausdauersportler sind, werden Sie es in einer Trainingsphase von zwei Monaten nicht schaffen, einen Marathon ohne größere gesundheitliche Schäden zu überstehen. Bei einer Vorlaufzeit von einem Jahr ist das schon wesentlich realistischer. Mut bedeutet nicht, aufzustehen und zu machen, sondern Optionen abzuwägen, realistische Pläne zu entwickeln, um Ziele zu erreichen.

»Niemand plant zu versagen, aber die meisten versagen beim Planen.«
Lee Iacocca, früher Präsident der Ford Motor Company

6.3.1.4 Aktion: Und dann geh'!

Die vierte Zutat zum Mut-Rezept: die Aktion. Mit dem TaschenGuide erhalten Sie in den folgenden Kapiteln detaillierte Handlungsmöglichkeiten und Aktionspläne. Mut bildet das schmackhafte Gewürz unseres Lebens. Innere und äußere Hindernisse schaffen Sie selbst mit noch so ausgeklügelter Planung und dem Selbstvertrauen eines Elefanten niemals komplett aus dem Weg. Lassen Sie diese Hindernisse nicht zu Handlungsbarrieren werden, ordnen Sie sie eher ein wie einen leichten Tinnitus, den Sie wahrnehmen, der Ihre Handlungskompetenz jedoch nicht verkleinert.

Beispiel

Nachdem der Modeschöpfer Karl Lagerfeld vor ein paar Jahren viel abgenommen hatte, fragte ihn ein Journalist, wie er sein Gewicht halten könne, wo er doch ständig leckere Buffets vor der Nase habe. Lagerfeld antwortete in seiner unnachahmlichen Art: »Ich diskutiere einfach nicht mit mir.«

!

Diskutieren Sie nicht mit sich, wenn Sie sich wieder selbst blockieren!

Auf einen Blick: Ein bisschen Mut tut gut!
• Mut hat viele Facetten. In der Gruppe etwa kann Mut bedeuten, den Erwartungen anderer nicht zu entsprechen.
• Damit Mut nicht in Übermut umschlägt, müssen wir unsere Ängste ernst nehmen und unsere Fähigkeiten realistisch einschätzen.
• Wer keine Risiken eingeht, verliert an Lebensqualität, denn auch Nichtstun hat Folgen!
• Kultur und Erziehung prägen unser Mutverhalten und bestimmen, was wir überhaupt als Gefahr wahrnehmen.
• Wer Mut gewinnen will, muss einen Cocktail aus vier Zutaten mischen: das Selbstvertrauen fördern, indem man sich motiviert, schlechte Erfahrungen hinterfragen, planen, wo man hin will, und in Aktion treten.

7 Wie mutig bin ich? Ihre Mut-Analyse

Im letzten Kapitel haben Sie gelernt, was Mut bedeutet und wie die ersten Schritte zu mutigem Handeln aussehen. Klären Sie nun Ihre Ausgangssituation: Wie reagieren Sie im privaten wie im beruflichen Kontext? Wo schlummern Ihre Potentiale, die es zu fördern gilt?

Finden Sie in diesem Kapitel heraus,

- welcher Mut-Typ Sie sind und wie Sie Ihre speziellen Potentiale ausbauen,
- welche Päckchen Sie aus Ihrer Vergangenheit mitschleppen und wie Sie sie ablegen können,
- wie hoch Ihr Sicherheits- und Vertrauenslevel ist und wie Sie ihn erhöhen können,
- wie hoch Ihre Risikobereitschaft ist,
- ob Sie eher Ihre Schwächen oder Ihre Stärken im Blick haben.

7.1 Mein Mut-Level oder: Wie viel Mut habe ich?

Gemäß den Erkenntnissen der Individualpsychologie sind wir Menschen soziale Wesen. Wir brauchen Kontakt zu anderen Menschen, um uns entwickeln zu können. In eine Gemeinschaft integriert zu sein bzw. dazuzugehören, ist essentiell für uns. Im Alltag bedeutet dies, wir fügen uns in unterschiedlichste Gemeinschaften ein:

- im privaten Umfeld: Partnerschaft, Eltern, Kinder, Freundeskreis, Vereine
- im beruflichen Umfeld: Kollegen, Teams, Vorgesetzte, Kunden

All diese sozialen Kontakte beeinflussen unser Leben, sie bestimmen unser tägliches Handeln und Tun. Sie geben uns einen bestimmten Rahmen und Verhaltensmuster vor, die uns Sicherheit vermitteln. Sie machen unser Leben berechenbarer und erleichtern das Zusammenleben zunächst.

Beispiel !

Abteilungsleiter Sven Schöner ist zum Mittagessen mit seinem Bereichsleiter Volker Kamer verabredet. Im Gespräch kaut Herr Kamer hörbar sein Steak und spricht mit vollem Mund. Nach dem Essen entfernt Herr Kamer die Speisereste in seinen Zähnen für alle umstehenden Personen deutlich sichtbar mit den bereitliegenden Zahnstochern.

Finden Sie das Verhalten bzw. die Manieren passend im beruflichen Umfeld? Beruflich ist so ein Verhalten eher inakzeptabel. Fraglich ist auch, ob Herr Kamer Feedback erhält oder die Mitarbeiter/Kollegen einfach nach Vogel-Strauß-Strategie den Kopf in den Sand stecken und diese Tischmanieren bewusst ignorieren.

Mut und Risiko liegen eng beieinander, fast wie siamesische Zwillinge. Für Herrn Schöner wäre es mutig, die Tischmanieren seines Vorgesetzten anzusprechen, da ein mögliches Risiko schlimmstenfalls einen Stopp im Karriereweg bedeuten könnte – je nachdem, wie offen Herr Kamer das Feedback aufnehmen würde, ob er froh ist, dass ihm dieser blinde Fleck gezeigt wurde oder ob er verärgert reagiert. Mut zu zeigen, ist nicht einfach, egal ob am Arbeitsplatz oder im privaten Umfeld. Riskiere ich Ausgrenzung, wenn ich Missstände anspreche? Wird meine fachliche Kompetenz infrage gestellt? Alle möglichen Fragen gehen uns durch den Kopf, wenn wir mutig Situationen zu bewältigen haben, in denen wir unser sicheres Terrain verlassen.

7.1.1 Mut-Risiko-Test: »Anfänger-Test«

Das siamesische Zwillingspaar Mut und Risiko beeinflusst Ihr Verhalten und Leben in unterschiedlichsten Situationen. Exemplarisch stellen Sie sich vor: Sie sind zum Mittagessen mit Ihrem Chef verabredet, Volker Kamer kennen Sie schon. Sie gehen öfters mit ihm zum Essen und sind mit seinen Tischmanieren vertraut, bei denen Sie innerlich die Nase rümpfen. Welcher der folgenden Handlungsoptionen stimmen Sie zu, welche lehnen Sie ab?

Mut-Risiko-Test			
	Situation	**ja**	**nein**
A	Sie schauen über die Tischmanieren hinweg und akzeptieren diese.		
B	Sie beschweren sich bei Ihren Kollegen über die Tischmanieren und finden hier eine hohe Zustimmung.		
C	Im privaten Umfeld erwähnen Sie das Verhalten Ihres Chefs.		
D	Direktes und klares Feedback ist Ihnen wichtig, gleich während des Essens weisen Sie Herrn Kamer auf seine Tischmanieren hin.		
E	Sie sprechen Herrn Kamer in einem Vier-Augen-Gespräch auf sein Verhalten an und geben ihm Feedback.		

Auswertung: Mut-Risiko-Test

A + C Ja: Null-Risiko-Typ

Sie leben auf der sicheren Seite. Ihr Verhalten entspricht den Normen und Erwartungen. Als Vorbild können Sie besonders für Kinder gelten, die klare Regeln benötigen, um ihren Handlungsspielraum zu kennen.

D Ja: Nach-mir-die-Sintflut-Typ
Wofür sind Regeln da? Natürlich nicht, um sie zu befolgen. Risikobereitschaft könnte jedoch schnell in Leichtsinn umschlagen. Sie könnten sich und andere gefährden.

A + B + E Ja/D Nein: Goldene-Mitte-Typ
Die Situation reflektierend, mit Blick auf die Vergangenheit und in die Zukunft, schätzen Sie Ihre Möglichkeiten ein. Hier sind Sie realistisch genug, sich selbst gegenüber ehrlich zu sein. Sich mit Kollegen und Freunden austauschen, kann helfen, dass Sie sich klar werden.

7.1.2 Mut im Gespräch

Sie können im Arbeitsumfeld die Tischmanierensituation natürlich erweitern. In unserer Coaching-Praxis kristallisieren sich immer wieder Themen heraus, die in der Kommunikation Mut erfordern. Dies kann sowohl auf einer Ebene sein (Kollegen, Projektpartner etc.) als auch zu einer höheren Hierarchieebene hin (Vorgesetzter, Kunde, Vorstand, Geschäftsführer etc.). Würden Sie in folgenden Gesprächssituationen mutig Feedback geben?

- Ihr Gegenüber vernachlässigt seine Körperpflege. Er riecht öfters nach Schweiß oder extrem nach Parfüm.
- Reste von Lippenstift sind bei Ihrer Gesprächspartnerin auf den Zähnen deutlich sichtbar.
- In Gesprächen säubert Ihr Arbeitskollege seine Fingernägel mit dem Kugelschreiber.
- Die Stimmmodulation ist der Situation unangemessen: Entweder Ihr Gesprächspartner flüstert und nuschelt leise vor sich hin oder er spricht extrem laut.

Mut und Risiko sind im Kontext zu betrachten. Überlegtes Handeln und Agieren könnte vorteilhafter sein, als schnelles »Aus-dem-Bauch-Reagieren«.

Beispiel !

In einem weltweit agierenden Beratungsunternehmen gilt in Deutschland das unausgesprochene Gesetz: Steigen Mitglieder der Vorstandsebene in den Aufzug ein, müssen alle Mitarbeiter diesen verlassen.

Klar könnten Sie hier mutig im Aufzug stehen bleiben, ganz nach dem Motto: Jeder Mensch ist gleich, auch der Vorstand kocht nur mit Wasser! Doch wäre dies eine besonders kluge Handlung? Weitblick ist bei mutigen Entscheidungen wichtig, seien Sie sich der eventuellen Konsequenzen bewusst und handeln Sie danach.

7.1.3 Mut-Typ-Test

Entscheiden Sie sich bei den folgenden Fragen für A, B oder C und addieren Sie die Anzahl Ihrer Antworten pro Buchstaben.

Mut-Typ-Test	
Stellen Sie sich vor, Ihr Handeln ist gefordert. Welches Verhalten prägt Sie maßgeblich, bevor Sie agieren?	
A	Ich denke nicht groß nach, sondern lasse mich von meinem Bauchgefühl leiten.
B	Erst benötige ich alle Daten und Fakten, um dann abzuwägen. Zeitweise gibt es Situationen, in denen ich nach dem Zufallsprinzip handle.
C	Für mich ist es wichtig, alle Risiken zu kennen, sie detailliert zu analysieren. Bin ich mir sicher, kann ich eine Entscheidung treffen.
Wenn Kollegen und Freunde Sie einschätzen, wie würde das Ergebnis aussehen?	
B	Ich genieße es, wenn ich meine Handlungsspielräume kenne. Ich muss nicht ständig neue Situationen erleben oder neue Menschen kennenlernen. Vielmehr pflege ich meine Kontakte und werde als eher häuslich beschrieben.
A	Voller Begeisterung springe ich in neue Herausforderungen. Langeweile ist nichts für mich. Impulsivität und Enthusiasmus sind Eigenschaften, die meine Kollegen und Freunde an mir schätzen.
C	Als genauen Zuhörer empfinden mich meine Zeitgenossen. Bedachtes Handeln, eine hohe Zuverlässigkeit und stilles Agieren im Hintergrund prägen mich maßgeblich.
Im Traum begegnet Ihnen ein Zauberer, er fragt nach Ihrer Zukunft. Welches Szenario begeistert Sie?	
C	Ganz einfach glücklich sein.
A	Auf und davon: Von Süd- bis Nordamerika reisen oder mit einem Indianerstamm leben und dessen Bräuche und Rituale kennen lernen.
B	Den Jackpot beim Samstagslotto knacken und keine Sorgen mehr haben.
Sie stehen vor einer Entscheidung, wie treffen Sie diese?	
B	Bevor ich eine Entscheidung treffe, blicke ich auf mein Bankkonto und schätze die finanzielle Auswirkung und die Konsequenzen für meine Mitmenschen ab.
A	Ich bin erwachsen und lebe mein Leben! Also entscheide ich, was gut für mich ist.
C	Ich treffe meine Entscheidungen natürlich für mich selbst. Dabei ist es mir wichtig, nicht zu egoistisch zu sein.

Auswertung: Mut-Typ-Test

A-Tendenz: Der mutig dreiste Typ
Personen mit A-Tendenz reden nicht um den heißen Brei herum. Die Kommunikation ist direkt und spontan. Sie glauben an ihre Fähigkeiten und gehen mutig und zielstrebig ihre Projekte an. Sind Aktionen einmal durchgeführt oder ist etwas gesagt, gibt es kein Zurück mehr. In der Wahrnehmung anderer wirken A-Tendenz-Personen manchmal egoistisch oder arrogant.

B-Tendenz: Der mutig überlegte Typ
Stärken dieses Typs sind: Mäßigkeit, überlegte Besonnenheit und Ausdauer. Diese Qualitäten verleihen Charakterstärke. Personen dieses Typs wissen, was sie wollen. Durch zu viel Nachdenken erscheinen diese Menschen eher unspontan und eventuell könnte es an jugendlich-dynamischer Frische fehlen.

C-Tendenz: Der vorsichtige Typ
Der vernünftige Charakter dieses Typs vermittelt eher das Gefühl von Sicherheit. Personen mit dieser Ausprägung gehen immer Schritt für Schritt vor und bereiten ihrem Umfeld nur selten Probleme. Ihre Aktionen sind einfach und vernünftig. Ein Leben voller Risiken ist nicht ihr Ding. Das Leben ist von Routine und Alltag geprägt. Unvorhersehbare Ereignisse aktivieren eher lähmende Ängste als aktives Handeln.

7.1.4 So bauen Sie Ihre Potenziale aus

Je nach Typ tun sich für Sie verschiedene Handlungsmöglichkeiten und Spielwiesen auf, um die Möglichkeiten, die in Ihnen stecken, entfalten zu können.

- **A-Typen:** 5 Minuten Bedenkzeit vor dem Handeln schaden nicht. Spüren Sie, ob sich eigene Ängste melden oder nur mit Aktionismus verdrängt werden. Beachten Sie: Ängste sind Warnzeichen für mögliche Gefahren!
- **B-Typen:** Etwas mehr Spontaneität würde Ihren Mut weiter erhöhen. Also: ab und an verrückte Aktionen riskieren, dem Alltag etwas mehr Pep verleihen und mehr Mut zeigen!
- **C-Typen:** Sie sollten sich ruhig öfter etwas zutrauen, nur so können Sie Erfolgserlebnisse erzielen. Kurz: Aufstehen und wenigstens kleine Risiken eingehen – es steckt viel mehr Potential in Ihnen, als Sie denken!

7.2 Meine Mutwurzeln – Blick in die Vergangenheit

»Wir brauchen nicht so fortzuleben, wie wir gestern gelebt haben. Machen wir uns von dieser Anschauung los, und tausend Möglichkeiten laden uns zu neuem Leben ein.«
Christian Morgenstern

Unsere persönliche Vergangenheit prägt uns. Sie bestimmt unsere Verhaltensmuster, sie beeinflusst unser Denken, Fühlen und Handeln. Leicht ist dahingesagt: »Lass das Vergangene doch sein, denke an morgen und blicke positiv in die Zukunft!« Vergangenheit lässt sich weder ausschalten wie eine Lampe, noch schnell umprogrammieren. Die Art und Weise, wie wir denken, bestimmt, wie wir uns fühlen und verhalten und wie wir körperlich reagieren.

Das ABC der Gefühle funktioniert so:

- A Situation,
- B Bewertung der Situation als positiv, negativ oder neutral,
- C Gefühle, Körperreaktionen und Verhalten.

Leben Sie im Gestern, Heute oder Morgen? Ob Sie den Augenblick genießen, lieber nach vorn oder zurück blicken, prägt Ihr Lebensgefühl.

Ist Ihr Mut gefordert, hängt es von Ihnen ab, in welche Gefühlslage Sie sich versetzen. Das ABC der Gefühle macht deutlich, dass wir – was auch immer passiert – unsere Gefühle beeinflussen können. A, die Situation, können wir häufig nicht steuern. Wir können jedoch, solange wir denk- und lernfähig sind, bei Punkt B unsere Bewertung verändern. Gleichzeitig heißt das, dass andere keine Verantwortung für unsere Gefühle und wir auch keine Kontrolle über deren Gefühle haben.

! **Wichtig**

Die Vergangenheit kann unseren Mut steuern. Es ist deshalb wichtig, dass Sie sich bewusst sind, welche Ereignisse Ihre Mutwurzeln beeinflusst und somit geprägt haben. Welche verbal geäußerten Sätze und nonverbal vermittelten Gefühle wurden Ihnen in Ihrer Kindheit vermittelt, die es zu hinterfragen gilt?

Als Erwachsener können Sie prüfen, ob Sie geheime Gesetze befolgen müssen. Es geht nicht darum: Mut um jeden Preis zu zeigen! Es geht eher darum, Chancen und Risiken abzuwägen und dann bewusst zu entscheiden. Erinnern Sie sich an das Beispiel mit dem Aufzug und dem Vorstand? Hier können Sie sich fragen: »Wieso befolge ich dieses Gesetz, das vielleicht logisch nicht nachvollziehbar ist?« Gehen Sie auf die Suche in Ihrer Vergangenheit und hinterfragen Sie Ihr Handeln – ist es selbstbestimmt oder erfüllen Sie »alte Aufträge«. Hat da vielleicht jemand anderes die Fäden in der Hand? Wer oder was steuert mich?

Tatsächlich sind Regeln, Glaubenssätze, Einstellungen und Haltungen von unseren Eltern, Großeltern und Erziehern übernommen. Regeln sind uns oft nicht bewusst, können aber unseren Mut und somit Lebenserfolg maßgeblich beeinflussen – positiv wie negativ.

Übung: Blick in meine Vergangenheit
Nehmen Sie sich genügend Zeit für diesen Test. Am besten ist, Sie beantworten die Fragen schriftlich und erhöhen die Wirkung, indem Sie in zeitlichen Abständen Ihre Antworten wieder auf sich wirken lassen.

- Versetzen Sie sich in Ihre Kindheit zurück. Wie haben Ihre Eltern Sie behandelt? Wie wurden in Ihrer Familie Schicksalsschläge erlebt und verarbeitet?
- Wie wurde in der Familie mit Misserfolgen umgegangen?
- Empfinden Sie Ihre Erziehung als stärken- oder schwächenorientiert. Schreiben Sie die Ihnen zugeschriebenen Stärken und Schwächen auf.
- An welche prägenden Sätze und Aussagen Ihrer Eltern können Sie sich erinnern?
- Wie wurden Erfolge in Ihrer Familie gelebt bzw. gefeiert?

Entscheidend ist nicht, was unsere Erziehung aus uns gemacht hat. Es kommt darauf an, was wir aus dem machen, was wir mitbekommen haben.

7.3 Mein Sicherheits- und Vertrauenslevel

In unserer Kindheit und aufgrund unserer Erfahrungen entwickeln wir eine Grundeinstellung hinsichtlich anderer Menschen. Kleine Kinder haben ein absolutes Vertrauen in die Menschen. Im Laufe der Zeit erfährt und erlebt jedes Kind, dass es enttäuscht wird. Eine Studie von Julian Rotter, Verhaltensforscher an der Universität von Connecticut, verglich eher misstrauische und eher vertrauensvolle Menschen. Hierbei wurden auch Vorurteile gegenüber vertrauensvollen Menschen geprüft. Er fand weder Belege für das Vorurteil, dass vertrauensvolle Menschen dümmer und leichtgläubiger sind als misstrauische, noch dafür, dass vertrauensvolle Menschen häufiger übers Ohr gehauen werden. Es gibt im Gegenteil viele Belege dafür, dass dem, der anderen vertraut, auch Vertrauen entgegengebracht wird oder umgekehrt: Wer anderen misstraut, wird auch häufiger enttäuscht bzw. sieht sich darin bestätigt, dass sein Misstrauen berechtigt war.

Beispiel !

Wenn Ihnen jemand kühl und reserviert begegnet, wie verhalten Sie sich dann? Gehen Sie freudestrahlend auf ihn zu? Die meisten von uns werden ebenfalls abweisend und zurückhaltend reagieren.

Übung: Reflektieren Sie Ihren Sicherheits- und Vertrauenslevel

Basis für mutiges Handeln ist eine hohe Klarheit über Ihre persönlichen Prägungen, Stärken und Schwächen. Erst wenn Sie hinter Ihre persönlichen Kulissen blicken, können Sie mutig und aktiv neue Wege beschreiten. Selbstreflektion ist an dieser Stelle unerlässlich. Aus unserer Coaching-Praxis würden wir sogar sagen, dass Selbstreflektion nie aufhören sollte.

- Sie sollen über sich erzählen: Sprechen Sie eher geringschätzig über sich oder stellen Sie Ihre positiven Seiten in den Vordergrund?
- Trauen Sie sich, bei neuen Herausforderungen ins kalte Wasser zu springen oder vermeiden Sie dies lieber?
- Würden Sie sich anderen Personen gegenüber eher als schüchtern oder offen bezeichnen?
- Sind neue Aufgaben für Sie eher beängstigend oder herausfordernd?
- Vergleichen Sie sich häufig mit anderen und fühlen Sie sich weniger wert?
- Wären Sie gerne jemand anderer?
- Sind Sie eher schnell gereizt und ungeduldig?
- Sagen Sie sich des Öfteren, dass andere alles viel besser können und diese viel beliebter sind?
- Sind Sie schnell frustriert, wenn Ihnen auf Anhieb etwas nicht gelingt und geben Sie rasch auf?
- Suchen Sie ständig nach Bestätigung und Zuwendung?

7.3.1 Ein kleiner Schritt, meinen Sicherheits- und Vertrauenslevel zu erhöhen

Wie war es in Ihrer Kindheit und wie ist es jetzt im beruflichen Umfeld? Konnten Sie stolz über Ihre Erfolge berichten oder rümpfen Sie Ihre Nase, wenn eventuell Ihr Arbeitskollege mit geschwelgter Brust berichtet: »Das Projekt war ein 100%iger Erfolg! Das habe ich wieder richtig gut hinbekommen!« Eigenlob stinkt! – Denken Sie auch so? Streichen Sie solche Gedanken schnellstens – oder ist die Erde eine Scheibe? Sich selbst anzunehmen, auch wenn man nicht perfekt ist, und seinen Fähigkeiten zu vertrauen, gehört zur Basis eines mutigen Lebens. Eigenlob stimmt! – Klopfen Sie sich stolz auf die Schulter, für Ihre kleinen Alltagserfolge.

Übung: Erfolgstagebuch

Erhöhen Sie Ihren Vertrauenslevel und lernen Sie, Ihre Alltagserfolge bewusst zu erkennen. Schreiben Sie jeden Tag drei Situationen auf, in denen Sie etwas erreicht haben oder die gut geklappt haben. Kleine Erfolge zählen! Hier einige Beispiele:

- Ich habe das unangenehme Kundengespräch gleich am Morgen geführt.
- Ich habe meinen Standpunkt bei der letzten Diskussionsrunde vertreten.
- Ich habe einen schönen Abend mit meinen Freunden verbracht.

- Ich delegierte eine Aufgabe an den Auszubildenden und habe ihm die Verantwortung wirklich übertragen.

Führen Sie Ihr Erfolgstagebuch mindestens über vier Wochen. Auch die kleinen, eher unbedeutenden Erfolge sind wichtig! Lesen Sie in Ihrem Tagebuch nach, wenn Sie eine Mut- und Motivationsspritze benötigen oder an sich zweifeln. Es bringt Sie auf andere Gedanken.

7.4 Meine Risikobereitschaft

Risiko wird subjektiv empfunden. Es gibt zwei zentrale Faktoren, die dieses subjektive Empfinden nähren:

- Furcht = Kontrollverlust, mögliche Auswirkungen, Konsequenzen, Ausgrenzung
- Unbekanntheit = fehlende Erfahrung, Mangel an Wissen, neues Terrain, Furcht vor eventuellen Auswirkungen

Das Ergebnis einer Studie der Universität Bonn zeigte: risikobereite Menschen sind mit ihrem Leben zufriedener. Der Mut, Risiken einzugehen, ist dabei für verschiedene Lebensbereiche unterschiedlich hoch.

Im Bereich »Karriere und Beruf« ist man eher geneigt, ein höheres Risiko einzugehen als z. B. im Straßenverkehr. Kognitive Argumente und der Appell an die Vernunft, die persönliche Risikobereitschaft zu erhöhen, führen nicht zum Ziel. Statistiken und oft auch eigene Erfahrungen im Freundes- oder Familienkreis zeigen deutlich: Rauchen ist gesundheitsschädlich. Trotzdem sterben jährlich 110.000 bis 140.000 Menschen an den Folgen des Nikotinkonsums. Verhaltensänderungen werden vielmehr durch nachhaltige Emotionen ausgelöst, etwa wenn der Arzt eindringlich über die Schädlichkeit des Rauchens informiert und die ganz persönlichen Risiken aufzeigt. Plattitüden wie »Rauchen ist ungesund« sind nutzlos. Frauen hören eher auf zu rauchen, wenn sie schwanger sind.

Beispiel !

Techniken, wie z. B. das Anti-Blockier-System in Autos, vermitteln dem Fahrer das Gefühl von subjektiver Sicherheit. Die Fahrweise wird deutlich aggressiver und riskanter als ohne ABS. Untersuchungen zeigten, dass auch breite Straßen und eine helle nächtliche Beleuchtung zu einem riskanten Fahrstil verleiten, während die Menschen umgekehrt in Tunneln und an unübersichtlichen Kreuzungen besser aufpassen. Fatal ist nur, dass es uns extrem schwerfällt, Gefahren richtig einzuschätzen. Deshalb können auch noch so ausgefeilte technische Hilfsmittel Unfälle nicht vermeiden.

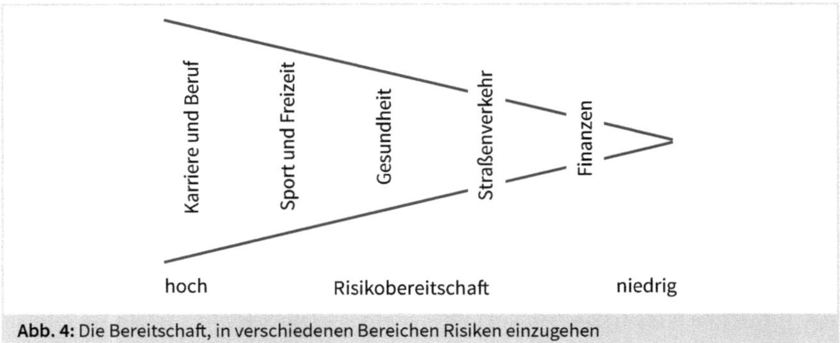

Abb. 4: Die Bereitschaft, in verschiedenen Bereichen Risiken einzugehen

Wie hoch ist Ihre Risikobereitschaft entwickelt?

Vergeben Sie zwischen 1 und 3 Punkten, je stärker die Aussage auf Sie zutrifft, desto höher ist die Punktzahl (1 = unzutreffend, 2 = ab und zu, 3 = stimmt voll und ganz).

Risikobereitschaft-Test	
Situation	**Punkte**
Entscheidungen fälle ich leicht und stehe dazu.	
Ich trage die Verantwortung für meine Gefühle, andere sind nicht schuld, wenn ich negativ empfinde.	
Nur wenn ich das Ziel vor Augen habe, komme ich beruflich und privat weiter.	
Neue Projekte stellen für mich eine spannende Herausforderung dar, die mir Spaß macht.	
Ich arbeite hochgradig selbstverantwortlich. Sehe ich eine Arbeit, erledige ich sie unverzüglich und warte nicht darauf, dass ich angewiesen werde.	
Bei Dingen, die mir wichtig sind, entwickle ich einen regelrechten Kampfgeist.	
Klar kann ich Schwierigkeiten immer überwinden, diese Fähigkeit besitze ich.	
Gerne übernehme ich in verfahrenen Situationen die Führung, um eine Lösung herbeizuführen.	
Unvorhersehbare Ereignisse erhöhen nicht meinen Adrenalinspiegel.	
Ist eine Aufgabe riskant und schwierig, steigt deren Anziehungskraft.	
Ich will zu den Leistungsträgern gehören, auf keinen Fall im Mittelmaß verschwinden.	
Krisensituationen löse ich ohne Probleme alleine.	
Routineaufgaben langweilen mich.	
Läuft etwas rund, ist es für mich wenig reizvoll.	
Dinge voranzutreiben, unternehmerisch tätig zu sein, erfüllt mich mit Zufriedenheit.	

Auswertung: Risikobereitschaft-Test

1–15 Punkte

Sie vermeiden es, Risiken einzugehen. Gerne überlassen Sie es anderen, das Zepter in die Hand zu nehmen. Im Hintergrund zu agieren, ist Ihnen angenehmer. Lieber überlassen Sie anderen den Vortritt, in der ersten Reihe zu stehen. Sie sollten sich überlegen, ob es sich lohnt, die Angst abzulegen. Selbstvertrauen und Kompetenz entwickeln sich nur, wenn Sie Ihre Komfortzone verlassen.

16 – 25 Punkte

Es gibt Bereiche, in denen Sie ein hohes Selbstvertrauen besitzen. Ihre Risikobereitschaft ist im guten Mittelbereich. In bestimmten Situationen geben Sie Verantwortung ab. Sie fühlen sich dann eher überfordert und kommen aus dem Gleichgewicht. Lieber bleiben Sie im bekannten Bereich, ganz nach dem Motto: Einen sicheren Hafen verlässt man nicht. In Ihnen schlummern noch Reserven. Analysieren Sie, welche negativen inneren Überzeugungen Sie hindern, Ihre Risikobereitschaft zu erhöhen. Ersetzen Sie diese durch stärkende Aussagen.

26 Punkte und höher

Ihr herausragendes Talent: hohe Risikobereitschaft! Langeweile, Alltagstrott und feste Arbeitsabläufe stellen für Sie den gelebten Horror dar. Sie übernehmen Verantwortung, wenn Sie tatkräftig immer wieder neue Herausforderungen meistern. Konkurrenz ist für Sie wie die Luft zum Atmen. Ihre Risikolust könnte Ihre Kollegen oder Teammitglieder überfordern. Achten Sie darauf, manchmal einen Gang runterzuschalten und empathisch auf Ihre Mitmenschen einzugehen.

7.5 Meine Stärken-und-Schwächen-Orientierung

Hier ist es wieder: das legendäre Glas Wasser. Ist es für Sie halb leer oder halb voll? Laufen Sie durch die Welt und sehen eher all die Steine, die in Ihrem Weg liegen? Oder nehmen Sie die Steine und bauen daraus etwas?

Beispiel !

Frau Dr. Birte Giehn ist Abteilungsleiterin. Als Marketingspezialistin führt Sie Ihre Mitarbeiter erfolgreich. Die Geschäftsführung ist hoch zufrieden mit Dr. Giehn, da sie maßgeblich dazu beigetragen hat, das Spannungsfeld zwischen den Abteilungen Vertrieb und Marketing aufzulösen. Trotz all der positiven Rückmeldungen und geschäftlichen Erfolge zweifelt Frau Dr. Giehn an ihren Fähigkeiten Im Coaching wird erarbeitet, dass sie selbst denkt: »Es ist Zufall, dass ich so erfolgreich bin, eigentlich müsste es doch bald auffallen, dass ich gar keine so ausgeprägte Kompetenzen besitze.«

In unserem Kulturkreis wird eher auf Schwächen als auf Stärken geachtet. Wie viele Menschen kennen Sie, die sich auf ihre Schwächen konzentrierten und damit erfolgreich geworden sind?

- War es eine Schwäche von Bill Gates (Gründer von Microsoft), sein Informatikstudium abzubrechen, ebenso wie Mark Zuckerberg (Gründer von Facebook)?
- Betrachtet es Michael Schuhmacher als Schwäche, nie studiert zu haben?
- Könnte Hubert Burda als promovierter Kunsthistoriker einen großen Verlag leiten, wenn er es als Schwäche betrachten würde, kein Wirtschaftsstudium absolviert zu haben?

Was können Sie daraus ableiten?

- Konzentrieren Sie sich auf Ihre Stärken! So unterstützen Sie diese und werden erfolgreicher.
- Akzeptieren Sie Ihre Schwächen! Verschwenden Sie nicht zu viel Energie und Zeit, sie zu beseitigen, sonst verpassen Sie Chancen und Möglichkeiten.

In der Schule wird ein breites Grundwissen vermittelt. Fehler bedeuten Schwächen, sie werden gezählt und bestraft – mit schlechten (!) Zensuren. Mit diesem Ansatz wird das Misserfolgsbewusstsein anerzogen und kultiviert. Der Spaß am Lernen wird auf diese Weise rasch und gründlich vertrieben. Zudem führt die Angst vor Negativkonsequenzen zu einer Fehlervermeidungsstrategie, nicht zu einem neugierig-kreativen Streben nach Weiterentwicklung.

7.5.1 Nehmen Sie Ihre Stärken wahr!

- Legen Sie Ihr Stärken-Tagebuch an. Jede Nacht, bevor Sie zu Bett gehen, überlegen Sie, welche Stärken-Erlebnisse Sie heute erlebt haben. Notieren Sie diese in kurzen Sätzen.
- Sammeln Sie Zettel, Briefe, E-Mails, mit denen Freunde, Bekannte, Kolleginnen oder Vorgesetzte sich bei Ihnen bedankt haben. Legen Sie diese in einen extra Ordner. Auch Fotos und Urkunden – oder sonstige visuelle Erinnerungen an Ihre Leistungen können Sie darin aufbewahren. Schauen Sie von Zeit zu Zeit hinein!
- Fertigen Sie eine »Positivliste« an. Darin tragen Sie alle Aufgaben ein, die Sie – ob beruflich oder privat, an Ihrem Arbeitsplatz oder in der Familie – trotz größerer Schwierigkeiten und schwer zu überwindender Hindernisse bewältigt haben. Beim Lesen dieser Liste stellen Sie fest, wie Ihre Persönlichkeit in den letzten Wochen und Monaten gewachsen ist.

Effekt dieser Übung: Sie erkennen Ihre persönlichen Stärken und eigenen Vorzüge – eine Grundvoraussetzung für Mut!

! **Wichtig**

Stärken sind Fähigkeiten, Kenntnisse, Erfahrungen, Wissen und Kompetenzen, die verhältnismäßig stark ausgeprägt sind.

7.5.1.1 Das Glas ist aber halb leer!

Nun könnte es sein, dass Sie es bevorzugen, Ihre Schwächen zu reduzieren. Natürlich gibt es unterschiedliche Strategien, wie Sie damit umgehen können.

Wenig hilfreiche Strategien	Hilfreiche Strategien
• Sie hadern Ihrer Schwächen wegen mit dem Schicksal. • Sie lehnen diesen Teil von Ihnen ab und hassen ihn. • Sie lehnen sich wegen dieser Schwäche ab und betrachten sich als minderwertig. • Sie geben anderen die Schuld daran, dass Sie diese Schwäche besitzen. • Sie betäuben den Schmerz über die Schwäche mit Alkohol oder anderen Suchtmitteln. • Sie flüchten sich in Selbstmitleid und Depressionen. • Sie bauen Neid und Hass auf Menschen auf, die die Schwäche nicht haben. • Sie versetzen sich in ständige Anspannung. • Sie haben Angst, dass andere Ihre Schwäche erkennen und Sie ablehnen könnten. • Sie nehmen sich viel Spaß und Entwicklungsmöglichkeiten und vermeiden bestimmte Situationen – aus Angst davor, die Schwäche könnte zum Vorschein kommen.	• Sie nehmen die Schwäche an und sehen sie als einen Teil von Ihnen unter vielen anderen Qualitäten. • Sie überlegen sich, wie Sie die Schwäche in eine Stärke umwandeln können, und unternehmen konkrete Schritte dazu. • Sie geben dieser Schwäche einen Sinn in Ihrem Leben. • Sie überlegen, wie Sie die Schwäche begrenzen können. • Sie lenken Ihren Blick auf Ihre Stärken. • Sie tun sich mit anderen zusammen, die ebenfalls diese Schwäche haben und unterstützen sich gegenseitig. • Sie verzeihen denen, die dazu beigetragen haben, dass Sie diese Schwäche haben. • Sie sehen die Schwäche als Ansporn und besondere Aufgabe in Ihrem Leben. • Sie gehen ein Risiko ein, wagen Neues und testen immer wieder einmal, wie stark Sie Ihre Schwäche noch eingrenzt • Sie suchen sich Vorbilder, die die Schwäche überwunden haben, und ahmen diese nach.

7.5.1.2 Mutig zu meinen Stärken stehen!

Sollten Sie es sich anders überlegen und lieber Ihre Stärken weiter ausbauen, ist die folgende Übung ein hilfreiches Instrument für Sie.

7.5.1.3 Übung: Stärken-Analyse

Bitte beantworten Sie die Fragen zunächst alleine schriftlich. Hilfreich ist im zweiten Schritt, wenn Sie diese Übung mit einer vertrauten Person durchführen. Ihr Gesprächspartner liest Ihnen die Fragen vor und Sie gehen ausführlich darauf ein. Schalten Sie Ihre Wahrnehmungskanäle und Gefühle auf besonderen Empfang.

- Welche Gefühle lösten die Situationen, in denen meine Stärken gefragt waren, bei mir aus?
- Was war mein Beitrag dazu?
- Welche Prüfungen habe ich bisher erfolgreich abgelegt?
- Über welche Qualifikationen verfüge ich? Wo liegen meine besonderen Stärken?
- Sind die an mich gestellten Anforderungen gestiegen? Wurden meine Kompetenzen und mein Verantwortungsbereich erweitert?
- Wie viele Projekte, die ich ursprünglich für (zu) schwierig hielt, habe ich gemeistert?
- Habe ich neue Kolleginnen, Kollegen, Auszubildende angelernt?
- Bei welchen Aufgaben, die ich in letzter Zeit erledigt habe, gab es ein positives Feedback?
- Wie oft habe ich schon gehört: »Ich danke Ihnen für Ihre Hilfsbereitschaft, Ihre Geduld, Ihren Rat«?
- Durch welche Leistungen habe ich mich um das Unternehmen verdient gemacht?

Bei diesen Fragen liegt der Fokus auf dem beruflichen Umfeld. Selbstverständlich können Sie auch mit einem privaten Fokus die Fragen beantworten.

Auf einen Blick: Wie mutig bin ich? Mut-Analyse
• Werden Sie sich klar darüber, wie viel Risiko Sie eingehen wollen und wie viel Mut Ihnen entspricht. Sie können dann Ihre Potentiale Ihrem Typ gemäß ausbauen.
• Erlebnisse und Gefühle aus der Kindheit beeinflussen unsere Gegenwart und die Sicht auf uns selbst. Als Erwachsene können wir diese Einflüsse hinterfragen und uns davon befreien, wenn sie uns im Weg stehen.
• Die Situationen, in die wir geraten, lassen sich nicht beeinflussen, wohl aber unsere Gefühle dazu. Wie wir eine Situation bewerten, liegt völlig in unserer Hand. Dies gilt es zu nutzen.
• Wer anderen misstraut, wird auch häufiger enttäuscht. Prüfen Sie deshalb Ihre Fähigkeit zu vertrauen.
• Erhöhen Sie Ihren Vertrauenslevel auch sich selbst gegenüber. Bewerten Sie Ihre Erfolge positiv und loben Sie sich dafür.
• Risikobereite Menschen sind mit Ihrem Leben zufriedener. Bauen Sie Ihre Risikobereitschaft aus.
• Die eigenen Stärken weiterzuentwickeln, bringt mehr Erfolg, als an den Schwächen zu arbeiten. Nehmen Sie Ihre Stärken wahr und akzeptieren Sie, dass jeder Mensch Schwächen besitzt – auch Sie!

8 Blockaden und Hindernisse – vom Problem zur Lösung

Sie haben nun genau analysiert, wie Sie reagieren, wenn es darum geht, Mut zu zeigen. Somit sind Sie bestens vorbereitet, aktiv gegen Blockaden und Hindernisse vorzugehen.

In diesem Kapitel lesen Sie,

- wie Sie Ihr Selbstbewusstsein gezielt stärken,
- wie Sie der Gewohnheitsfalle entkommen und es wagen, Neues auszuprobieren,
- wie Sie Stressoren reduzieren und Ihre Ängste besiegen.

8.1 Das Selbstbewusstsein aufbauen und stärken

»Ich bin mir meiner selbst bewusst« bedeutet: Ich kenne meine Stärken und Schwächen. Ich weiß, worauf ich stolz sein kann. Genauso weiß ich, in welchen Situationen ich stolpere und meine Schwächen sichtbar werden. Kennen Sie Menschen ohne Schwächen? Es gibt allenfalls Menschen, die von sich denken, keine Schwächen zu besitzen. Sie lassen keine Fehler zu oder vertuschen diese.

Unser Selbstbewusstsein stützt sich auf zwei Säulen: Selbstvertrauen und Selbstwertgefühl. Beide Säulen beruhen darauf:

- was Sie von sich denken und
- wie Sie Ihre persönlichen Stärken und Schwächen wahrnehmen.

Beispiel !

Stefanie Riesche, Geschäftsführerin eines mittelständischen Dienstleistungsunternehmens, präsentiert potentiellen Kunden das Angebot des Unternehmens. Mit ihren Mitarbeitern hat sie dafür detailliert die PowerPoint-Folien vorbereitet. Auch ein Coaching für Vorführtechniken hat sie besucht, um ihr Lampenfieber in den Griff zu bekommen. Bei der Präsentation läuft alles wie am Schnürchen. Bis zu dem Zeitpunkt, an dem der Beamer des Kunden versagt und Frau Riesche frei vortragen muss.

Wie würden Sie in dieser Situation reagieren? Hätten Sie sich innerlich geschämt oder verurteilt oder hätten Sie mit einem kleinen Witz auf den Lippen Ihre Präsentation fortgesetzt? Im Coaching-Alltag erfahren wir täglich, wie Klienten sich selbst anklagen. Nur wenige sind gnädig mit sich. Verblüffend ist, wie sich diese »Selbstanklagestrategie« durch alle Hierarchieebenen zieht, vom Angestellten bis hin zur Top-Führungskraft. Denken Sie an Dr. Birte Giehn aus dem Beispiel im Kapitel »Stärken-

Schwächen-Orientierung«. Die Wurzeln liegen in zwei dominanten Ängsten, die bei sichtbaren Fehlern oder Schwächen (unbewusst) aktiviert werden:

- die Angst vor Versagen
- die Angst vor Ablehnung

Diese rauben einem eine Menge Kraft und Energie. Das kann soweit führen, dass das aktive Handeln völlig zum Erliegen kommt. Auch übersteigerte Prüfungsängste, das Gefühl plötzlich einen leeren Kopf zu haben und die Situation nicht mehr in den Griff zu bekommen, resultieren daraus.

8.1.1 Selbstbewusstseins-Test

Entscheiden Sie, ob die folgenden Aussagen vollkommen (3 Punkte), überwiegend (2 Punkte), teilweise (1 Punkt) oder überhaupt nicht (0 Punkte) auf Sie zutreffen:

Selbstbewusstseins-Test	
Situation	**Punkte**
Ich sage erst etwas, wenn es Hand und Fuß hat.	
In neue Teams zu kommen, stellt eine große Herausforderung für mich dar.	
Meinem Vorgesetzten würde ich nie ins Wort fallen.	
Aktiv eine Gehaltserhöhung einzufordern, liegt mir nicht.	
Lieber erledige ich alles selber, um andere nicht um einen Gefallen bitten zu müssen.	
Emotionen sind für mich tabu am Arbeitsplatz, meine Kollegen sollen nicht merken, ob ich ärgerlich bin oder enthusiastisch.	
Bei Preisverhandlungen gebe ich schnell nach.	
Das bestellte Essen ist kalt. Ich beschwere mich nicht und übergehe diese Unannehmlichkeit.	
Ich vermeide es, vor Gruppen zu präsentieren oder das Wort zu ergreifen.	
Komplimente und Lob zu meiner Person machen mich eher verlegen als stolz.	
Situationen, in denen ich mich hilflos oder machtlos fühle, kenne ich kaum.	
In der Museumsführung stehe ich lieber in der Gruppe, als nah beim Referenten.	

Auswertung: Selbstbewusstseins-Test

36 – 24 Punkte
»Nur nicht auffallen, weder positiv noch negativ!« Dieser Wunsch prägt Ihre Grundhaltung. Denken Sie daran: Sie sind nicht mit mangelndem Selbstbewusstsein auf die Welt gekommen, sondern haben es sich erst angeeignet. Ihr Körper signalisiert oft eine Habachtstellung: Schweißausbrüche, ein Kloß im Hals und stammelnde Sätze lähmen Sie. Überlegen Sie, ob Sie wirklich Angst haben müssen und was Ihnen im schlimmsten Fall passiert. Fangen Sie mit kleinen Schritten an und überfordern Sie sich nicht. Ein Vorbild könnte Ihnen als »Nachahmungsmodell« dienen.

23 – 11 Punkte
Sie fahren mit der sprichwörtlich angezogenen Handbremse. Trauen Sie sich ruhig mehr zu, Sie besitzen gute Anlagen. Ihre Hemmungen, Unsicherheiten und Ängste sind erlernte Gefühle. Sie sind bereits einen ersten Schritt in eine neue Richtung gegangen, indem Sie sich mit Ihrem Selbstbewusstsein aktiv auseinander setzen. Stärken Sie es mit bewussten Herausforderungen und überlegen Sie: Wann sind Sie das letzte Mal abgelehnt worden oder haben versagt?

10 – 0 Punkte
Kaltes Wasser existiert für Sie nicht. Geht nicht, gibt's nicht! Egal, welche Herausforderung ansteht, Sie gehen mit forschen Schritten voran. Doch Vorsicht: Sie könnten arrogant wirken oder als jemand, der vorschnell Probleme vom Tisch wischt.

8.1.2 Seien Sie gnädig mit sich!

Beispiel !

Wie lernten Sie laufen und diesen motorischen Meilenstein in Ihrem Leben zu legen? In vier Stufen: hochziehen und festhalten, seitwärts entlanghangeln, sicher stehen, einen Fuß vor den anderen setzen und bremsen, ohne hinzufallen. In diesem Lernprozess waren Sie hochgradig motiviert von der Außenwelt (Eltern) und aus Ihrem Inneren, immer wieder einen Versuch zu starten und zu trainieren, bis Sie es konnten.

Also – seien Sie gnädig mit sich selbst, wenn Sie mutig Dinge angehen oder ausprobieren. Motivieren Sie sich selbst. Es gilt, Freundschaft mit den »inneren Kritikern« zu schließen und sie anzunehmen, ihnen aber auch nicht die Dominanz zu überlassen. Sprechen Sie mit sich, als wären Sie Ihr bester Freund. Sie machen diesen auch nicht permanent zur Schnecke, wenn Ihnen Fehler auffallen, sondern akzeptieren und schätzen ihn gerade wegen der Fehler. Gute Freunde unterstützen sich, motivieren und schenken ein offenes Ohr bei Problemen oder in Lebenskrisen. Seien Sie sich Ihr bester Freund! Wie können Sie dies aktiv unterstützen?

Übung ohne Grenzen: Mein inneres Freunde-Programm
Diese Übung ist immer wieder anzuwenden, deshalb »ohne Grenzen«. Denken Sie ans Laufenlernen, nur kontinuierliches Üben brachte Sie zum Erfolg und somit zum Ziel.

- Blicken Sie in den Spiegel und lächeln Sie sich mindestens 30 Sekunden lang an, so als würden Sie Ihren besten Freund nach längerer Zeit wieder sehen. Lächerlich? Nein, Ihr Gehirn entwickelt Anti-Stress-Hormone. Ihr Lächeln wirkt »entstressend« nach dem Motto: »Lächeln ist die beste Medizin.«
- Loben Sie sich für Ihre kleinen Schritte. Denken Sie an den langen Lernprozess »Laufen«. Loben Sie sich für Ihre kleinen Alltagserfolge.
- Stoppschild aktiv einsetzen! Bremsen Sie Ihre inneren Kritiker, wenn sie mit allzu harschen Botschaften auf Sie »einhacken«. Verwenden Sie stärkende Aussagen. Behandeln Sie sich so, wie Sie ein Kind unterstützen, wenn es laufen lernt.
- Nonverbale Signale senden! Fester Händedruck, aufrechte Haltung, Blickkontakt zulassen – besonders in Stresssituationen. Nur wenn Sie aktiv einen Schritt aus Ihrer inneren »Anklagehaltung« gehen, können Sie weiter in Ihrer Außenwelt voranschreiten.

»Wer arbeitet, macht Fehler, wer viel arbeitet, macht viele Fehler, und wer keine Fehler macht, ist ein fauler Hund.«
Elmar von Lukowicz, Betriebsleiter Uniroyal

8.2 Die Gewohnheitsfalle – Neuland beschreiten

Der Mensch ist ein Gewohnheitstier. Gewohnheiten lassen sich bekanntermaßen nur schwer verändern. Aus psychologischer Sicht ist die Methode der Wahl ein Cocktail mit den Zutaten:

- Istanalyse: negative Gewohnheit identifizieren
- Sollzustand: gewünschtes Verhalten genau definieren
- Aktion: Umsetzung so konkret wie möglich planen, Puffer zulassen
- Das Geheimnis des Erfolges: üben, üben, üben … Es braucht einfach Zeit, bis sich eine neue Gewohnheit etabliert.

Gewohnheiten haben eine große Berechtigung in unserem Leben. Sie erleichtern den Arbeitsalltag, das Zusammenleben, Interaktionen. Stellen Sie sich vor, wie Sie als Fahranfänger im Straßenverkehr agierten. Die ersten Stunden im Auto mit dem Fahrlehrer an Ihrer Seite und all den anderen Autos rundherum forderten Ihre volle Konzentration. Und jetzt? Wahrscheinlich hören Sie lässig Musik, telefonieren nebenher und schlichten vielleicht noch parallel den Streit Ihrer Kinder auf der Rückbank. Autofahren ist zur Gewohnheit geworden und diese Gewohnheit macht Sinn. Unsere Gewohnheiten lassen sich in drei Kategorien einstufen:

- Denkgewohnheiten: Wie bewerte ich mich, gut/schlecht? Wie stehe ich zu Ordnung/Unordnung, Pünktlichkeit ...?
- Gefühlsgewohnheiten: Bin ich die Ruhe in Person oder ärgere ich mich schnell über etwas, fühle ich mich eher abgelehnt oder eher angenommen?
- Verhaltensgewohnheiten: Wippe ich bei Präsentationen mit einem Fuß, kaue ich an den Nägeln, wie sitze ich und schlage die Beine über?

Das Angenehme an Gewohnheiten: Sie kosten keine erhöhte Energie. Wie selbstverständlich laufen sie ab. Ganz automatisch schreiben und essen Sie, begrüßen Ihre Kollegen, sitzen in Ihrem Büro und erledigen 1.000 kleine Alltagsdinge mehr. Werfen Sie Gewohnheiten erst dann mutig über Bord, wenn Sie Nachteile in sich bergen. Beachten Sie dabei bitte: Störende Denk-, Gefühls- oder Verhaltensweisen lassen sich nicht von heute auf morgen neu programmieren. Das wäre so, als müssten Sie von jetzt an sofort linkshändig schreiben, wenn Sie Rechtshänder sind, und umgekehrt. Dieses Umlernen funktioniert erst dann, wenn Sie ein klares »Muss« spüren.

8.2.1 Der Kreis der Gewohnheiten

Sicher und zufrieden leben wir in unserem individuellen Kreis der Gewohnheiten, außerhalb des Kreises fängt das Neuland an. Die Grafik unten zeigt Ihnen, wie dieser Kreis wirkt.

Im Inneren liegt Ihre bekannte Welt, ein vertrautes und berechenbares Umfeld. Sie wissen, wie Sie handeln müssen und können Ihren Erfahrungsschatz nutzen. Außerhalb des Kreises befinden sich Risiken und Chancen zu gleichen Teilen. Auf der Kreislinie sitzt die Gegenwart. Hier rufen Ihnen zwei kleine – meist innerliche – Teufelchen »Bremsbotschaften« zu. Das Gewohnheits-Teufelchen ruft deutlich und laut: »Verlasse Deinen Kreis nicht, hier ist alles überschaubar, wir wissen genau, was passieren wird. Auch ohne uns zu verändern, bewältigen wir Unvorhersehbares. Bleib' drin!« Das Rechtfertigungs-Teufelchen stimmt in den Kanon mit ein: »Das kannst Du nicht riskieren. Das hast Du schon so oft probiert, es war nie erfolgreich. Denk' an Deine Kollegen, Familie, Freunde ...!« Unbekanntes, Unberechenbares und Ungewohntes liegen außerhalb des Kreises der Gewohnheiten in der Zukunft. Nur hier können Sie sich entwickeln. Die anfänglichen Ängste gehören zwangsläufig dazu.

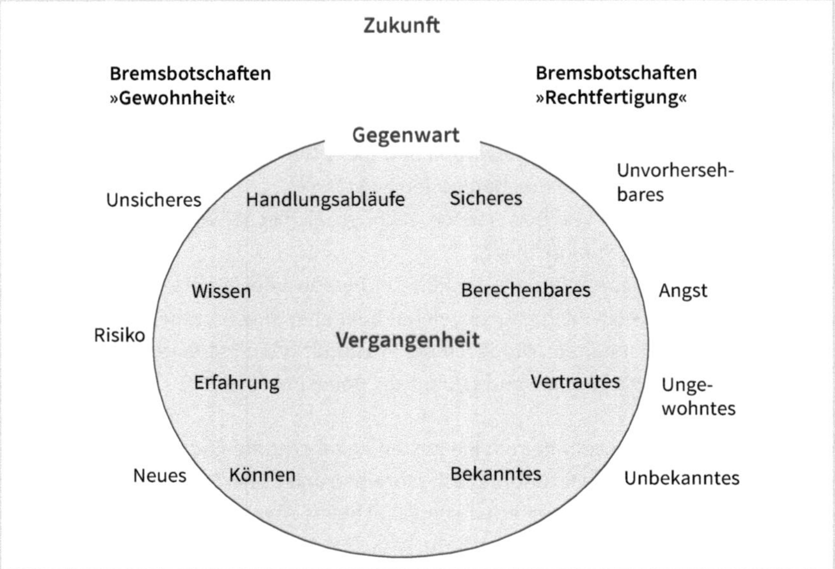

Abb. 5: Der Kreis der Gewohnheiten: Chance und Risiko stehen 50 : 50

»Ich glaube an das Pferd. Das Automobil ist nur eine vorübergehende Erscheinung.«
Kaiser Wilhelm II. (1859–1941)

8.2.2 Checkliste: Mutig in die Zukunft

Lassen Sie die letzten zwölf Monate Revue passieren: Welche Projekte, Erfahrungen, Ereignisse erlebten Sie (= Vergangenheit), in denen Gewohnheiten »Regie führten«? Wie wirkten sich diese konkret auf Ihre Gegenwart aus und was könnte in der mutigen Zukunft liegen?

Ereignis	Vergangenheit	Gegenwart	Zukunft
Beispiel Weihnachtsfest im Kreis der Großfamilie	Großfamilientreffen als »Pflichttermin«	Das jährliche Ritual »Weihnachtsfest« wird als Last empfunden.	Selbst entscheiden, wie ich das Weihnachtsfest verbringen möchte, mit dem Risiko »Familiengesetze« zu brechen.
Eigenes Ereignis:			

Ab wann sollten Sie sich überlegen, Gewohnheiten abzulegen und mutig in die Zukunft zu gehen? Entscheidend ist die Frage: Bringt die neue Gewohnheit wirklich ein Mehr an Energie, Freiheit und Freude in mein Leben? Will ich lieb gewonnene Gewohnheiten ablegen? Sie benötigen Durchhaltevermögen und Frustrationstoleranz. Mit Training können Sie in Ihrem Verhalten neue Gewohnheiten platzieren.

Beispiel

!

Der erfolgreiche Fußballbundesliga-Trainer Ralf Rangnick gab im Oktober 2011 seinen Coach-Posten beim FC Schalke ab. Ein Burn-out-Syndrom führte zu dieser weitreichenden Entscheidung. Es spricht für großen Mut, dieses Thema so offensiv anzugehen und in den Medien zu platzieren. Es zeigt sich daran auch, dass wir Denken und Handeln dann ändern, wenn wir eine Krise durchleben und feststellen, dass wir so nicht weiterleben können, da der Leidensdruck zu groß ist.

8.3 Der Stress – Durchblick bewahren, Stressoren reduzieren

»Die Arbeit stresst mich so, meine Kinder sind absolut stressig, die bevorstehende Geburtstagsparty ist Stress pur für mich ...« Sind Ihnen solche oder ähnliche Aussagen vertraut? Vom Kind bis zum Senior kennt fast jeder Stress in vielen Lebensbereichen. Stress wirkt sogar in »Ruhe- bzw. Tankbereiche« wie Freizeit oder Urlaub. Was ist eigentlich Stress? Der Begriff kommt aus dem Lateinischen und bedeutet anspannen.

Stress ist Ihr subjektives Empfinden. Ihre Sichtweise auf die Dinge und Ihre Wahrnehmung bestimmen Ihren Stress. Sie sind der Schiedsrichter über Ihr Stressempfinden.

Stress entsteht, wenn eine Situation erlebt wird, die als überfordernd empfunden wird, z. B.: Angst vor einer Prüfung, die bevorstehende Präsentation vor der Geschäftsführung oder der angekündigte Besuch der Schwiegermutter. Stress kann aber auch die Rolle eines Statussymbols übernehmen. Der volle Terminkalender, die Hetze von einem Meeting zum nächsten, ständige Erreichbarkeit über Handy und E-Mails signalisieren: »Ich bin wichtig und werde überall gebraucht.« Sich »gestresst zu fühlen« gehört zum guten Ton in unserer Arbeitswelt. Berufe, in denen mutig, schnell entschieden werden muss, die eine hohe Planungsunsicherheit besitzen, aktivieren das individuelle Stressempfinden schneller. Ein Notarzt, Pilot oder Lehrer spürt Stress wahrscheinlich eher als ein Gärtner, Yogalehrer oder Feng-Shui-Berater. In einer dauerhaft belastenden, stressigen Situation Mut zu entwickeln, fordert Sie besonders heraus. Stress ist per se nicht »schlecht«. Da Stress körperlich empfunden wird, ist er unsere Warnlichtanlage und signalisiert: Achtung! Blinkt das Warnlicht permanent, wirkt Stress schädlich.

8.3.1 Warnlicht-Test

Bitte kreuzen Sie an, welche Situationen Ihr Arbeits- und Privatleben bestimmen:

Warnlicht-Test	
Situation	
Mein Arbeitsalltag wird durch Termindruck, Zeitnot und Hetze bestimmt.	
Mein Vorgesetzter ist eher eine Last als eine Stütze.	
Ich neige zu Ungeduld und ärgere mich schnell.	
Ärger mit Kunden steht auf der Tagesordnung.	
Ich werde leicht abgelenkt, z. B. durch Lärm, Großraumbüro, ständiges Telefonklingeln.	
Im Urlaub bin ich für wichtige Kunden oder Kollegen erreichbar. Meine E-Mails lese ich täglich.	
Ich stehe oft im Stau.	
Meine Familie kostet mich eher Kraft, als dass ich sie als Ruhepol empfinde.	
Ich leide des Öfteren an Schlafschwierigkeiten, Kopf-, Rücken- oder Bauchschmerzen.	
Öfters erlebe ich ungerechtfertigte Kritik.	

Haben Sie mehr als vier Kreuze in Ihrem Warnlicht-Test? Dann reduzieren Sie erst Ihre Stressoren, sonst kann es passieren, dass Sie in zusätzlichen Mut-Stress verfallen! Das Scheitern wäre programmiert und der Mut verpufft im Alltag.

8.3.2 Innere und äußere Stressoren

Sind Sie sich Ihrer Stressoren bewusst, können Sie sie aktiv abbauen. Innere Stressoren sind persönliche Denkmuster, die Ihr Leben bestimmen. Es sind Ihre eigenen, oft diffusen Gefühle:

- hohe Ansprüche
- unerfüllte Wünsche
- eigene Erwartungen
- übersteigertes Verantwortungsbewusstsein
- Perfektionismus

Äußere Stressoren finden Sie in:

- Straßenlärm, Verkehrsstau, Wartezeiten
- schlechtes Wetter, Kälte oder Hitze

- Schmerzen
- ständige Musikberieselung
- Zeit- und Termindruck
- zu viel Arbeit, schwierige Aufgaben
- neue Methoden und Maschinen
- Unterforderung/Langeweile
- Ärger mit Kollegen, unfreundliche Kunden
- drohender Verlust des Arbeitsplatzes

Die äußeren Stressoren lassen sich leichter identifizieren als die inneren. Klar, es ist einfacher, in der Außenwelt die Schuldigen zu finden, bei Vorgesetzten, Kollegen oder der Familie. Das Praktische an den äußeren Stressoren ist: Sie bekommen sie, mit einem effektiven Einsatz von Zeit und Energie, leichter in den Griff.

Beispiel

!

In zwei Wochen präsentiert Dr. Reiner Rimmersgard seine neue Marketingstrategie dem Top-Kunden. Sein Ziel ist es, den Kunden weiter an das Unternehmen zu binden. Parallel muss die Weihnachtsfeier für seine Abteilung geplant werden. Für Dr. Rimmersgard gilt es aber, alle Kraft, Zeit und Energie auf die Präsentation zu verwenden. Doch wie soll er dann gleichzeitig die Feier im Team organisieren? In dieser Situation fühlt er sich überfordert und gestresst.

Rational betrachtet lässt sich das Problem von Dr. Rimmersgard leicht lösen: Dem wichtigeren Projekt wird mehr Energie gewidmet und die Weihnachtsfeier lässt er von einem Mitarbeiter organisieren. Delegiert Herr Rimmersgard die Weihnachtsfeier, besteht aber das Risiko, dass sie seinem Perfektionsanspruch nicht genügt. Stressauslöser sind meist innere Haltungen, die es zu hinterfragen gilt.

Gefühle lassen sich nicht ohne Weiteres auf Knopfdruck ausschalten oder neu programmieren. Zu den inneren Stressoren gehört alles, was sich im Kopf und im Gefühlsleben abspielt. Dinge also, die mit der Lebenseinstellung, bestimmten Gedankenmustern und Glaubenssätzen zu tun haben, welche einem oft selbst nicht klar sind. Dazu gehören der Perfektionismus und das Gefühl, alles hundertprozentig machen zu müssen – Fehler sind nicht erlaubt. Oft ist damit ein Kontrollzwang verbunden, durch den man die Dinge nie wirklich zu Ende bringt. Hand in Hand damit geht oft die Schwierigkeit, sich zu entscheiden und hinter Entscheidungen einen Punkt zu setzen. Ein weiterer innerer Stressor ist die übertriebene Hilfsbereitschaft und die Unfähigkeit, »Nein« zu sagen. Wollen Sie Ihre inneren Stressoren reduzieren oder neu programmieren? Eine große Portion Mut ist dazu notwendig, da Sie mit dem Widerstand Ihrer Umwelt rechnen müssen. Jedes neue Verhalten irritiert zunächst, nicht nur Sie, sondern auch all die, mit denen Sie zu tun haben.

8.3.3 Übung: Meine inneren Stressoren bewältigen

1. Schritt: Analyse

Reflektieren Sie folgende Fragen und gehen Sie auf Spurensuche:

- Notieren Sie konkrete Situationen, die in letzter Zeit Stress bei Ihnen auslösten.
- Wählen Sie die drei Top-Stressreize aus.
- Welche Anforderungen führen zum Stress?
- Fehlen mir persönliche Kompetenzen, wenn ich diese Aufgaben erledige?
- Was unternehme ich, um mir diese Kompetenzen anzueignen?

2. Schritt: Kopfarbeit gegen Stressoren

Jetzt geht es ans »Eingemachte«. Es gilt nun, stärkende innere Botschaften zu formulieren und Ihr Denken darauf auszurichten. Formulieren Sie diese Botschaften positiv um:

- Ich werde das niemals schaffen.
- Keiner mag mich.
- Allen muss ich es recht machen.
- Ich muss alles perfekt bewältigen.

3. Schritt: Klein beginnen!

Körperlicher Ausgleich ist wichtig beim Stressabbau. Klar gilt es, den inneren Schweinehund zu überwinden, doch fangen Sie lieber klein, dafür aber sofort an. Nach der Mittagspause einen kurzen Spaziergang machen, ist der erste Schritt in die »Weniger-Stress-Richtung«.

8.4 Die Ängste – so können Sie sie besiegen

Ängste sind hässliche Begleiter: Sie blockieren, bremsen und steigern Stress. Ängste sind menschliche Warnmechanismen und dienen dem Selbsterhalt. Treten Bedrohungen auf, werden sie eingeschaltet. Hier ist die Angst eine hilfreiche, natürliche Kraft. Werden die Angstgefühle massiv und wirken lähmend ohne sichtbaren Grund bzw. Auslöser, handelt es sich nicht mehr um »normale Angst«, sondern um Angststörungen. Ängste gibt es viele, nicht jede ist eine krankhafte Störung. Die lassen sich übrigens gut behandeln. (Holen Sie sich dazu professionelle Hilfe von ausgebildeten Ärzten und Therapeuten.) Ängste, die Sie behindern, jedoch nicht in Lähmung oder Depression stürzen, sind erst zu objektivieren, um sie dann zu minimieren.

Wie Sie sich Ihren Ängsten stellen

Es gibt die verschiedensten Ängste. Einige Beispiele seien hier genannt:

- Die Angst, abgelehnt zu werden, führt dazu, Bedürfnisse nicht zu äußern und seine Meinung zu verschweigen.
- Die Angst, seine Umwelt zu enttäuschen, fördert das Jasagen und verhindert das Neinsagen.
- Die Angst vor Fehlern führt zu einem übertriebenen Perfektionismus. Neue Aufgaben sind überfordernd und werden eher nicht angegangen.
- Die Angst vor Auseinandersetzungen und Streit mündet in die »Fähnchenstrategie«. Bevor ich zu meiner vielleicht nicht akzeptierten Meinung stehe, gebe ich sie lieber auf, um Konflikten aus dem Weg zu gehen.

Die folgenden Tipps dienen dazu, die negativen Folgen »normalen« Angstverhaltens zu reduzieren und Mut zu gewinnen. Sie können Ihre Ängste nur besiegen, indem Sie sich diese überhaupt einmal eingestehen.

- Schreiben Sie Ihre Ängste auf. Wovor haben Sie Angst? Machen Sie eine genaue Liste.
- Fühlen Sie Ihre Angst. Sie haben sich eingestanden, dass Sie Angst haben, aber Sie haben immer noch Angst? Fragen Sie sich, was das Schlimmste ist, was Ihnen passieren kann.
- Seien Sie im Hier und Jetzt! Jede Angst ist eine Angst, die auf die Zukunft gerichtet ist. Wir machen uns Sorgen um etwas, das passieren könnte. Denken Sie nicht an die Zukunft! Denken Sie nicht an die Vergangenheit! Konzentrieren Sie sich auf die Gegenwart!
- Gehen Sie kleine Schritte! Tun Sie das, was Sie kennen und jetzt schon machen können. Etwas, worin Sie sich sicher fühlen.
- Fühlen Sie, wie Sie langsam voranschreiten, und machen Sie noch einen kleinen Schritt! Belohnen Sie sich für Ihre kleinen Erfolge.

Auf einen Blick: Blockaden und Hindernisse
• Die Angst zu versagen oder abgelehnt zu werden, hemmt viele Menschen dabei, selbstbestimmt zu agieren. Testen Sie, wie stark Sie diese Ängste einschränken.
• Damit Sie negative Gewohnheiten aufbrechen können, müssen Sie das gewünschte Verhalten genau festlegen und die Umsetzung konkret planen. Und dann viel üben!
• Ein gewisses Maß an Stress wirkt anregend, zu viel Stress schadet. Bewältigen Sie Ihre Stressoren mit konkreten Übungen.
• Unsere Ängste blockieren uns, deshalb ist es wichtig, sie zu identifizieren und sich ihnen zu stellen.

9 Meine Mutvision – der Blick in die Zukunft

Das eigene Leben in die Hand zu nehmen, aktiv und selbstbestimmt zu gestalten, sich konkrete Ziele zu setzen und sie auch anzupacken – das braucht vor allem eines: Mut.

In diesem Kapitel erfahren Sie,

- was ein Lebenskonzept und klare Vorstellungen über Ihre Prioritäten bringen, um Ihr Leben selbstbestimmt gestalten zu können,
- wie Sie sich selbst Anreize schaffen, damit Sie reale Fortschritte in Ihrem Mutverhalten erzielen,
- was Risiko und Lebensfreude miteinander zu tun haben,
- wie Sie den Teufelskreis der Angst überwinden,
- wie Sie aktiv Ihren beruflichen Erfolg gestalten und es schaffen, mutig Entscheidungen zu treffen.

9.1 Mein Leben selbstbestimmt gestalten

Wie viele Menschen kennen Sie, die aktiv Konflikte angehen, die ohne Rücksicht auf Verluste sagen, was sie denken, einfordern, was ihnen zusteht, oder in Extremsportarten ihren »Adrenalinkick« suchen? Ängste vor den möglichen Konsequenzen und erlerntes »soziales« Verhalten hält die meisten von uns ab, mutig für sich und die eigenen Ziele einzustehen. »Das tut man nicht!«, »Das kannst Du nicht machen!« sind Stoppzeichen, die wir selbst oder andere uns vor die Nase stellen. Für ein harmonisches Miteinander und ein angstfreies Leben mag die selbst auferlegte Zurückhaltung hilfreich sein. Ein glückliches und selbstbestimmtes Leben aber sieht anders aus.

Beispiel !

In der traditionellen chinesischen Medizin wird ein langes Leben erreicht, wenn zwischen Anspannen und Entspannen Balance herrscht. Beide bilden in ihren Gegensätzen eine Einheit. Dominiert ein Element das andere, wirkt sich das beim Menschen negativ auf seine körperliche und geistige Konstitution aus. Ziel ist es folglich, diese Elemente in harmonischen Einklang zu bringen und zu bewahren.

Für unser Thema: »Mehr Mut zum selbstbestimmten Leben« bedeutet das: Suchen Sie bewusst Situationen auf, die Sie fordern und Stress bei Ihnen auslösen. Gehen Sie bewusst an Ihre Grenzen. Gemeint ist nicht, dass Sie sich blind in unberechenbare Gefahrensituationen begeben sollen. Mutig kann es zum Beispiel sein, bei ihrem nächsten Mitarbeitergespräch einen Karriereschritt zu fordern oder beim anstehenden Autokauf die eigenen Preisvorstellungen durchzusetzen. Wären Sie dabei angespannt? – Das gehört dazu! Es entspricht unserer Natur eher als ein angst- und stressfreies Leben im Schlaraffenland. Wir Menschen sind durch unsere Entwicklung nicht auf Sicherheit und Bequemlichkeit programmiert. Der in der westlichen Welt erreichte Wohlstand tut uns nicht gut. Zivilisationskrankheiten, Langeweile und Aggressivität sind klare Zeichen dafür. Anspannung, Stress und herausfordernde Situationen sind nicht notwendiges Übel, um ein erfülltes Leben zu führen, sondern wesentliche Bestandteile. Genauso gehören Entspannung und angstfreie Zeiten zu einem erfüllten Leben.

! **Wichtig**

Der Mensch ist von seiner jahrmillionenlangen Vergangenheit her auf Gefahr, Anstrengung und Kampf programmiert. Die dabei entwickelten Triebe können wir mit unserem Großhirn steuern, aber wir können sie nicht wegerziehen. Das ist gut so! Woher beziehen wir mehr Lebensfreude: von einer lustvoll erlebten Triebbefriedigung (überstandener Gefahr, gestillter Hunger, befriedigte Neugier, ...) oder aus dem »klaren« Verstand und eingehaltenen Regeln?

9.1.1 Die eigene Balance finden

Ein gesundes und glückliches Leben basiert auf dem Wechsel zwischen Anspannung und Entspannung. Beides bedingt sich und jedes einseitige Verschieben führt zum Ungleichgewicht. Körper und Geist leiden langfristig, wenn Sie ständig angespannt leben. Krankheitsbilder wie Burn-out, Herzinfarkt und Schlaganfall sind typische Krankheitsbilder. Andererseits verlieren Sie durch Entspannung ohne vorhergehende Anspannung an Energie und Lebensfreude. Mögliche Folgen dauerhafter Entspannung sind allgegenwärtig: Menschen kommen um vor Langeweile, suchen Ersatzbefriedigung in Drogen oder den Kick im Extremen.

Sein Leben selbstbestimmt gestalten bedeutet, Anspannung und Entspannung bewusst zu steuern. Sorgen Sie für Phasen, die fordernd, beängstigend oder stressig sind. Achten Sie auf Ruhezeiten, in denen Sie sich regenerieren und sammeln können. Der positive Nebeneffekt eines solchen Programms: Sie werden Schritt für Schritt mutiger.

9.1.2 Meine Handlungsmöglichkeiten erweitern

Bevor Sie Ihr Handeln mit dem Ziel, mutiger zu sein, verändern, sollten Sie analysieren, was Sie tun und weshalb Sie sich »unmutig« fühlen. Das Imitieren eines »mutigen« Menschen oder das Erlernen »mutiger« Verhaltensweisen ist zum Scheitern verurteilt, wenn die Veränderungen nicht zur eigenen Persönlichkeit passen. Jeder Mensch ist geprägt durch seine ureigene Entwicklungsgeschichte. Wenn wir unsere Schwächen ab- und unsere Stärken ausbauen wollen, gilt es diese Geschichte zu würdigen.

Beispiel

!

Haben Sie als Kind die Ferien mit Ihren Eltern eher am Meer oder in den Bergen verbracht? Sollte Letzteres der Fall sein, ist es wahrscheinlich, dass Sie »ausgesetzte Höhensituationen« nicht als bedrohlich empfinden – und entsprechend weniger Mut benötigen, um sie zu meistern.

Für eine Selbstanalyse sind wir Menschen mit einer einmaligen Fähigkeit ausgestattet worden: der Reflexion!

Wichtig

!

Der Mensch kann seine Gefühle, Verhaltensweisen und Handlungen wahrnehmen und beeinflussen – er kann sich »beherrschen« und reflektieren. Anders als bei Tieren steht bei uns der beherrschende Verstand den Trieben gegenüber. Für unser Zusammenleben ist es unabdingbar, dass wir zum Beispiel unsere Aggressionen beherrschen und den Sexualtrieb kontrollieren. Mit unserer Fähigkeit der Reflektion können und müssen wir uns entscheiden: Wann und wie leben wir unsere Triebe aus (und gewinnen damit Lebensfreude) und wann zügeln wir sie (um soziale Akzeptanz zu erfahren)?

Der folgende Test hilft Ihnen dabei, zu reflektieren und zu analysieren, in welchem Verhältnis Sie Ihr Leben zwischen An- und Entspannung führen.

9.1.3 Der Balance-Test

Ängstigende und anspannende Situationen werden unterschiedlich wahrgenommen. Genauso verhält es sich mit der Entspannung. Was zählt, ist alleine, wie Sie die Situation bewerten. Dieser Test soll Ihnen dabei helfen, zu bestimmen, ob Sie Ihr Leben in einem gesunden Gleichgewicht zwischen An- und Entspannung führen.

Entscheiden Sie, ob die folgenden Aussagen vollkommen (3 Punkte), überwiegend (2 Punkte), teilweise (1 Punkt) oder überhaupt nicht (0 Punkte) auf Sie zutreffen:

Balance-Test	
Situation	**Punkte**
Meine Arbeit fordert mich, ohne mich zu überfordern.	
Zu meinen Kollegen habe ich eine gute Beziehung.	
Ich bin stolz auf das, was ich mache.	
Abends und am Wochenende habe ich genug Energie, um etwas zu unternehmen.	

Balance-Test	
Situation	**Punkte**
Zuhause denke ich nicht an meine Arbeit.	
Ich schlafe gut.	
Meine Familie würde mich als ausgeglichenen Menschen beschreiben.	
Alles, was ich mache, mache ich mit Überzeugung.	
Ich verfolge meine Ziele konsequent.	
Die Ansprüche meiner Umgebung (Familie, Kollegen, Chefs) belasten mich nicht.	
Situationen, in denen ich mich hilflos oder machtlos fühle, kenne ich kaum.	
Es gelingt mir manchmal, Anstrengung mit Lust zu erleben.	
Ich bin stolz auf meine erbrachten Leistungen, auch wenn sie von anderen nicht gewürdigt werden.	
Herausfordernde Situationen in Beruf oder Freizeit spornen mich an.	
Ich kann Pausen und »Nichtstun« genießen.	

Auswertung: Balance-Test

45 – 30 Punkte
Gratulation! Sie haben ein ausgewogenes Gleichgewicht zwischen An- und Entspannung gefunden. Sie erleben anspannende Situationen als bereichernd und sorgen für sich. Sie wissen, was Ihnen wichtig ist, und wie Sie sich selbst motivieren können. Nutzen Sie Ihre Fähigkeiten, um andere Menschen in Ihrem Umfeld auf diesem Weg zu unterstützen.

29 – 20 Punkte
Auf den ersten Blick scheinen Sie Ihr Leben im Gleichgewicht zu führen. Andererseits gehen Sie viele Kompromisse ein, von denen Sie nicht innerlich überzeugt sind. Achten Sie darauf, dass Sie rechtzeitig wahrnehmen: Was ist mir wichtig? Wann handle ich »um des lieben Friedens willen« gegen meine innere Überzeugung? Entscheiden Sie sich bewusst und häufiger dafür, mutig den eigenen Standpunkt zu vertreten.

19 – 0 Punkte
Ihr Unzufriedenheitspotential ist hoch. Nach außen werden Sie eher als angepasst und flexibel wahrgenommen. Hohe Erwartungen setzen Sie unter Druck. Es fällt Ihnen schwer, den »eigenen Weg« zu finden. Eine Voraussetzung für mehr Balance in Ihrem Leben ist, dass Sie sich selbst weniger unter Druck setzen, um es allen Recht zu

machen und eigene Fehler nicht zuzulassen. Nutzen Sie die Tipps und Übungen in den folgenden Kapiteln dazu.

9.1.4 Übung: Mein Lebenskonzept

Formulieren Sie in einigen Sätzen Ihr Lebenskonzept. Einmal angenommen, Ihr Leben beginnt morgen komplett neu und Ihnen stehen alle Optionen offen: Wie würden Sie Ihr Leben gestalten? Wenn Sie sich darüber im Klaren sind, können Sie sich einzelne Ziele setzen und konkrete Schritte planen.

Mein Lebenskonzept
Wie möchte ich leben? Wie sieht mein idealer Tages-, Wochen-, Monats- und Jahresablauf aus? Wo und mit wem möchte ich leben?
Welchen Stellenwert sollen Arbeit, Familie, Freunde, Freizeit, Sport etc. in meinem Leben einnehmen?
Wie würden die Rahmenbedingungen meiner beruflichen Tätigkeit idealerweise aussehen?
In welche realen sozialen Netze möchte ich eingebunden sein? Welche Rollen will ich in diesen Netzen wahrnehmen?

9.1.5 Prioritäten setzen

Im Idealfall setzen Sie Ihre Lebensenergie für Ziele ein, die Ihnen wichtig sind. Ob Sie beruflichen Erfolg, Zeit mit der Familie, Gesundheit oder Ihre persönlichen Träume verwirklichen, liegt alleine an Ihnen. Oft wird es Mut erfordern, diese Ziele anzugehen. Der erste Schritt ist, sich diese Ziele bewusst zu machen.

»Nur wer sein Ziel kennt, findet den Weg.«
Laozi, chinesischer Philosoph

9.1.6 Übung: Blick zurück »aus der Zukunft«

Stellen Sie sich vor, Sie feiern Ihren 75. Geburtstag. Ihr bester Freund ist anwesend und hält eine Rede, in der er Ihr Leben Revue passieren lässt. Überlegen Sie sich nun:

- Welche Punkte würden Sie sich in dieser Rede wünschen?
- Auf welche Leistungen wären Sie besonders stolz?
- Welche Ihrer persönlichen Eigenschaften wird Ihr Freund nennen?
- Welchen Stellenwert werden Aspekte wie Familie, beruflicher Erfolg, gesellschaftliche Stellung, Freizeitaktivitäten, soziales Engagement, Urlaube, Gesundheit etc. einnehmen?

Schreiben Sie jetzt Ihre eigene »Jubiläumsrede«. Spätestens beim erneuten Lesen werden Sie Ihre Lebensprioritäten identifizieren können. Geben Sie die Rede auch einer Vertrauensperson zum Lesen und bitten Sie um Feedback. So erfahren Sie, wie nah oder weit entfernt Sie von Ihren Zielen sind und was Sie tun können, um Ihren Prioritäten näher zu kommen.

! **Wichtig**

Verlieren Sie Ihre Prioritäten nicht aus den Augen. Setzen Sie Ihre Energie und Ihren Mut entsprechend ein. Und vor allem: Konzentrieren Sie sich auf Ihre wichtigsten Prioritäten!

9.1.7 Übung – Hände verschränken

Legen Sie Ihre Hände zusammen und verschränken Sie die Finger. Liegt der Daumen der rechten oder der linken Hand oben? Nehmen Sie nun Ihre Hände wieder auseinander und verschränken Sie sie anders: Lag beim ersten Mal der rechte Daumen zuoberst, dann legen Sie nun den linken Daumen oben auf. Genauso gehen Sie mit allen anderen Fingern vor. Wie fühlt sich das an? Ungewohnt oder gar unangenehm?

! **Wichtig**

Selbst kleine Neuerungen in unserem Verhalten (wie das veränderte Verschränken der Hände) können wochenlanges »Üben« erfordern, um als normal empfunden zu werden. Bedenken Sie: Eine Verhaltensänderung hin zu mehr Mut ist eine wesentliche Neuerung, die Ausdauer und Training erfordert.

9.1.8 Von Sportlern lernen

Wichtigstes Ziel der Trainingsaktivitäten von Spitzensportlern ist es, Körper und Geist an die im Wettkampf auftretenden Belastungen zu gewöhnen. Das wird erreicht durch unterschiedliche Trainingsintensitäten und -umfänge sowie gezielte An- und Entspannungsphasen. Kurz: Ausgefeilte Trainingspläne sorgen dafür, im entscheidenden Moment topfit zu sein! Genauso können wir unser Verhalten mit dem Ziel, mutiger zu sein, trainieren. Um auch wirklich einen Trainingserfolg zu erzielen und möglichen Schaden (Verletzungen) zu vermeiden, hilft es, sich an ein paar Grundlagen der Trainingslehre zu halten.

Fünf Trainingsgrundsätze für mutiges Verhalten

1. **Realistische Ziele setzen**
   Für einen Hobbyläufer mit 2 × 7 km Lauftraining pro Woche ist es unrealistisch, einen Marathon in 3 Stunden zu absolvieren. Was im Sport gilt, gilt auch für mein Mut-Verhalten. Es ist ein großer Unterschied, ob ich mutig einschneidende Entscheidungen treffe (z. B. Heirat, Orts- und/oder Berufswechsel) oder Mut brauche, um mich im nächsten Teammeeting zu Wort zu melden.
   Formulieren Sie Ihr Ziel möglichst genau! Wenn es ein anspruchsvolles »Mut-Ziel« ist, suchen Sie sich Zwischenziele. Auch für den Hobbyläufer ist es mit einer gezielten Vorbereitung schließlich möglich, den Marathon zu laufen.
   Beispiel: Vor einer größeren Gruppe von Menschen eine freie Rede zu halten, ist für viele Menschen eine Mut-Überforderung. Ein realistisches erstes Mut-Ziel auf dem Weg könnte sein: Halten Sie eine kurze, vorbereitete Rede im vertrauten Rahmen der engen Kollegen.
2. **Ohne Reiz keine Leistungssteigerung**
   Mut »lernen« Sie nur durch Erfahrungen. Verschaffen Sie sich Lernerfolge, indem Sie sich bewusst Situationen aussetzen, die Mut erfordern, die Sie aber nicht überfordern. Planen Sie diese Schritte sorgfältig:
   - Was wäre »einen kleinen Schritt mutiger« als das, was ich jetzt mache?
   - Wann und wie kann ich diesen Schritt gehen?
   - Was gilt muss ich dabei beachten und welche Risiken kann ich eingehen?

   Steigern Sie diese Lernreize langsam und – wichtig – in Ihrem eigenen Tempo!
   Beispiel: Wenn ich als Reiter mit dem Springreiten beginne, werde ich zunächst über kein Hindernis springen, sondern den speziellen Springsitz lernen. Dann wird über niedrige Hindernisse gesprungen. So kann ich relativ ungefährliche »Lernreize« setzen und die Angst vor Stürzen abbauen. Mit zunehmender Erfahrung werden – durch höhere Hindernisse – die Mut-Reize gesteigert.
3. **Das individuelle Leistungsvermögen einschätzen**
   Als Sportler kenne ich meine Stärken und Grenzen. Im Idealfall gelingt es mir, meine Stärken einzusetzen und gleichzeitig meine Grenzen zu wahren. So wird der konditionsschwache, aber technisch ausgereifte Boxer auf einen schnellen K.-o.-Sieg hinarbeiten.

Kein Mensch hat nur Schwächen oder ist immer ängstlich! Wann sind Sie mutig? Welche Situationen meistern Sie ohne Angst? Wo sind die Grenzen Ihrer Leistungsfähigkeit? Wann wird aus Mut Leichtsinn, weil Sie den Anforderungen nicht gewachsen sind?
Beispiel: Bevor Sie sich beruflich für eine neue Herausforderung entscheiden, sollten Sie wissen, ob Sie den Anforderungen gewachsen sind. Besitzen Sie die für die neue Aufgabe erforderlichen fachlichen Kenntnisse? Sind Sie den körperlichen Belastungen gewachsen? Wie gehen Sie mit Unsicherheit und Stress um, die eventuell mit einer Führungsposition verbunden sind? Die Sicherheit »Mein Leistungsvermögen passt zu den erwarteten Anforderungen!« erleichtert mutige Entscheidungen erheblich.

4. **Die Belastung langsam steigern**
   In der Vorbereitung auf einen Marathonlauf wird der Hobbyläufer seine Trainingsleistung nicht unmittelbar verdoppeln. Das würde nicht zur Leistungssteigerung führen, sondern zu Überlastung und Frust. Genau wie im Sport lässt sich im persönlichen Verhalten eine »Leistungssteigerung« nur durch langsames Intensivieren der Belastung erreichen. Gehen Sie behutsam und schrittweise vor und steigern Sie die »mutfordernden« Situationen langsam.
   Beispiel: Bei der nächsten Projektvergabe strebe ich die Projektleitung an und möchte diese, gegen den Widerstand meiner Kollegen, für mich einfordern. Ein Zwischenziel auf diesem Weg könnte sein: Im anstehenden Projektmeeting übernehme ich die Moderation und bremse die Dauerredner konsequent ein. So mache ich meinen Wunsch nach mehr Verantwortung sichtbar und erlebe, wie mutiges Verhalten in der Leitungsrolle funktioniert.
5. **Belastungs- und Erholungsphasen planen**
   Im Sport ist nach einer intensiven Trainings- oder Wettkampfbelastung eine gewisse Zeit der Wiederherstellung nötig. In dieser Ruhephase regeneriert sich der Körper und stellt, im Idealfall, eine über dem Ausgangsniveau liegende Leistungsfähigkeit her. Belastung und Entlastung werden als Einheit betrachtet. Wenn es darum geht, mutiges Verhalten zu »trainieren« sollten Sie diesen Grundsatz beachten.
   Vorhaben wie: »Ab Morgen bin ich mutiger!« sind in der Regel zum Scheitern verurteilt. Gönnen Sie sich nach und vor Belastungsreizen (Mut fordernden Situationen) ganz bewusst Phasen, in denen Sie sich nicht unter Druck setzen. So können Sie Erfahrungen verarbeiten und Mut fördernde Eigenschaften wie Selbstvertrauen und Entscheidungsstärke entwickeln.
   Beispiel: Seit Wochen fehlt Ihnen der Mut, die neue Kollegin aus der Nachbarabteilung zu einem Mittagessen einzuladen. Immer wieder nehmen Sie sich vor, sie einfach anzusprechen, entschuldigen sich selbst aber mit allerlei Ausreden. Tipp: Suchen Sie einen Zeitpunkt, in dem Sie entspannt sind und den Kopf frei haben – zum Beispiel nach einem Urlaub. Und sorgen Sie dafür, dass nach der stressigen Situation nicht unmittelbar der nächste

Stress folgt. So können Sie das Erlebte, wie auch immer es ausgegangen ist, in Ruhe verarbeiten.

9.2 Meine Lebensfreude und -lust erhöhen

Was war zuerst da: die Henne oder das Ei? Bei Mut und Lebensfreude verhält es sich ähnlich. Brauche ich mehr Mut, um meine Lebensfreude zu erhöhen? Oder führt eine positive Grundhaltung automatisch zu einem höheren Mut-Level?

Das Mut-Lebensfreude-Problem wird sich ebenso wenig lösen lassen wie das Henne-Ei-Problem. Begnügen wir uns mit der Tatsache, Lebensfreude und mutiges Handeln sind verbunden. Verstehen Sie uns nicht falsch: Wir sind nicht der Ansicht, nur mutiges Handeln führe zu einem erfüllten Leben! Ängstliche Menschen können auf ihre Art sehr wohl das Leben genießen. Fest steht aber: Mutiges und selbstbestimmtes Handeln leistet einen wertvollen Beitrag für ein erfülltes Leben bieten.

Wichtig !

Setzen Sie sich nicht zu sehr unter Druck, wenn Sie mutiger werden wollen. Beachten Sie mögliche »Nebenwirkungen« wie höhere Risiken, Stress und Unsicherheit. Sonst gewinnen Sie nicht an Lebensqualität hinzu, sondern reduzieren sie.

9.2.1 Übung

Bitte beantworten Sie die folgenden Fragen.

Wozu strebe ich mehr Mut an?
Was in meinem Leben soll sich verändern, wenn ich mutiger bin?
Gibt es einen Menschen, den ich als »Mut-Vorbild« sehe? Welche Eigenschaften und Haltungen zeichnen diesen Menschen aus?
Welche Risiken gehe ich ein, wenn ich künftig mutiger bin?
Welche fünf Werte/Haltungen (z. B. Autonomie, Gerechtigkeit, Abenteuer, Vertrauen) sind für mich die wesentlichen Bestandteile eines erfüllten Lebens? In welcher Reihenfolge?
Welche dieser Aspekte stehen eventuell einem mutigeren Handeln im Weg?
Wie gelingt es mir, mehr Mut und diese Werte zu verbinden?

Ganz richtig: Diese Fragen sind nicht leicht zu beantworten. Wichtiger als schnelle Antworten zu finden ist es, sich mit diesen Themen auseinanderzusetzen. So gelingt es Ihnen, dass mehr Mut zu einer höheren Lebensfreude führt.

9.2.2 Lust am Risiko

»In einer Welt, die nach gängiger Meinung von der Sucht nach Geld, Macht, Ansehen und Vergnügen beherrscht ist, überrascht es, Leute zu finden ... welche ihr Leben beim Klettern am Fels riskieren.« Mit diesen Worten beschreibt Mihály Csíkszentmihályi, ein emeritierter Psychologieprofessor, sein Forschungsgebiet. Warum verbinden Menschen bestimmte Aktivitäten trotz Risiko und Anstrengung mit intensiver Lust? Um das herauszufinden, hat Csíkszentmihályi verschiedene Gruppen befragt, die als mutig oder risikobereit gelten: Bergsteiger, Chirurgen und Piloten. Alle beschrieben ihre Aktivitäten als spannend und intensiv. Sie suchten diesen Zustand, um des Zustandes selbst willen und nicht wegen äußerer Belohnungen wie Anerkennung, Geld oder Macht. Der Wissenschaftler bezeichnet diesen besonderen Zustand bei völligem Aufgehen in einer Tätigkeit als Flow. Um mit einer Aktivität ein Flow-Erleben zu verbinden, müssen drei Voraussetzungen erfüllt sein:

- Die Aktivität bietet eine unmittelbare Rückmeldung und hat ihre Zielsetzung in sich selbst – sie wird vor allem als Selbstzweck betrieben.
- Der Mensch bündelt seine ganze Konzentration voll auf die Aktivität.
- Die Anforderungen führen weder zu Überforderung noch zu Langeweile – die Anforderungen der Aktivität und die Fähigkeit stehen in einem ausgewogenen Verhältnis.

Flow ist ein Gefühl des Aufgehens in einer anspruchsvollen, eventuell riskanten, aber glatt laufenden Tätigkeit. Menschen im Flow empfinden Freude, während sie sich gleichzeitig auf ihrem höchsten Leistungs- und Konzentrationsniveau befinden. »Man ist dermaßen in der Tätigkeit drinnen, dass einem kein von der unmittelbaren Tätigkeit unabhängiges ›Ich‹ in den Sinn kommt ... Man sieht sich selbst nicht getrennt von dem, was man tut«, zitiert Csíkszentmihályi in seinem Buch »Flow – Das Geheimnis des Glücks« einen Risikosportler.

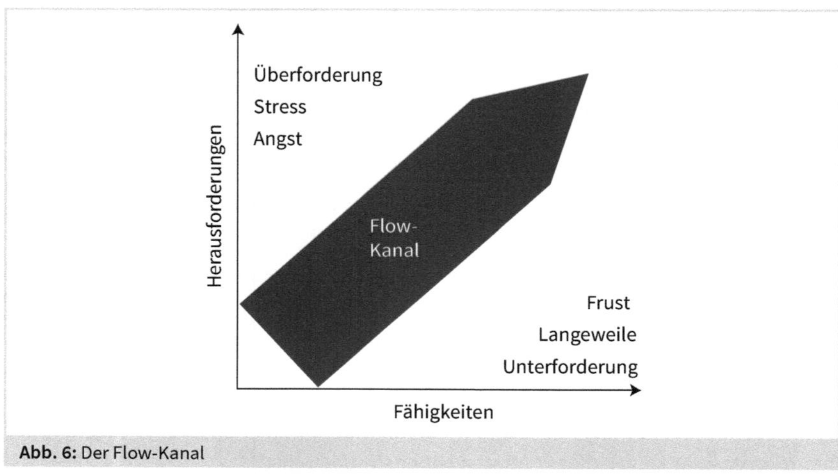

Abb. 6: Der Flow-Kanal

Wichtig !

Um Flow zu erleben, müssen Sie ein gewisses Maß an Können mitbringen. Nur wenn Sie in Ihrer »Risikoaktivität« – egal ob in Sport, Beruf oder Freizeit – eine gewisse Kompetenz mitbringen, gelingt es, den erwünschten Zustand zwischen Über- und Unterforderung herzustellen.

Flow kommt nur zustande, wenn das Können der Anforderung entspricht. Außerhalb des Flow-Kanals führt Überforderung zu Stress und Unterforderung führt zu Langeweile. Mutiges Handeln findet im Bereich dazwischen statt. Wenn die eigenen Fähigkeiten gerade noch reichen, um den Anforderungen zu genügen, werden die Grenzen verschoben.

9.2.3 Neugierde treibt an

Hinter dem beschriebenen »Flow-Erleben« steht unser urzeitliches Bedürfnis nach Sicherheit. Wenn Unbekanntes nicht mehr unbekannt, fremde Menschen nicht mehr fremd und Probleme gelöst sind, gibt es keinen Grund mehr, Angst davor zu haben. Der Reiz besteht darin, Neues zu entdecken, das Unbekannte bekannt zu machen und Probleme zu lösen. Das gelingt uns Menschen durch neugieriges Herangehen und Ausprobieren. Das Unbekannte ist oft mit Risiko und Unsicherheit behaftet. Deshalb haben wir Angst davor. Mutiges Herangehen lohnt sich doppelt:

- Je größer das überwundene Hindernis oder das gelöste Problem ist, desto größer ist die gewonnene Sicherheit.
- Für die Unsicherheit und Anstrengung, die wir aufwenden, um eine Gefahr zu überwinden oder ein Problem zu lösen, werden wir mit einem intensiven Lustgefühl belohnt.

Um dieses Gefühl zu erleben, ist es nicht notwendig, dass wir in unseren Bemühungen erfolgreich waren und das Problem gelöst oder das Hindernis überwunden haben. Das Gefühl, sich überwunden, die Herausforderung angenommen zu haben, reicht aus, um mit sich zufrieden zu sein.

9.2.4 Teufelskreis der Angst

Ängstliche Menschen befinden sich unterhalb des »Flow-Kanals«. Aus Angst vor Überforderung, Misserfolg oder Schaden bleiben Sie unter ihren Möglichkeiten. Die Folge: Sie sind von sich enttäuscht. Das Gefühl der Aufgabe nicht gewachsen zu sein, erhöht den Stress und bestätigt schließlich die Angst vor Überforderung – ein Teufelskreis.

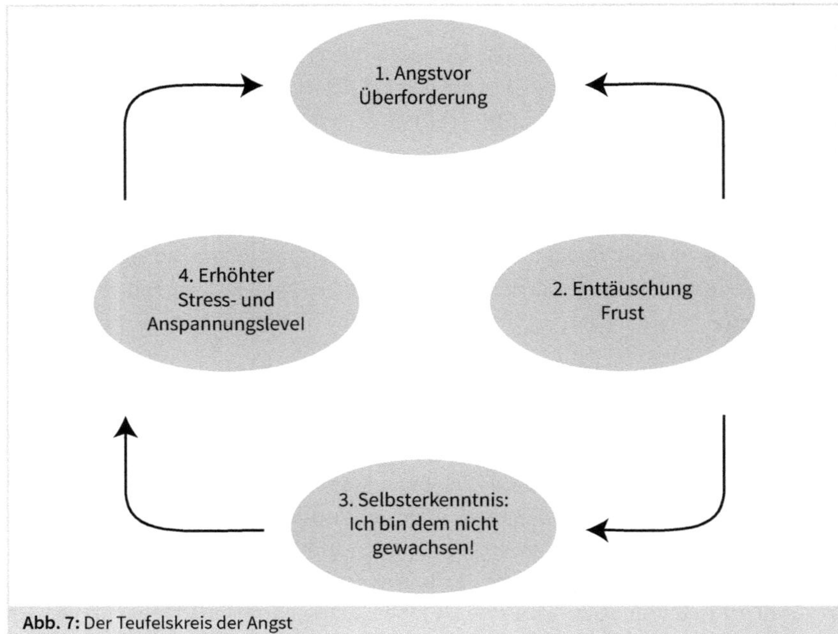

Abb. 7: Der Teufelskreis der Angst

Wie können Sie den Teufelskreis verhindern oder zumindest stoppen?
Das Wissen um einen Teufelskreis hat immense Vorteile: Wenn Sie sich in einem System auskennen (ein Teufelskreis ist ein System, wenn auch ein negatives), dann finden Sie einen Weg, wie Sie den Mechanismus unterbrechen können. Die folgende Anleitung unterstützt Sie dabei:

	Schritt für Schritt aus dem Teufelskreis der Angst
1.	**Die Problematik »Überforderung« erkennen und sinnvoll aufarbeiten** Ist die Angst berechtigt? Haben Sie öfter Überforderungserlebnisse? Analysieren Sie, ob Sie zu viel von sich erwarten und wie Sie Ihre Erwartungen auf ein realistisches Maß reduzieren können. Ist die Angst nicht berechtigt, weil Sie sich in Wahrheit noch nie überfordert haben? Woher kommt die Angst dann? Eventuell steht dahinter eine überzogen selbstkritische Haltung. Trifft dies zu, dann sollten Sie sich mehr mit Ihren Stärken auseinandersetzen: Was können Sie gut? Wann und wie setzen Sie Ihre Talente ein?
2.	**Die möglichen Folgen analysieren** Angenommen, Sie haben sich wirklich überfordert: Was wären die Konsequenzen – im schlechtesten und im besten Fall? Angenommen, Sie haben sich getäuscht und die Herausforderung wider Erwarten geschafft: Was wären die Konsequenzen – welchen persönlichen Gewinn würden Sie erzielen?

Schritt für Schritt aus dem Teufelskreis der Angst	
3.	**Sich an persönliche Erfolge erinnern** Welche Erfolge erzielten Sie in Ihrem Leben? Welche Talente nutzten Sie? Konzentrieren Sie sich auf Ihre Fähigkeiten und Stärken, nicht auf Ihre Schwächen!
4.	**Die eigene Entwicklung planen** Welche Kompetenzen benötigen Sie, damit Sie das Gefühl haben, der Herausforderung gewachsen zu sein? Wie und bis wann können Sie sich diese Kompetenzen aneignen? Planen Sie den ersten Schritt zum Ausbau dieser Kompetenz.
5.	**Ein positives Umfeld schaffen** Lassen Sie sich aktiv von Ihrem Umfeld unterstützen, holen Sie sich Feedback. Nutzen Sie die Zeiten, in denen Sie sich sicher und kompetent fühlen, um zu handeln.
6.	**Verantwortung für sich übernehmen und aktiv werden** Niemand außer Ihnen ist für Ihren Erfolg oder Misserfolg verantwortlich. Sie müssen selbst aktiv werden, sonst verändert sich nichts. Nutzen Sie Misserfolge und Scheitern als wertvolle Erfahrung. Der Entwicklungsfortschritt nach Misserfolgen ist deutlich größer als nach Erfolgen. Sie waren »zu mutig« und sind gescheitert? Dann schütteln Sie sich einmal kräftig. Belohnen Sie sich für Ihren Mut und blicken Sie nach vorne!

»Misserfolg ist lediglich eine Gelegenheit, mit neuen Ansichten noch einmal anzufangen.«
Henry Ford, Gründer der Ford Automobilwerke

9.3 Meinen beruflichen Erfolg aktiv aufbauen

Unsere Arbeitswelt verändert sich laufend: Neue Berufe entstehen, alte verschwinden, neue Kompetenzen werden verlangt, andere nicht mehr gefordert. Statt Mitarbeiter einzustellen werden sogenannte Freelancer beauftragt, welche die gleichen Aufgaben als selbstständige Unternehmer ausführen. Der berufliche Werdegang eines heute 20-Jährigen ist mit dem eines 50-Jährigen nicht mehr zu vergleichen. Kennzeichen moderner Berufsbiografien sind häufige Neustarts, wenig Bindung und Planbarkeit. Wer unter diesen Rahmenbedingungen seinen Karriereweg finden will, muss neben einer hohen Anpassungsfähigkeit vor allem eines mitbringen: Mut, den eigenen Weg zu gehen und Neuland zu betreten.

!

Beispiel

Fast 50 Jahre lang arbeitete Hubert Gebhardt als Bankkaufmann in derselben Bank. Er stieg in dieser Zeit vom Lehrling zum Abteilungsleiter Zahlungsverkehr auf. In seinem Arbeitsleben erlebte er einige Veränderungen: Computer übernahmen Arbeitsprozesse, Abteilungen wurden abgespalten und wieder zusammenführt und die Bank wurde von einer anderen Bank übernommen. Als er mit 66 Jahren in den Ruhestand geht, zieht er ein positives Fazit: »Ich bin gut abgesichert. Die jungen Leute heute tun mir leid. Keine festen Arbeitsverträge, ständige Job- und Ortswechsel. Wie man da eine Familie gründen und ernähren will, ist mir unbegreiflich.«

Genügte früher eine lange Firmenzugehörigkeit, um die Karriereleiter nach oben zu klettern, müssen Sie heute flexibel, eigenverantwortlich und mobil sein. Die Freiheit an diesem Wandel mitzuwirken, ist so belastend wie befriedigend. Selbst zu definieren, was ich wann, wie ich arbeite, kann den Lebensgewinn enorm steigern – oder einschränken. Plagen mich Existenzängste und Unsicherheit, wird aus der Lust eine Last. Was können Sie in diesem Umfeld tun, um ihren beruflichen Erfolg zu gestalten?

!

Wichtig

Die Veränderungen in unserer Arbeitswelt sind nicht nur unangenehm, sie bergen auch Chancen. Unternehmen geben zunehmend die Verantwortung für Entwicklung und Karriere an den Einzelnen ab. Wenn Sie die Rolle als Chef über Ihre eigene Arbeitskraft akzeptieren, eröffnet das neue Möglichkeiten. Nehmen Sie die eigene Karriere mutig selbst in die Hand.

Welche Eigenschaften brauchen Sie in der modernen Arbeitswelt, um erfolgreich zu sein? Neben den berufsspezifischen Fachkenntnissen werden folgende Faktoren immer wichtiger:

- Eigenmotivation und -initiative: Die Fähigkeit und der Wille, den eigenen beruflichen Weg aus einem inneren Antrieb heraus voranzutreiben.
- Frustrationstoleranz: Kompetent mit Scheitern umgehen und Misserfolge als Erfahrung für die Zukunft begreifen.
- Entscheidungsstärke: Sich mutig entscheiden können, auch wenn Risiken bleiben und nicht alle Konsequenzen absehbar sind.
- Selbstkenntnis: Klarheit über die eigenen Stärken und Schwächen und ein selbstbewusster Umgang damit.
- Optimismus: Innere Sicherheit, dass die Zukunft gut wird und entsprechendes Handeln.

9.3.1 Motivieren Sie sich selbst

Äußere Motivationsanreize wie Geld, Status und Urlaub wirken nur begrenzt. Nachhaltiger ist Ihr innerer Antrieb, Ihre Eigenmotivation. Für den beruflichen Erfolg sind sie in doppelter Hinsicht wichtig:

1. Eigenmotivation setzt immer erstrebenswerte Ziele: »Wenn ich das tue, dann bekomme ich jenes …« Mit einem klaren Ziel vor Augen gelingt es Ihnen auch, mutiger zu werden: »Wenn ich mehr Mut entwickle, dann gelingt mir … und dadurch gewinne ich …«
2. Eine hohe Eigenmotivation wird beruflich stets positiv gewertet: »Der macht das aus innerem Antrieb heraus, und nicht, weil wir es von ihm erwarten.«

9.3.1.1 Gefühle zur Selbstmotivation nutzen

Unsere Selbstmotivation wird durch zwei Emotionen bestimmt:

Gute Gefühle herstellen	Schlechte Gefühle vermeiden
Selbsterhaltung, Spaß, Lust und Wohlergehen erleben.	Schmerz, Pein, Bedrohung und Unangenehmes fernhalten.

Ihre Eigenmotivation basiert auf einer Kombination der beiden Gefühle. Erforschen Sie Ihre eigene »Gefühlslage« und setzen Sie positive Anreize und negative Konsequenzen in ein passendes Verhältnis.

Beispiel !

Wenn Sie sich motivieren wollen, die Bewerbung für einen neuen Job anzugehen:
Positive Motivationsanreize: Ich erhalte die Chance für beruflichen Aufstieg, interessantere Tätigkeiten, ein neues spannendes Umfeld. Im Bewerbungsprozess werde ich durch das Feedback Neues über mich erfahren.
Negative Konsequenzen: Wenn ich nichts mache, werde ich immer unzufriedener. Die berufliche Belastung wird sich kritisch auf mein Privatleben auswirken.

Achten Sie darauf, Ihre Emotionen nicht als Entschuldigung für »Nichtstun« und für »Es bleibt besser, wie es ist« zu nutzen, wie im folgenden schlechten Beispiel.

Beispiel !

Wenn Sie sich motivieren wollen, endlich die Missstände in ihrer Abteilung beim Chef anzusprechen:
Positive Motivationsanreize: Ich könnte abwarten, bis ein anderer die Initiative ergreift. Wenn die Missstände bleiben, muss ich mir nicht so viel Mühe geben und kann es locker angehen lassen.
Negative Konsequenzen: Der Chef wird es nicht hören wollen. Das Gespräch wird unangenehm und anstrengend für mich werden …

9.3.1.2 Aufgabe: emotionale Anreize

Nutzen Sie eigene emotionale Anreize, um mutiger zu werden. Überlegen Sie sich eine berufliche Situation, in welcher Sie sich mehr Mut wünschen. Formulieren Sie drei positive Anreize und drei negative Konsequenzen, die für mutiges Handeln sprechen.

9.3.2 Vom Opfer zum Lenker

! **Beispiel**

Kurt Schlack bereitet die Präsentation akribisch vor. Das ganze Wochenende verbringt er im Büro, um alle Daten und Fakten, die den Kunden interessieren könnten, einzubauen. Seine Enttäuschung, als der Kunde ihm lapidar Bescheid gibt: »Wir haben uns für einen anderen Anbieter entschieden«, war riesig. Schnell hatte er die Ursachen für sich geklärt und seinem Chef mitgeteilt: »Die Vorbereitungszeit war zu knapp, die Kundenanforderungen nicht erfüllbar und die Kollegen haben mich nicht unterstützt.«

Wie hätte Herr Schlack wohl im Erfolgsfall argumentiert? Sicher hätte er die volle Verantwortung übernommen und den Abschluss auf seine Präsentation zurückgeführt. Kurt Schlack gestaltet sich in diesem Fall eine »Opfergeschichte«. Bei Misserfolgen geben wir die Verantwortung gerne ab. In der Opferrolle funktioniert das besonders gut: Die Umstände, die anderen oder gar das Schicksal sind für das Misslingen verantwortlich. Das mindert kurzzeitig unseren Druck und erleichtert uns. Das Fatale daran: Die Ursachen bleiben und der nächste Misserfolg wird kommen!

! **Wichtig**

Geben wir die Verantwortung für Misserfolge ab, so hilft uns das nur kurzfristig – wir entlasten unser Gewissen. Die langfristig schlechte Seite daran: Wir geben Selbstverantwortung ab, Ursachen für Misserfolge bleiben bestehen und wir sind abhängig von anderen.

Opfergeschichten für wenig Mut könnten sein:

- Wenn die Aussichten am Arbeitsmarkt besser wären, dann …
- Wenn mein Chef toleranter und einsichtiger wäre …
- Ich hatte nie die Chance …
- Mir blieb gar nichts anderes übrig, als …
- Eigentlich wollte ich, aber dann …
- Wenn die Kollegen nicht so stur wären …

Hinter all diesen Opfergeschichten steht dieselbe Aussage: »Ich kann nichts dafür!«

Übung: Gründe fürs Nicht-mutig-Sein

Welche Gründe haben Sie fürs Nicht-mutig-Sein? Analysieren Sie Ihre Opfersituationen. Welche Geschichten dienen nur der eigenen Entlastung und wann sind Sie wirklich Opferrolle der Umstände?

Situationen, in denen ich nicht mutig bin, aber auch nicht verantwortlich:	Gründe, warum ich Opfer der Umstände bin:

Reflektieren Sie die Situationen erneut. Mit etwas Abstand gelingt es Ihnen, den eigenen Handlungsspielraum zu erweitern. Schlüpfen Sie in die Rolle des Lenkers! Was können Sie selbst tun, um die Situation zu meistern?

9.3.3 Entscheiden Sie sich mutig

Beispiel

!

Nach seinem Wirtschaftsstudium hat Fabian Hütta zwei Jobangebote vorliegen. Das eine verspricht bei guter Bezahlung und exzellenten Aufstiegsmöglichkeiten große berufliche Herausforderungen. Alternativ könnte er in einer staatlichen Behörde anfangen. Dort erwarten ihn geregelte Arbeitszeiten und die Möglichkeit, später verbeamtet zu werden. Fabian Hütta fehlt der Mut, sich für das eine oder das andere Angebot zu entscheiden. Am liebsten wäre ihm ein Angebot, das sämtliche Vorteile vereint und die Nachteile ausklammert.

Jede Entscheidung bringt Vor- und Nachteile mit sich. Im Idealfall wägen wir die Vor- und Nachteile ab und entscheiden uns für die insgesamt vorteilhaftere Bilanz. Das ist nicht immer möglich, zum Beispiel wenn ich nicht alle Vor- und Nachteile kenne. Dann verursachen Entscheidungssituationen Stress. Um mutig zu entscheiden, wie es im Berufsleben gefordert ist, hilft es, sich die Rahmenbedingungen für menschliches Entscheiden näher anzuschauen.

9.3.3.1 Fünf Rahmenbedingungen des Entscheidens

- Das menschliche Gehirn ist nicht auf »Multitasking« ausgelegt. Es strebt nach einfachen, klaren Entscheidungen.
  Überfordern Sie sich und Ihr Gehirn nicht. Es gelingt uns nicht, alle Fakten, Daten und Konsequenzen für eine perfekte Entscheidung zu erfassen und zu verarbeiten.

• Jeder Mensch ist abhängig von der Bewertung durch andere. Er will gefallen, bewundert werden und dazugehören. Das beeinflusst Entscheidungen stärker als Sie denken. Wie abhängig sind Sie vom Urteil anderer? Machen Sie sich Ihre Beweggründe klar. Rein objektive Entscheidungen gibt es nicht. Analysieren Sie die subjektiven Einflüsse.
• Schnelle Entscheider werden oft als kompetent wahrgenommen. Kreativität und eine genaue Analyse kommen unter Zeitdruck zu kurz. Setzen Sie sich bei Entscheidungen nicht unter Zeitdruck! Nehmen Sie sich die Zeit, die Sie brauchen, um zu einem Urteil zu kommen und entscheiden dann – konsequent.
• Kurzfristige Ziele behindern gute Entscheidungen. Berücksichtigen Sie bei Entscheidungen immer die langfristigen Folgen. Wie wirkt sich die Entscheidung auf Ihre langfristige Strategie aus? Möglicherweise hilft die Entscheidung kurzfristig aus einer Krise, verschärft das Problem aber langfristig.
• Wir über- oder unterschätzen unsere analytischen Fähigkeiten. Jeder hat Schwächen (z. B. Trägheit, Ehrgeiz, Angst …), die seine Entscheidungsfähigkeit beeinflussen. Akzeptieren Sie Ihre Schwächen. Nur so gelingt es, sie in Entscheidungssituationen zu kontrollieren. Wenn Sie zum Beispiel Angst vor den Konsequenzen Ihrer Entscheidungen haben: Setzen Sie sich mit dieser Angst auseinander. Wovor genau habe ich Angst? Was könnte die Angst reduzieren?

»Wir sind nicht nur verantwortlich für das, was wir tun, sondern auch für das, was wir nicht tun.«
Molière, französischer Dramatiker

9.3.3.2 Die fünf Stufen jeder Entscheidung

Wollen Sie mutig entscheiden? Unser Gehirn entscheidet in fünf Operationen. Verlangsamen Sie diese Schritte, indem Sie alle Aspekte schriftlich festhalten.

Entscheidungsschritt	Beispiel
Wie lautet die Fragestellung?	Welches Jobangebot soll ich annehmen?
Zielklärung: Was soll nach der Entscheidung anders/besser sein?	Bezahlung, Aufgaben, Perspektiven, Zufriedenheit
Vergleich der Optionen	Option 1: Umzug, …
	Option 2: Sicherheit, …
	Option 3: Abenteuer, …
Auswahl einer Option	Option 2 bietet mir persönlich die meisten Vor- und gleichzeitig die geringsten Nachteile.
Verantwortung für Vor- und Nachteile übernehmen und handeln!	Meine ersten konkreten Schritte sind …

9.3.4 Üben Sie mit Ihren Ängsten umzugehen

!

Beispiel

Julius Pucher ist Teamleiter einer kleinen Vertriebsmannschaft. Er ist ein Top-Verkäufer und versteht es, seine Mitarbeiter zu motivieren. Unzufrieden macht die Mitarbeiter, seinen Chef und auch Herrn Pucher selbst seine Entscheidungsschwäche. Egal, ob es um Kundenwünsche, Urlaubsanträge oder strukturelle Entscheidungen geht – ihm fehlt der Mut, sich konkret festzulegen. Sein Coach beauftragt ihn, im Alltag spontane Entscheidungen zu trainieren, indem er in die andere Richtung übertreibt. Beispiele: Bestellung im Restaurant ohne Blick ins Menü, spontaner Kinobesuch, ohne den Film auszuwählen, Einkaufen mit Zeitlimit etc.

Das Ziel des Entscheidungstrainings ist, dass sich Herr Pucher in Entscheidungssituationen weder unüberlegt schnell festlegt, noch wichtige Entscheidungen auf die lange Bank schiebt.

Übung: Mutiges Verhalten

Trainieren Sie mutiges Verhalten in drei Schritten:

1. Schritt: Definieren Sie: In welchem Bereich will ich mutiger werden?

Beispiel: Sie wollen

- sich weniger gefallen lassen,
- deutlicher Ihre Meinung sagen oder
- Grenzen setzen.

2. Schritt: Suchen Sie Situationen, in denen Sie ohne schwerwiegende Folgen übertreiben können – legen Sie phantasievoll los. Es geht nicht darum, andere zu demütigen, sondern spielerisch Angst zu überwinden und positive Erfahrungen zu sammeln.

Beispiele:

- Keifen Sie den Vordrängler in der Menschenschlange hemmungslos an.
- Beschimpfen Sie den Radfahrer, der auf der falschen Seite fährt.
- Spielen Sie Polizist und weisen andere Verkehrsteilnehmer laut auf ihr Fehlverhalten hin oder
- weisen Sie Raucher auf die Folgen ihrer Sucht hin.

3. Schritt: Übertragen Sie Ihre Erfahrungen Schritt für Schritt in den Alltag. Sie werden sehen: Mit diesen Erlebnissen im Hintergrund fällt es Ihnen leichter, mutig zu sein.

Auf einen Blick: Meine Mutvision
• Der Wechsel zwischen An- und Entspannung trägt zu einem erfüllten Leben bei. Suchen Sie Herausforderungen, gehen Sie immer wieder an Ihre Grenzen.
• Planen Sie konkrete Ziele für Ihr Leben. Achten Sie darauf, dass sie realistisch sind. Steigern Sie immer wieder die Anforderungen und planen Sie Ruhephasen ein.
• Menschen empfinden Lust am Risiko. Das völlige, konzentrierte Aufgehen in einer Tätigkeit, verbunden mit einem Glücksgefühl, nennt man Flow. Der sog. Flow-Kanal liegt zwischen Überforderung und Langeweile.
• Aus Angst vor Überforderung bleiben wir oft unterhalb unserer Möglichkeiten und geraten in einen Teufelskreis. Übungen helfen Ihnen, ihn zu durchbrechen.
• Ihren beruflichen Erfolg können Sie aktiv gestalten: Üben Sie, die Opferrolle zu verlassen und lernen Sie selbstbestimmt zu entscheiden.

10 Handlungsspielwiese – Grenzen verschieben

Sie haben in den letzten Kapiteln viel über mutiges Handeln erfahren. Sie haben Ihr Mutverhalten getestet und praktische Hinweise erhalten, wie Sie Ängste überwinden und selbstbestimmt mutige Entscheidungen treffen können.

In diesem Kapitel erfahren Sie,

- dass Verstand *und* Intuition vonnöten sind, um zu selbstbestimmten Entscheidungen zu gelangen, und wie Sie beide verbinden können,
- wie Ihr Denken Ihre Weltsicht beeinflusst und wie Sie es für mehr Eigenverantwortung einsetzen können,
- wie Sie zuerst richtig planen und dann innere Widerstände bei der Umsetzung überwinden.

10.1 Fühlen – was sagt mein Bauch?

»Richtig sieht man nur mit dem Herzen;
das Wesentliche ist für das Auge unsichtbar.«
Antoine de Saint-Exupery

Gefühle gehören zu den überlebensnotwendigen Werkzeugen des Menschen. Sie schaffen die Basis dafür, Situationen einzuschätzen und angemessen zu handeln – wenn wir lernen mit ihnen umzugehen. Sie können auch ein Eigenleben entwickeln und unsere Handlungsspielräume beschränken. Unmut ist eine Emotion, die nicht ohne eine Partneremotion auskommt – die Angst. Die Folge sind Handlungsunfähigkeit und Lähmung. Um die Kontrolle wieder zu erlangen, hilft es, zunächst die eigene Emotionslage zu erkunden.

10.1.1 Emotionen – woher und wozu?

Woher kommen Emotionen? Die Evolutionsbiologie liefert auf diese Frage interessante Antworten. Alles, was der Mensch sich im Laufe seiner Entwicklung aneignete, diente einem übergeordneten Ziel, dem Überleben. So auch die Emotionen, die uns von den meisten anderen Lebewesen unterscheiden.

Entscheidungshilfe in bedrohlichen Situationen

In kritischen Situationen ermöglichen unsere Gefühle schnellere Reaktionen. Wenn wir überfallen und bedroht werden, fällen wir unsere Handlungsentscheidung instinktiv: davonlaufen, erstarren oder verteidigen. Ein rationales Abwägen und Bewerten dieser Optionen würde zu lange dauern.

Kommunikationsinstrument

Aus der Kommunikationspsychologie wissen wir: Das gesprochene Wort macht nur einen geringen Teil der Information aus. Viel wichtiger sind Stimme, Körperhaltung und Gesichtsausdruck. Beispiel: Jemandem mit hochrotem Kopf und angespannten Fäusten werden wir vorsichtiger gegenübertreten als einem lächelnd, entspannt wirkenden Menschen. Vor Entwicklung der Sprache waren diese emotional gesteuerten körperlichen Signale unsere einzige Möglichkeit zur Verständigung.

10.1.2 Individuelle Erfahrungen

Im Laufe des Lebens bauen wir einen »emotionalen Erfahrungsschatz« auf. Alle Erlebnisse werden in einer emotionalen »Datenbank« gespeichert und bewertet. Sind wir später in einer vergleichbaren Situation, zeigt uns die Emotion in einer Geschwindigkeit, die rational nicht erreichbar ist, was zu tun ist. Zu den Zeiten, in denen eine einfache Bewertung der Gefahren ausreichte (Freund oder Feind, gefährliches oder harmloses Tier) war dieser Impuls überlebenswichtig. Bedrohungen mit lebensgefährlichen Szenarien sind heute (zum Glück) die Ausnahmen. Der »emotionale Reflex« kann da im Weg stehen.

! **Beispiel**

Miriam Allmauer wird von den Freunden im Tanzverein beauftragt, den jährlichen Tanzwettbewerb zu moderieren. Sie freut sich über das Vertrauen ihrer Freunde und ist stolz, da es ihr offensichtlich gelingt, die Menschen zu unterhalten. Ein Jahr später fällt Miriam Allmauer krankheitsbedingt aus. Sabrina Nett wird einstimmig als Ersatzmoderatorin bestimmt. Bei ihr löst der Auftrag Stress aus: »Bin ich dem gewachsen? Ich bekomme schon Schweißausbrüche, wenn ich nur daran denke. Ich werde den Tanzwettbewerb sicher ruinieren.«

Gefühle kommen ungefragt und sind nicht zu verhindern. Sie folgen äußeren und inneren Reizen. Sie zu verdrängen und klein zu reden (»Das bilde ich mir nur ein. Es gibt überhaupt keinen Grund, Angst zu haben. Reiß Dich zusammen ...«) verschlimmert die Situation nur. Empfinden wir die Emotion als Hindernis, so sollten wir sie analysieren und hinterfragen:

- Woher kommt die Angst überhaupt?
- Welche Erfahrungen prägten mein Angstgefühl?

- Haben sich die Voraussetzungen jetzt geändert?
- Wie kann ich es schaffen, neue und positiv besetzte Erfahrungen zu sammeln?

10.1.3 Der siebte Sinn

All seine Sinne beieinanderzuhaben, das heißt auch, seinen siebten Sinn zu nutzen. Ob wir diesen Sinn Bauchgefühl, Intuition oder innere Stimme nennen, ist egal. Wichtig ist nur, ihn als wichtigen Bestandteil ganzheitlicher Entscheidungen zu erkennen – dann hilft er, Gefahren zu vermeiden und handlungsfähiger zu werden.

Beispiel !

Roman Schweitzer lief die Runde bestimmt zum hundertsten Mal. Es war schließlich seine Haus-Trainingsstrecke. Meistens machte er sich nach Feierabend auf die 8 km lange Strecke durch den Wald, auch an diesem Abend. Noch bevor er die Halbzeitmarke erreichte, überkam ihn ein ungutes Gefühl. Irgendetwas war an diesem Abend anders. Ohne genau sagen zu können, woher es kam, dachte er: »Heute nicht!« Obwohl es keine Gründe gab, die Runde abzubrechen – das Wetter war schön und er fühlte sich fit –, folgte er seinem Bauchgefühl. Er brach die Runde ab und lief zurück. Am nächsten Tag lief er seine Trainingsrunde erneut, musste jedoch ein weiteres Mal abbrechen: Kurz hinter dem Umkehrpunkt vom Vortag blockierten mehrere umgestürzte Bäume den Weg.

Hatten Sie schon einmal ein »schlechtes Gefühl«, das einer rationalen Prüfung nicht standhielt – und sich dennoch als richtig erwies? Es gibt unzählige Theorien über Intuition, Emotionen und »Eingebungen«. Praktischen Nutzen erlangt unsere Intuition, wenn wir sie nicht verklären und zum alleinigen Entscheidungskriterium machen. Eingebunden in ein Entscheidungskonzept und mit Wissen ergänzt, kann sie ein wertvoller Bestandteil sein, um mutig und sicher zu entscheiden und Risiken zu reduzieren. In der realen Situation können wir kaum unterscheiden, ob es sich um eine emotionale Reaktion oder um eine Intuition, handelt. Die Intuition ist eine spontane Eingebung ohne rationale Begründbarkeit. Sie übernimmt unter anderem eine Schutz- und Kontrollfunktion. Schulen Sie sich in der Nutzung Ihrer Intuition.

Wichtig !

Nehmen Sie Ihre Intuition ernst und geben Sie ihr Raum. Hören Sie auf Ihren Bauch und prüfen Sie die Ergebnisse später. So erarbeiten Sie sich ein Gefühl, wann Sie Ihrer Intuition folgen können und wann besser nicht.

Verstand und Logik sind, wie Intuition und Gefühl, nicht unfehlbar. Gelingt es uns, das Rationale und das Emotionale zusammenzuführen, wenn wir beide Informationsquellen ausschöpfen, steigen unsere Chancen auf ein optimales Ergebnis. Blenden wir einen Teil aus, egal welchen, verzichten wir auf wesentliche Komponenten.

Verstand und Intuition verbinden

Kombinieren Sie Ihr rationales Wissen und Ihre Intuition in Entscheidungssituationen. So kommen Sie zu ganzheitlichen Entscheidungen, die Sie mutig umsetzen können.

!

Beispiel

Sie sind seit 12 Jahren in einem Konzern als interner IT-Berater angestellt. In Ihnen wachsen persönliche Träume und veränderte Vorstellungen Ihres Lebenskonzeptes, die Sie in einer Festanstellung nicht verwirklichen können. Kündigen und sich als IT-Berater selbständig machen, wäre eine, allerdings äußerst mutige, Möglichkeit, diese Ziele zu verfolgen.

Wie können Sie zu einer ganzheitlichen Entscheidung finden?

Schritt für Schritt: Ganzheitlich entscheiden	
1.	**Alle verfügbaren Informationen einholen** Beispiel: Wie entwickelt sich der Markt für freie IT-Berater? Welche Voraussetzungen muss ich für eine Selbständigkeit erfüllen? Wie sind die Verdienstmöglichkeiten als freier IT-Berater?
2.	**Fakten rational analysieren und bewerten** Beispiel: Wie sehen meine konkreten Chancen auf dem freien Markt aus? Bringe ich die benötigten persönlichen Eigenschaften und fachlichen Kompetenzen mit?
3.	**Was sagt mein Bauch?** Beispiel: Ich mache eine gedankliche Zeitreise in meine Zukunft als freier IT-Berater. Wie fühlt sich das an? Was sagt mein Bauch?

Stimmen Verstand und Intuition überein? Dann zögern Sie nicht länger und legen Sie los. Was aber, wenn das Resultat der Analyse mit dem des Gefühls nicht zusammenpasst? Versuchen Sie durch eine weitere Analyse der Fakten und nochmaliges In-sich-Hineinhören, die Diskrepanz aufzulösen. Es wird immer Fälle geben, wo dies unmöglich ist. Machen Sie sich in diesen Situationen zur Regel auf der sicheren Seite zu bleiben, damit aus Mut kein Übermut wird.

10.2 Denken – was sagt mein Verstand?

»Wir denken selten an das, was wir haben, aber immer an das, was uns fehlt.«
Arthur Schopenhauer

Der Philosoph Schopenhauer beschrieb vor knapp 200 Jahren ein Phänomen, das in unserer Kultur noch immer weit verbreitet ist: die pessimistische Sicht auf die eigenen

Fähigkeiten und Lebensumstände. Unsere Erziehung, Schulbildung, vielleicht sogar unsere ganze Kultur ist darauf ausgerichtet, an unseren Schwächen zu arbeiten.

Beispiel !

»Du musst mehr Mathe üben«, »Deine Schrift ist komplett unleserlich«! Solche und ähnliche Lehrersprüche kennt jeder. Unsere Seminarteilnehmer fragen uns oft: Was mache ich falsch? Welche Fehler darf ich keinesfalls machen? Wo muss ich mich verbessern? All dies zielt auf Schwächen, die es zu eliminieren gilt.

Diese Strategie hat leider einen ganz gewichtigen Nachteil: Schwächen lassen sich nur mit sehr großem Energieaufwand ändern. Und: Die Konzentration auf Schwächen demotiviert mit der Zeit. Viel effizienter und effektiver ist es, sich **auf seine Stärken zu konzentrieren** und diese auszubauen.

Beispiel !

Steffi Graf war in ihrer aktiven Zeit als Tennisprofi für ihre starke Vorhand bekannt. Nach einem Trainerwechsel begann sie verstärkt an ihrer Schwäche, der Rückhand, zu arbeiten. Sie konnte damit ihre Rückhandtechnik verbessern, verlor dennoch mehr Spiele als zuvor. Erst als sie ihren Trainingsfokus erneut auf ihre Stärken richtete, gewann sie sämtliche wichtigen Turniere sowie olympisches Gold.

Für Steffi Graf war klar: Ganz ohne das Arbeiten an ihren Schwächen geht es nicht. Viel effektiver war es aber, ihre Fähigkeit, die schnelle und kraftvolle Vorhand, zu pflegen und zu erhalten.

Wichtig !

Keine neue Erkenntnis, aber zu selten angewendet: Stärken Sie Ihre Stärken. Sie erreichen mehr, wenn Sie sich auf Ihre Stärken und Talente konzentrieren. Wann fühlen Sie sich mutiger? Wenn Sie sich gedanklich mit Ihren Schwächen und Fehlern beschäftigen oder wenn Sie sich mit Ihren Stärken auseinandersetzten?

Nehmen Sie noch einmal die Übung »Stärken-Analyse« zur Hand und fragen Sie sich darüber hinaus, bei welcher Tätigkeit Sie die Zeit vergessen. Was macht Ihnen Spaß? Überlegen Sie, wie Sie Ihre Stärken ausbauen und konkret umsetzen können!

10.2.1 Die Macht der Gedanken

Beispiel !

»Obgleich Du nicht aussiehst wie einer, der Bäume fällen kann, will ich Dir eine Chance geben«, sagte der Förster. »Nimm diese Axt und schlage in jenem Waldstück so viele Bäume, wie Du kannst.« Nach drei Tagen erstattete Nasrudin Bericht. »Alle Bäume gefällt!« Nasrudin hatte die Arbeit von 30 Männern geleistet. »Aber wo hast Du gelernt, in diesem Tempo Bäume zu fällen?« »In der Wüste Sahara.« »Aber in der Sahara gibt es doch gar keine Bäume.« »Nein«, sagte Nasrudin. »Jetzt nicht mehr.« (Idries Shah, Die fabelhaften Heldentaten des weisen Narren Mulla Nasrudin)

Verstehen Sie uns nicht falsch: Die Kraft der Einbildung reicht nicht aus, um alle seine Ziele zu erreichen. Fest steht jedoch, dass wir viele Ziele nicht erreichen, weil wir unsere Gedanken auf den Misserfolg programmieren. Unzählige unbewusste Aussagen durch Eltern, Bekannte, Lehrer oder Freunde prägen unser eigenes Erleben. Gedanken und Selbstgespräche wie »Das kann ich nicht!«, »Das schaffst Du sicher nicht«, »Lass es lieber gleich bleiben!« verstärken die Vorurteile und das Scheitern in der bevorstehenden Situation.

! **Wichtig**

Sind Sie nicht mutig, weil Ihre Entwicklungsgeschichte Sie auf »nichtmutig« geprägt hat? Eine Neuprogrammierung auf mutig beginnt mit den eigenen Gedanken. Formulieren Sie bewusst und positiv neue Ziele. Lösen Sie sich von alten Glaubenssätzen und akzeptieren Sie, dass Sie selbst verantwortlich sind für Ihr Erleben und Handeln.

10.2.1.1 Drei Übungen zum positiven Denken

1. **Heute ist mein Tag!**
   Nehmen Sie sich jeden Morgen in Ruhe und ohne Ablenkung 15 Minuten Zeit, um Ihren Tag gedanklich durchzugehen. Stellen Sie sich alle Situationen vor, wagen Sie einen Blick in die Zukunft. Wie wird dieser Tag werden? Was wird wohl gut werden, was weniger gut, was vielleicht sogar schlecht? Fragen Sie sich, was Sie leisten können, damit dieser Tag wirklich Ihr Tag wird. So sind Sie auf dem besten Weg diesen Tag erfolgreich zu gestalten. Unterscheiden Sie: Was ist eher positiv und was ist eher negativ gedacht? Bei jedem negativen Gedankengang stellen Sie sich bitte sofort die Frage: Kann ich das nicht anders, nicht auch positiv sehen? Viele dieser negativen Denkansätze lassen sich ganz einfach in positive Bahnen lenken.
2. **Zurück auf Start**
   Halten Sie inne und spulen Sie den bisherigen Lauf der Dinge vor Ihrem inneren Auge zurück, sobald Sie bemerken, dass Sie in Ihren alten Trott verfallen. Finden Sie heraus, welche Ursachen dahinterstehen. Überlegen Sie, wie Sie es machen müssen, damit es gelingt. Starten Sie erneut. Machen Sie es so, dass Sie Erfolg haben.
3. **12 Sekunden Entscheidungszeit**
   Untersuchungen haben ergeben, dass ein Mensch, der eine unangenehme Aufgabe angehen will, ungefähr 12 bis 15 Sekunden braucht, um sich zu überwinden. Das gewohnte »bis drei zählen« reicht also nicht aus. Nehmen Sie sich diese 12 Sekunden, bevor Sie loslegen, und feuern Sie sich innerlich an. Testen

Sie diese Vorbereitungsphase, zum Beispiel beim Sprung vom 10-Meter-Brett im Schwimmbad oder in einer anderen Situation, bei der Sie Ihren »inneren Schweinehund« überwinden müssen. Sie werden sehen, diese circa 12-sekündige Zeitspanne bringt Sie in eine positive innere Anspannung. Allerdings sollten Sie die 15-Sekunden-Marke nicht überschreiten, dann ist die mentale Entscheidungsphase erst einmal wieder vorbei. Danach besteht ernstlich die Gefahr, dass Sie das Vorhaben verschieben – vor sich herschieben. Auf den Nachmittag, den nächsten Tag, die nächste Woche ...

10.2.1.2 Wahrnehmung, Bewertung und Interpretation

Beispiel

!

Stellen Sie sich eine Zitrone vor, die vor Ihnen auf einem Tisch liegt. Wenn Sie jetzt eine Brille mit blau gefärbten Gläsern aufsetzen – wie verändert sich die Farbe der Zitrone?

Die richtige Antwort ist: überhaupt nicht! Die Zitrone verändert ihre Farbe nicht, nur weil wir sie nicht mehr gelb sehen. Wenn wir Situationen wahrnehmen, verhält es sich genauso: Wir schalten unbewusst einen Filter, unsere »unsichtbare Brille« dazwischen. So kommen wir zu Bewertungen wie: Die Zitrone ist grün, der Kollege nervig, der Kinofilm spannend etc. Mit einer anderen »Brille« ist die Zitrone vielleicht rot, der Kollege sympathisch und der Kinofilm langweilig.

Beispiel

!

Der Taxifahrer, mit dem Sie unterwegs sind, missachtet einige Verkehrsregeln, um schneller voranzukommen. Ihre verständliche Bewertung: »Gefährlich und unverantwortlich, was dieser Taxifahrer macht!« Stellen Sie sich nun vor, Sie kommen von einem jahrelangen Indienaufenthalt zurück: »Erstaunlich, wie sicher und diszipliniert die Taxifahrer sich hier verhalten«, wäre dann wohl die Bewertung der Situation.

Wir nehmen Situationen selten »nur« wahr, sondern bewerten und interpretieren sie meistens. Es macht das Leben leichter, schnell zu wissen, was richtig und falsch, angenehm und unangenehm, schön oder hässlich ist. Unmutig oder ängstlich sind wir dann, wenn wir eine Situation als gefährlich oder beängstigend bewerten. Um in diesen Situationen Klarheit zu gewinnen: »Ist meine Angst berechtigt oder unterliege ich hier einem Bewertungsfehler?«, sollten Sie den Prozess zwischen Wahrnehmung, Bewertung und Interpretation verlangsamen und analysieren. Finden Sie heraus: Welche Brille habe ich gerade auf? Wie gelingt es mir, die Brille zu wechseln?

Die folgende Anleitung zeigt Ihnen, wie Sie in fünf Schritten Ihre Wahrnehmung schärfen.

Schritt für Schritt: Die Wahrnehmung schärfen	
1.	**Wahrnehmung prüfen:** Was nehme ich genau wahr? Wie würde eine völlig unbeteiligte Person die Situation von außen schildern? Beispiel: Der Chef hat einen roten Kopf und spannt die Nackenmuskulatur an. Er läuft den Flur entlang in meine Richtung.
2.	**Reaktion vergegenwärtigen:** Was löst diese Situation bei mir aus? Wie bewerte ich sie? Beispiel: Angst vor meinem Chef, weil er mich gleich anschreien wird. Sicher ist er enttäuscht von mir und meiner Arbeitsleistung.
3.	**Bewertung prüfen:** Welche Gründe gibt es für diese Bewertung? Würden andere sie genauso bewerten? Beispiel: Das kenne ich von früheren Chefs. Die hatten einen ähnlichen Gesichtsausdruck, bevor sie explodierten.
4.	**Bewertung hinterfragen:** Welche Aspekte helfen mir, die Situation realistisch zu erfassen? Gibt es Informationen oder Erfahrungen, die es mir erlauben, diesmal eine andere »Brille« aufzusetzen? Beispiel: Dieser Chef ist bislang immer offen und freundlich gewesen. Genau genommen ist er mir gegenüber noch nie laut geworden. Eventuell ist er erkältet und hat es eilig nach Hause zu kommen.
5.	**Neubewertung der Situation:** Wie kann ich mir Klarheit und Sicherheit verschaffen? Beispiel: Es gibt bis jetzt keinen Grund für mich, vor diesem Chef Angst zu haben. Ich spreche ihn am besten offen an und schildere meine Bedenken.

! **Wichtig**

Es ist nicht die Situation, die beängstigend ist – ich bin es, der sich vor der Situation ängstigt!

10.3 Handeln – vom Plan zur Tat

10.3.1 Meine Entwicklung planen

Planung ist nicht nur im Projektmanagement unverzichtbar, um zum Ziel zu kommen. Erhöhen Sie die Erfolgschancen für Ihre persönlichen Ziele mit einem Plan. Eventuell ändern sich die Rahmenbedingungen oder es treten neue Ereignisse ein. Dann müssen Sie Ihren Plan überarbeiten. Mit folgendem Schema können Sie Ihre individuelle Entwicklung hin zu einem mutigeren Leben planen.

Schritt 1: Meine langfristigen Ziele

Notieren Sie langfristige Ziele für Ihre Lebensbereiche. Also Ziele, die fünf Jahre oder mehr in der Zukunft liegen und aus den Lebensbereichen

- Persönlichkeit/Außenwirkung,
- Partnerschaft/Familie,
- Beruf/Materielles

stammen. Nutzen Sie dazu auch die Ergebnisse aus dem Kapitel »Meine Mutvision«.

Schritt 2: Mein Leben in fünf Jahren

Wie sieht Ihr Tagesablauf in fünf Jahren aus? Was werden Sie arbeiten? Wie und wo werden Sie leben? Welchen Herausforderungen werden Sie begegnen? Wie gehen Sie mit diesen Herausforderungen um?

Schritt 3: Kompetenzen planen

Wenn Sie Ihre Ziele und Ihr Leben in fünf Jahren betrachten – welche Eigenschaften und Kompetenzen brauchen Sie, um Ihre Ziele zu erreichen? Wo liegen die Diskrepanzen zwischen Ihren jetzigen Fähigkeiten und den dann nötigen Fertigkeiten? Holen Sie die Einschätzung einer dritten Person ein. Möglichst jemand, der diese Kompetenzen bereits besitzt. Diese Person wird sehr wahrscheinlich weitere Aspekte erkennen.

Schritt 4: Maßnahmen definieren

Im letzten Schritt finden Sie die richtigen Maßnahmen, um die einzelnen Fähigkeiten, Kompetenzen oder Einstellungen zu erlernen. Lassen Sie sich dabei von einem Experten, Freund oder Vertrauten unterstützen.

Wichtig !

Diese Planung entsteht nicht von heute auf morgen. Lassen Sie sich zwei bis vier Wochen Zeit. Gehen Sie dafür sehr ins Detail.

10.3.2 Der innere Schweinehund

Jetzt steht Ihnen nichts mehr im Weg, oder? Da ist noch die Sache mit dem »inneren Schweinehund«: »Eigentlich wollte ich ja, aber …« Die konkreten Schritte fallen oft schwer. Gründe, die trotz umfangreicher Vorbereitung und besserer Einsicht darauf hinwirken, den bequemen Weg fortzusetzen, finden sich immer. Erleichtern Sie sich den Schritt vom Plan zur Tat durch konkrete Absprachen. Schließen Sie einen »Handlungsvertrag mit sich selbst«. Reicht Ihnen das nicht? Erhöhen Sie den Druck durch »Vertragsstrafen« für den Fall, dass Sie den Vertrag nicht erfüllen.

10.3.2.1 Handlungsvertrag mit mir selbst

Mein Ziel/mein Thema:
Meine Erkenntnisse:
Konkrete Schritte, Handlungen und Maßnahmen:
Bis wann werde ich die Maßnahmen umsetzen:
Das Ergebnis ist anhand folgender Kriterien überprüfbar:
Beim Umsetzen lasse ich mich unterstützen von:
Strafe für den Fall, dass dieser Vertrag nicht erfüllt wird:
Datum: __________ Unterschrift: ______________________________

10.3.2.2 Übung: Selbstverantwortung steigern

Nutzen Sie die Vorteile davon, selbst die Verantwortung dafür zu übernehmen, wenn Sie Mut zu zeigen. Fragen Sie sich: Was nützt es mir, für meinen Mut verantwortlich zu sein? Ihre Antworten können z. B. so aussehen:

- Wenn ich selbst die Verantwortung für meinen Mut übernehme, dann bin ich unabhängig von der Ermutigung und Anerkennung durch andere.
- Na und?
- Wenn ich unabhängig von der Ermutigung durch andere bin, dann bin ich selbstbestimmt.
- Na und?
- Wenn ich selbst bestimmt bin, gelingt es mir, meine Träume und Wünsche zu erfüllen.
- Na und?
- Wenn ich mir meine Träume und Wünsche erfüllen kann, dann werde ich zufriedener sein.
- Na und?
- ...

Setzen Sie die Nutzenkette mindestens zehn Mal fort.

10.3.3 Ihr individuelles Mut-Programm!

Gründe für reale Ängste gibt es genug: die Angst in einer Unternehmenskrise den Arbeitsplatz zu verlieren, Angst vor den Folgen einer schweren Krankheit etc. Die meisten Ängste jedoch sind »hausgemacht« und unbegründet. Gedanken wie »Bestimmt lästern alle Kollegen über mich, während ich in der Pause bin.«; »Ich bin sicher der Erste, der seinen Job verliert.« oder »Bei der Präsentation schauen mich alle so kritisch an und denken sich, die hat keine Ahnung.« sind häufig grundlos und belasten uns dennoch erheblich. Sind Ängste irrational, hindern sie uns, frei zu entscheiden, uns zu entfalten und das Leben zu genießen. Mit diesen fünf Schritten können Sie unbegründete Ängste ablegen.

Schritt für Schritt: Der Angst entgegentreten	
1.	**Realität prüfen:** Finden Sie heraus, ob Ihre Ängste berechtigt sind oder übertrieben und unrealistisch. Gibt es Hinweise, dass eine Kündigung wahrscheinlich ist, oder ist das nur eine vage Befürchtung? Reden Sie mit Ihrem Chef und Verantwortlichen, wie sie die Zukunft des Unternehmens und der Branche beurteilen. Wenn eine Realitätsprüfung ergibt, dass Ihre Ängste unangebracht sind, steckt meist mangelndes Selbstwertgefühl dahinter. Holen Sie Feedback von Kollegen und Freunden über Ihre Stärken und Schwächen ein. So stärken Sie Ihr Selbstbewusstsein.
2.	**Hypothesen vermeiden:** Interpretieren Sie die Verhaltensweisen der anderen nicht negativ. Oft steckt hinter einem grimmigen Gesichtsausdruck Grübeln über die eigenen Fehler oder hinter einer hektischen Geste Unsicherheit. Fühlen Sie sich dennoch abwertend beurteilt, fragen Sie nach, was Ihr Gegenüber denkt.
3.	**Unterfordern Sie sich nicht:** Aus Angst, den Anforderungen nicht gewachsen zu sein, zu scheitern oder schwerwiegende Fehler zu machen, weigern sich Menschen oft Verantwortung zu übernehmen. Lieber ertragen Sie es, unter Ihren Möglichkeiten zu bleiben und sich zu langweilen. Beantworten Sie sich ehrlich die Frage »Was wären die realistischen Konsequenzen, wenn ich es diesmal nicht schaffe?« Meist erweist sich das nebulöse Horrorszenario bei genauerem Hinsehen als unangenehm, aber nicht dramatisch. Trauen Sie sich etwas zu! Und denken Sie daran: Fehler bieten Ihnen die Chance, dazuzulernen und Ihre Fähigkeiten weiterzuentwickeln.
4.	**Eigene Leistung realistisch einschätzen:** Ängstliche Menschen haben oft eine verzerrte Wahrnehmung ihrer eigenen Erfolge. Misslingt etwas, geben Sie sich die Schuld: »Das musste ja so kommen.« Wenn etwas gut läuft, führen sie dies auf Zufall, Glück oder die Umstände zurück. Rücken Sie Ihre Erfolge ins rechte Licht. Haben Sie bis heute noch nie grobe Fehler gemacht, konnten die Aufgaben stets erfüllen, haben Prüfungen immer bestanden, gibt es keinen vernünftigen Grund anzunehmen, dass Sie plötzlich in allen Disziplinen versagen.
5.	**Unabhängig werden:** Leider hält sich das schwäbische Sprichwort »Nicht geschimpft ist genug gelobt.« trotz erwiesener positiver Wirkung von Lob und Anerkennung hartnäckig. Leben auch Sie in einem Umfeld, in dem es nicht üblich ist, sich durch positiven Zuspruch gegenseitig zu unterstützen? Machen Sie sich unabhängig von der Anerkennung anderer. Achten Sie auf Ihr inneres Zufriedenheitsgefühl, wenn Sie etwas geleistet haben oder etwas Neues wagen. Nutzen Sie Ihren »inneren Antrieb«, um die Abhängigkeit vom Lob anderer zu reduzieren.

10.3.4 Fehler vermeiden

!

Beispiel

Allein der Gedanke an den anstehenden Termin versetzte Ferdinand Fröhlich in Stress. Zu sehr belastete ihn seine Situation: Er fühlte sich von den Kollegen ausgegrenzt und von Informationen abgeschnitten. Diesen Missstand wollte er mit seinem Chef besprechen. Unvorbereitet, aber mit dem Mut des Verzweifelten, ging Herr Fröhlich in das Gespräch. Noch während des Termins verließ ihn der Mut: Anstatt die Missstände anzusprechen, verschob er sein Anliegen.

Den ersten Schritt zu tun, ist auf dem Weg zu mehr Mut die größte Herausforderung. Herr Fröhlich ist, nachdem er das Gespräch gesucht hat, einen »Schritt rückwärts« gegangen. Vermeiden Sie folgende Fehler bei Ihrem ersten Schritt:

- Unvorbereitet »Augen zu und durch!«. Mit diesem Motto beschäftigen Sie sich ungenügend mit Ihrem Mut-Vorhaben. Der Preis ist zu hoch, denn Ihr Erfolg wird dem Zufall überlassen.
- Verantwortung abgeben. Von Freunden unterstützt zu werden (»Du schaffst das schon!«) ist wertvoll und schön. Verlassen Sie sich nicht blind auf das Urteil anderer. Am Ende sind Sie selbst für sich und Ihr Handeln verantwortlich.
- Mut antrinken. Egal ob Alkohol oder andere Rauschmittel: Sie verändern unsere Wahrnehmung. Den Vorteil, dass unsere »Angstwahrnehmung« schwindet, bezahlen wir teuer, da auch Gefahren und Fallen ausgeblendet werden.

Auf einen Blick: Grenzen verschieben
• Gefühle und Intuition dienen uns als Entscheidungshilfen und stehen gleichberechtigt neben rationalen Argumenten. Beide zusammen führen zu ganzheitlichen, fundierten Entscheidungen.
• Das Denken filtert unsere Wahrnehmung: Wir interpretieren und bewerten. Die Gedanken lassen sich positiv beeinflussen. Nicht die Situation ist beängstigend, wir ängstigen uns.
• Damit wir unsere Erkenntnisse in konkretes Handeln umsetzen können, brauchen wir klare Vorgaben und Ziele: Wir müssen einen Plan erstellen. Dann sollten wir einen Handlungsvertrag mit uns selbst schließen, der uns hilft, den »inneren Schweinehund« zu besiegen.

Teil 3: Optimistisch denken

11 Einführung

Sei positiv! In Zeiten, in denen die Medien voller Nachrichten über Automatisierung und Klimakatastrophe sind, eine paradoxe Aufforderung, oder? Zumal viele Menschen ganz persönlich betroffen sind, etwa durch Arbeitslosigkeit oder Zukunftsangst. Und – ebenso paradox – gerade in diesen Zeiten den optimistischen Blick nach vorne dringend nötig hätten.

Die gute Nachricht lautet: Optimismus ist möglich, auch unter »ungünstigen« Umständen. Jeder kann lernen, optimistisch zu denken. Denn Optimismus ist eine Frage der Haltung, eine Sichtweise – auf uns selbst, auf andere und auf Ereignisse. In diesem Teil erhalten Sie zahlreiche Anregungen, wie Sie sich zunächst selbst auf die Schliche kommen. Finden Sie heraus, was Sie hemmt, und erfahren Sie, wie Sie in kleinen Schritten Ihre Haltung, Ihre Urteile, Ihre Denkmuster ändern können.

Doch damit noch nicht genug: Optimistisches Denken hängt eng damit zusammen, wie wir sprechen und handeln. Sie erfahren, wie Sie stärker auf das achten, *was* Sie sagen und *wie* Sie es sagen. Und nicht zuletzt gilt es, das tägliche Handeln optimistisch auszurichten. Lesen Sie, wie Sie mit einem kleinen, aber effektiven Trainingsprogramm Ihrem Optimismus jeden Tag einen Schritt näher kommen. Ganz in diesem Sinne: Die wahren Optimisten sind nicht überzeugt, dass alles gutgehen wird. Aber sie sind überzeugt, dass nicht alles schiefgehen wird.

12 Optimismus – eine Frage der Haltung

Wie wir das Leben wahrnehmen und nicht so sehr, *was* wir wahrnehmen, entscheidet darüber, ob wir unser Leben als befriedigend und glücklich empfinden. Wer optimistisch denkt, hat eine bestimmte Sichtweise auf sich und die Welt – das unterscheidet ihn von Pessimisten.

In diesem Kapitel lesen Sie,

- wie Optimisten Ereignisse und Ihre Umgebung wahrnehmen,
- dass diese Wahrnehmung davon abhängt, wie wir uns die Welt erklären und sie beurteilen,
- warum das Gefühl der Selbstwirksamkeit zu einer optimistischen Haltung beiträgt.

12.1 Wie Optimisten denken

Beispiel !

In einer Reportage wurde eine Bauernfamilie nach einer Naturkatastrophe interviewt: Haus, Hof und ein Großteil des Viehs waren verloren, die Ernte vernichtet. Sie besaßen nichts mehr, bis auf das, was sie am Leib trugen, und waren in einem Notbehelf unter einfachsten Bedingungen untergebracht. Auf finanzielle Unterstützung war weder durch Versicherung noch Staat zu hoffen.

Im Interview erzählten sie, sie würden jetzt mit dem Wiederaufbau Ihres Hauses und der Stallungen beginnen. Sie wollten die Felder bestellen, in der Hoffnung auf eine neue Ernte im nächsten Jahr. »Sie schätzten sich glücklich«, sie waren gesund und mit dem Leben davongekommen – im Gegensatz zu vielen anderen. »Man müsse weitermachen … so etwas passiere auf der Welt.«

Klagen, Depression oder Verzweiflung hätte man erwartet, doch die Familie sprach von der Zukunft, ihren Plänen, der Vision, wie alles bald wieder aussehen würde. Sie dachten darüber nach, was sie optimieren würden. Dabei verzichteten sie auf Fragen, warum dies ausgerechnet ihnen und warum es überhaupt passiert war. Aus ihrer nach vorn gerichteten Sichtweise schöpften sie offensichtlich viel Kraft. Was zeichnet Menschen aus, die nach einem solchen Schicksalsschlag in dieser Weise nach vorne schauen?

12.1.1 Das Leben ist, wie wir es wahrnehmen

»Das Glück Deines Lebens hängt von der Beschaffenheit Deiner Gedanken ab«, sagte Marc Aurel. Kraft ihrer Gedanken hat die Familie aus dem Beispiel aus einer Katastrophe eine zu bewältigende Situation geschaffen. Wer sich dagegen deprimierende Visionen ausmalt, fühlt sich deprimiert, wer sich in verzweifelte Gedanken verstrickt, bekommt Angst, wer sich hoffnungslose Gedanken macht, verliert die Hoffnung – und das sogar, ohne in eine Katastrophensituation geraten zu sein.

Wer optimistisch denkt, nimmt wahr, dass das Leben, trotz eines harten Schlags, weitergeht. Er erkennt bei näherer Betrachtung seiner Rückschläge manchmal auch einen guten Aspekt und bemerkt, dass nichts ausschließlich gut oder schlecht ist. Wer sich und die Welt optimistisch betrachtet, beeinflusst nachweislich seine seelische Verfassung positiv und steigert die Lebensfreude. Optimismus ist die Basis für Zufriedenheit und Vertrauen in die Zukunft.

! **Wichtig**

Die Qualität der Gedanken entscheidet darüber, ob wir das Leben als befriedigend oder unbefriedigend, spannend oder langweilig, glücklich oder unglücklich empfinden.

12.1.2 Was Optimisten auszeichnet

Heiterer, realitätsnaher Optimismus lässt sich so beschreiben: Ein Optimist steht nicht im Regen – er duscht unter einer Wolke. Was bedeutet das? Der Begriff »Optimismus« kommt aus dem Lateinischen, »optimus« bedeutet »der Beste«. Optimismus ist die Bezeichnung für eine positive Lebenseinstellung in der Erwartung, dass sich die Dinge zum Guten entwickeln – unabhängig davon, welche Lebenserfahrungen man gerade macht. Optimismus beschreibt eine innere Einstellung, die dem Leben eine dauerhaft positive Färbung verleiht.

Optimistische Menschen behalten in schwierigen Lebenssituationen Zuversicht und Hoffnung. Probleme werden weder verdrängt noch geleugnet. Im Idealfall werden Fehler analysiert, um sie in Zukunft vermeiden zu können. Das bedeutet nicht, dass Optimisten von Schicksalsschlägen oder Niederlagen nicht erschüttert würden. Aber: Optimisten blicken auch dann nach vorne, *wenn* sie gescheitert sind.

Optimismus entwickelt sich aus der Erwartung, dass positive Ergebnisse durch eigenes Wirken erzielt werden können. Eine optimistische Einstellung der Welt gegenüber hat daher viel mit Aktivität und Konstruktivität zu tun. Positiv Eingestellte begegnen der Welt mit dem Willen zum Guten und der Hoffnung auf Gelingen und Kontrolle. Optimismus kann man auch danach definieren, wie ein Mensch eigene Niederlagen erklärt:

- Optimisten führen Niederlagen auf Umstände zurück, die sie zukünftig ändern können. Und:
- Optimisten suchen die Ursache von Problemen nicht ausschließlich in sich selbst.

Somit erleben sie die Welt in gewissem Maße als kontrollier- und gestaltbar. Insbesondere scheint der Glaube eine Rolle zu spielen, dass diese Kontrolle in der eigenen Hand liegt. Optimisten verwenden vor allem aktive, problemlösende Strategien. Sie konfrontieren sich mit den Hürden des Lebens: Sie gestalten und sind sich ihres Gestaltungsspielraums bewusst.

> **Wichtig**
>
> Optimistisches Denken hat weder mit realitätsfremder Betrachtung durch die rosarote Brille noch mit Verdrängung zu tun.

12.1.3 Gehirn und Optimismus

Hier die gute Nachricht für alle, die behaupten, ihnen sei der Pessimismus in die Wiege gelegt worden: Optimistisches Denken kann man lernen und trainieren. Man kann daran arbeiten, eine positive Sichtweise zu entwickeln, indem man immer wieder nach realistischen Gründen für Erfolge und Misserfolge sucht und sich diese vor Augen hält. Denn: »Das Gehirn ist ein permanent lernendes System«, sagt Joachim Bauer, emeritierter Professor am Universitätsklinikum Freiburg. »Jede markante Erfahrung verändert die synaptischen Verschaltungen im Nervenzellen-Netzwerk.« Das kann all jene zuversichtlich stimmen, die glauben, man müsse als Optimist zur Welt gekommen sein oder ist durch Erbanlage, Erziehung und Kindheitserlebnisse für alle Zeiten festgelegt.

Wo wohnt der Optimismus?

Der Optimismus hat sein Zuhause in unserem Kopf. Genau genommen sorgen zwei Regionen im Gehirn für Zuversicht, wie Neurowissenschaftler der Universität New York herausfanden: der tief im Innern des Gehirns sitzende sogenannte Mandelkern (Amygdala) und ein Teil des anterioren cingulären Cortex – ein Gehirnareal direkt hinter den Augen. Die Psychologin Tali Sharot lokalisierte diese Regionen in Gehirnen von Testpersonen. Je optimistischer jemand in die Zukunft blickte, desto höher wurde dort die Aktivität.

Wie lernfähig ist unser Gehirn?

Durch stete optimistische Gedanken, Handlungen und Erfahrungen entstehen neue Verschaltungen, die sich umso mehr verfestigen, je mehr man sie nutzt. Diese Verschaltungen beeinflussen, wie wir uns beim nächsten Mal in einer bestimmten Situation verhalten. Neue Erfahrungen führen zum weiteren Ausbau der neuronalen Netzwerke. Der Prozess, den man »neuronale Plastizität« nennt, geht lebenslang weiter.

Die Hirnforschung hat in den letzten Jahren erstaunliche Erkenntnisse gewonnen. Heute weiß man über die enorme Adaptions- und Lernfähigkeit des Gehirns, dass diese zwar mit dem Alter abnimmt, aber bei weitem nicht so stark wie angenommen. Lange Zeit ging man davon aus, die Hirnentwicklung sei im Jugendalter abgeschlossen und neuronale Netzwerke endgültig angelegt. Doch auch im erwachsenen Gehirn bilden sich neue Verschaltungen und werden für neue Aufgaben zusätzliche Hirnregionen rekrutiert, auch wenn dies länger dauert als bei Kindern (z. B. Sprachenlernen). Neuronale Prozesse und bewusst erlebte geistig-psychische Zustände korrespondieren eng miteinander. Alle innerpsychischen Prozesse gehen offensichtlich mit neuronalen Vorgängen einher – der Mensch verändert also permanent durch Lernen und Erfahrung seine neuronale Architektur.

!

Wichtig

Da niemand als Pessimist geboren wurde, sondern man gelernt hat, sich pessimistisch zu verhalten, kann man auch schrittweise lernen, sich wieder eine positivere und optimistischere Sicht zuzulegen bzw. zu trainieren. Bereits die Beschäftigung mit Optimismus ist schon ein erster, positiver Schritt und aktiviert die zuständigen Gehirnregionen.

Aufgrund dieser Erkenntnisse der Hirnforschung lautet das Motto für mehr Optimismus: Steter Tropfen höhlt den Stein. Optimistische Gedanken gelingen leichter und leichter, je öfter man sie sich macht.

12.2 Wie Urteile die Welt verändern

Optimismus und sein Gegenstück, der Pessimismus, sind verschiedene Arten, wie Menschen sich Ereignisse in ihrem Leben erklären. In der Sozialpsychologie bezeichnet man solche Erklärungsmuster als Kausalattributionen, also als Zuschreibungen von Ursachen.

!

Beispiel

Carina und Johannes studieren im zweiten Semester Physik. Beide haben eine wichtige Klausur mit der Note vier abgeschlossen. Carina beunruhigt das nicht weiter: »Ich war nicht gut drauf an dem Tag und es gab zu viele Dinge, die mich in der Vorbereitungszeit vom Lernen abgehalten haben. Das nächste Mal arbeite ich intensiver.«
Johannes reagiert anders: »Mal wieder typisch für mich. Ich kann mir den Stoff nicht merken. Egal, wie viel ich lerne – es wird nicht besser, ich bin wahrscheinlich nicht intelligent genug.« Mit Johannes' Haltung sind weiterer Frust und Enttäuschung vorprogrammiert. Wer fehlende Intelligenz als Grund für sein Scheitern angibt, hat ein unlösbares Problem, denn der Lösungsansatz hieße: »Ich benötige mehr Intelligenz.« Dies liegt jedoch außerhalb des eigenen Einflussbereichs.

Die Interpretation von Gelingen und Scheitern beeinflusst unsere Gefühle und die Motivation. Die Art, wie wir Situationen und Ereignisse in seinem Leben deuten, etwa eine misslungene Prüfung, die Absage einer Bewerbung oder das Zuspätkommen eines Freundes, entwickelt sich oft zu einem bestimmten, individuellen Erklärungs-

oder Attributionsstil. Wem gibt man die Schuld an Misserfolgen? Hält man alles, was schlecht läuft, für einen Beweis des eigenen Versagens?

12.2.1 Positiver oder negativer Erklärungsstil

In der psychologischen Forschung konzentrierte sich der US-amerikanische Psychologe Martin Seligman auf die Frage, wie sich die verschiedenen Erklärungsstile – also das Ausmaß an Optimismus oder Pessimismus – auf zukünftiges Verhalten und Handeln auswirken. In Studien konnte nachgewiesen werden, dass das Motivationsniveau für künftige Leistungen dadurch wesentlich beeinflusst wird. Somit liegt offensichtlich der objektive Grund von Erfolg oder Misserfolg häufig schon an den Erklärungen und Einschätzungen, die man im Vorfeld dafür parat hat.

Die Studenten aus dem letzten Beispiel werden sich aufgrund ihrer unterschiedlichen Erklärungen des mäßigen Prüfungsergebnisses unterschiedlich motiviert auf ihre nächste Prüfung vorbereiten. Beide werden schon allein deshalb – und völlig unabhängig von ihren Fähigkeiten – mit einer positiven bzw. negativen Prognose in den nächsten Test gehen. Damit haben sie bereits den Grundstock für künftigen Erfolg oder Misserfolg gelegt (siehe dazu auch »Sich selbst erfüllende Prophezeiung« im Abschnitt »Vorurteile und Fehlurteile«).

Wie erklären Sie sich Erfolg und Misserfolg?
Prinzipiell gibt es nach Seligman drei ausschlaggebende Faktoren bei der Erklärung von Erfolg und Misserfolg: Dauerhaftigkeit, Geltungsbereich und Personalisierung.

Erklärungsstile von Erfolg und Misserfolg		
Dauerhaftigkeit		
	So sieht es der Optimist	**Das sieht es der Pessimist**
Misserfolg	Hat zeitweilige und vorübergehende Ursachen.	Hat dauerhafte und bleibende Ursachen.
Erfolg	Hat dauerhafte und bleibende Ursachen.	Hat zeitweilige und vorübergehende Ursachen, z. B.: »Es war Zufall.«
Geltungsbereich		
	So sieht es der Optimist	**Das sieht es der Pessimist**
Misserfolg	Ist ein Einzelfall innerhalb eines abgegrenzten Themenbereichs.	Einzelne Fehlschläge werden verallgemeinert und auf andere Lebensbereiche übertragen: »Nichts gelingt mir.«
Erfolg	Typisch, also allgemeingültig.	Ist ein Einzelfall: »Ich hatte viel Glück.«

Erklärungsstile von Erfolg und Misserfolg		
Personalisierung		
	So sieht es der Optimist	**Das sieht es der Pessimist**
Misserfolg	Gründe liegen eher bei anderen Menschen oder Umständen (external), einhergehend mit einem starken Selbstwertgefühl.	Gründe liegen in der eigenen Person (internal); damit schwächt man das Selbstwertgefühl.
Erfolg	Gründe liegen in der eigenen Person (internal): »Ich bin gut.«	Gründe liegen in den äußeren Umständen (external): »Der Test war sehr leicht.«

Menschen, die Rückschläge als kurzfristig, punktuell und von äußeren Umständen (mit-)verursacht sehen, gehen relativ unbelastet an einen weiteren Versuch. Wer positive Ereignisse als dauerhaft, auf andere Lebensbereiche übertragbar und in der eigenen Person liegend erklärt, wird seine optimistische Sichtweise immer wieder neu bestätigt finden. Mit anderen Worten: Optimisten suchen den Grund für Misserfolge auch außerhalb ihrer Person (»Die Prüfung war unfair«) oder sind überzeugt, dass das ein einmaliger Ausrutscher war und sie die Situation beim nächsten Mal verändern können. Pessimisten dagegen suchen stets die Schuld bei sich (»Ich bin ein Versager«) und halten Misserfolge für folgerichtig und nicht aufhaltbar.

Die folgende Abbildung gibt eine Übersicht über die möglichen Erklärungsmuster.

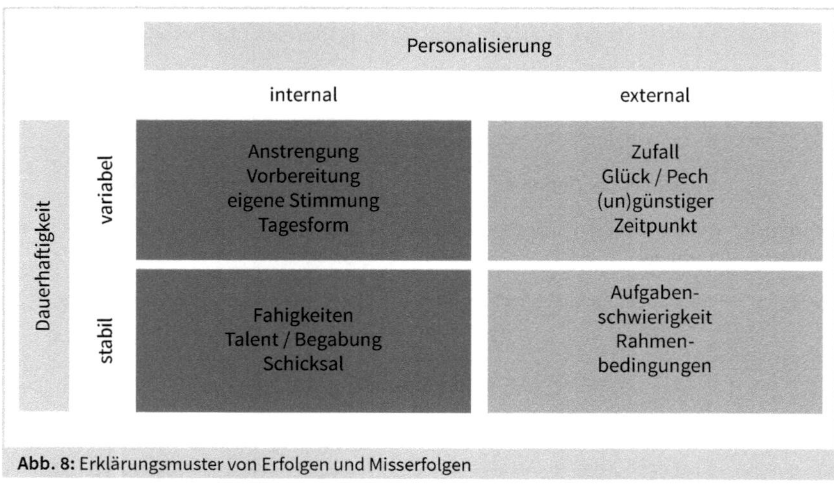

Abb. 8: Erklärungsmuster von Erfolgen und Misserfolgen

Beispiele

!

Ereignis: Prüfung bestanden
Erklärungsmuster des Optimisten: Ich war super vorbereitet. Ich lerne leicht und bin begabt. Ich lerne gerne, weil mich dieses Thema sehr interessiert.
Erklärungsmuster des Pessimisten: Alle anderen haben es auch geschafft. Ich hatte zufällig das richtige Thema gelernt. Ich hatte Glück und einen guten Tag. In den anderen Fächern werde ich nicht so viel Glück haben.

Ereignis: Prüfung nicht bestanden
Erklärungsmuster des Optimisten: Die Prüfung war extrem schwer. Ich hatte einen schlechten Tag. Dieses Fach ist nicht meine Stärke.
Erklärungsmuster des Pessimisten: Das zeigt, dass ich nicht geeignet bin. Ich werde es auch beim nächsten Mal nicht schaffen. Ich bin ein Prüfungsversager.

12.2.2 Kohärenzsinn

Der Soziologe Aaron Antonovsky beschäftigte sich mit der Frage, was den Menschen psychisch gesund hält. Zum Schlüsselbegriff wurde für ihn dabei der Kohärenzsinn, der ebenfalls ein Erklärungsmuster für Optimismus bereithält. Nach Antonovsky ist Kohärenz ein »umfassendes, dauerhaftes und dynamisches Vertrauen, dass das Leben und seine Anforderungen verstehbar (comprehensive), handhabbar (manageable) und sinnerfüllt (meaningful) sind.« Antonovsky vertritt die Meinung, dass es sich beim Kohärenzsinn um eine globale Orientierung handelt. Es geht dabei um die allgemeine Sicht eines Menschen, die Welt zu betrachten, sich ihr zu nähern und ihre Anforderungen zu bewältigen. Der Kohärenzsinn sorgt dafür, dass

- man ein umfassendes, überdauerndes und dynamisches Gefühl des Vertrauens besitzt,
- die eigene innere und äußere Umwelt als vorhersagbar empfunden wird und das mit großer Wahrscheinlichkeit,
- man darauf vertraut, dass die Dinge sich so entwickeln werden, wie man es vernünftigerweise erwarten kann.

(Antonovsky 1979, S. 123; Übers. v. Becker 1997, S. 10).

Eine solche Einstellung zum Leben wird als personale Bewältigungsressource betrachtet. Ausgeprägtes Kohärenzgefühl baut Optimismus auf, macht Menschen widerstandsfähiger gegenüber Stressoren und befähigt, Ressourcen zu mobilisieren, um mit Belastungen und traumatischen Erlebnissen besser zurechtzukommen. Je stärker der Kohärenzsinn entwickelt ist, desto mehr steigen:

- das Selbstwertgefühl,
- die Aktivität und Auseinandersetzung mit der Realität,
- die Bewältigungszuversicht, mit Anforderungen und Problemen fertig zu werden,

- das Vertrauen in die eigene Person (bzw. Intelligenz),
- die Überzeugung von der Sinnhaftigkeit des eigenen Handelns.

12.2.3 Ist das Glas halb voll oder halb leer?

Diese Fragestellung ist der Klassiker, wenn es gilt den Optimisten vom Pessimisten zu unterscheiden. Durch die alte, psychologisch-philosophische Streitfrage: Ist das Glas halb voll oder halb leer? lässt sich die Perspektive pessimistischer bzw. optimistischer Grundhaltung gut zeigen, denn: Es kommt immer auch auf den Standpunkt des Betrachters an. Für den Pessimisten ist das Glas halb leer und fertig. Für den Optimisten ist es eher halb voll. Doch die Antwortmöglichkeiten sind weit komplexer und vielfältiger, als es zunächst scheint – die gesamte Bandbreite lautet:

- Neutrale Betrachtung: Das Glas ist zugleich halb voll und halb leer, der Inhalt des Gefäßes beträgt 50 %.
- Negative Betrachtung: Das Glas ist halb leer.
- Positive Betrachtung: Das Glas ist halb voll.
- Weitere Möglichkeit: Das Glas ist doppelt so groß, wie es sein müsste.

Die bewusste Suche nach allen Aspekten einer Situation gehört wesentlich zu einer optimistischen Lebenseinstellung. Optimisten zeichnet eine kreative Denkweise aus: Weshalb sollten Gegebenheiten ausschließlich von der defizitären Seite betrachtet werden, wenn es noch weitere Möglichkeiten gibt? Die folgende Geschichte zeigt einen neutralen, nicht urteilenden Standpunkt. Sie illustriert, dass man es selbst in der Hand hat, wie man ein Ereignis bewertet oder ob man vorschnell urteilt. Im Falle einer schnell festgelegten Bewertung einer Situation ist man nicht mehr frei, weitere Aspekte zu erkennen.

!

Beispiel: Eine Geschichte aus China

Ein alter Mann lebte zur Zeit Lao Tses in einem kleinen Dorf. Er war arm, doch selbst Könige beneideten ihn, denn er besaß ein weißes Pferd, wie es weit und breit nicht zu finden war. Sie boten ihm viel Geld für das Pferd, aber der Mann wollte sein Pferd nicht hergeben. Eines Morgens jedoch stand sein Pferd nicht mehr im Stall. Das ganze Dorf versammelte sich, und die Leute sagten: »Du dummer alter Mann! Wir haben immer gewusst, dass das Pferd eines Tages gestohlen würde. Es wäre besser gewesen, du hättest es verkauft. Was für ein Unglück!«
Der alte Mann sagte: »Geht nicht so weit, das zu sagen. Sagt einfach: Das Pferd ist nicht im Stall. Denn das ist die Tatsache; alles andere ist Urteil. Ob es ein Unglück ist, oder ein Segen, weiß ich nicht, weil dies ja nur ein Bruchstück ist. Wer weiß, was daraus folgen wird?« Die Leute lachten den Alten aus und hielten ihn für ein bisschen verrückt. Doch nach fünfzehn Tagen kehrte das Pferd zurück. Es war nicht gestohlen worden, sondern in die Wildnis ausgebrochen. Und es brachte dazu noch sechs wilde Pferde mit.

Wieder versammelten sich die Leute, und sie sagten: »Alter Mann, du hattest Recht. Es war kein Unglück, es hat sich tatsächlich als ein Segen erwiesen.« Der Alte entgegnete: »Wieder geht ihr zu weit. Sagt einfach: Das Pferd ist zurück. Wer weiß, ob das ein Segen ist oder nicht? Ihr lest nur ein einziges Wort in einem Satz – wie könnt ihr das ganze Buch beurteilen?«
Die Leute dachten, dass es der Alte mit seiner Ansicht übertrieb. Schließlich hatte er sechs prächtige Pferde dazu bekommen, als alles verloren schien.
Der alte Mann hatte einen Sohn. Dieser versuchte die Wildpferde zu zähmen. Eine Woche später fiel er dabei unglücklich vom Pferd und brach sich beide Beine. Wieder versammelten sich die Leute und sagten: »Du hattest wieder Recht! Es war ein Unglück! Dein einziger Sohn kann nun seine Beine nicht mehr gebrauchen und er war die einzige Stütze deines Alters. Jetzt bist du ärmer als je zuvor.« Doch der Alte antwortete: »Ihr seid besessen vom Urteilen. Geht nicht so weit. Sagt nur, dass mein Sohn sich die Beine gebrochen hat. Niemand weiß, ob das ein Unglück oder ein Segen ist. Das Leben kommt in Fragmenten, und mehr bekommt ihr nie zu sehen.«
Es begab sich, dass das Land kurz darauf von einem Krieg überschattet wurde. Alle jungen Männer des Ortes wurden eingezogen. Nur der Sohn des alten Mannes blieb zurück, weil er verkrüppelt war. Der ganze Ort war von Klagen erfüllt, weil dieser Krieg nicht zu gewinnen war. Man wusste, dass die meisten der jungen Männer nicht zurückkehren würden. Sie kamen zu dem alten Mann und sagten: »Du hattest Recht, alter Mann – es hat sich als Segen erwiesen. Dein Sohn ist zwar verkrüppelt, aber immerhin ist er noch bei dir. Unsere Söhne sind nun für immer fort.«
Der alte Mann antwortete wieder: »Ihr hört nicht auf zu urteilen. Niemand weiß, wozu die Tat letztlich dient! Man kann nur dies sagen: Eure Söhne sind in die Armee eingezogen worden und mein Sohn nicht. Doch nur wer alles überblickt, kann wissen, ob dies ein Segen oder ein Unglück ist. Urteilt nicht, das lässt die Sinne erstarren. Das Einzige, was wir wissen, ist, dass die Wege des Lebens unendlich sind. Ein Weg kommt an sein Ende, ein anderer Weg hat gerade erst angefangen. Eine Tür schließt sich, eine andere tut sich auf. Man erreicht die Bergspitze, doch es findet sich eine höhere Spitze anderswo. Das Leben ist eine Reise. Was hinter einer Wegbiegung wartet, wissen nur diejenigen, die weitergehen.«

12.3 Selbstwirksamkeit oder was Sie sich zutrauen

Neben dem positiven Attributionsstil (Ursachen für Ereignisse erkennen und erklären) zeichnet Optimisten eine weitere Haltung aus: Sie haben eine hohe Selbstwirksamkeitserwartung. Selbstwirksamkeit ist die Überzeugung, Herausforderungen gewachsen zu sein, auf eine Situation gezielt Einfluss nehmen zu können und über genügend eigene Fähigkeiten zu verfügen, um ein angestrebtes Ziel erreichen zu können. Abhängig davon, ob man diese Selbstwirksamkeit hoch oder niedrig einschätzt, ändern sich die Wahrnehmung der Lebensumstände, die Motivation und die Leistung auf vielerlei Weise. Hintergrund für diese Definition ist die Theorie des Psychologen Albert Bandura von der Stanford Universität.

Unser Denken und Handeln wird bestimmt von persönlichen Überzeugungen. Ist man sich sicher, eine Krise erfolgreich meistern zu können, erhöht dies die Wahrscheinlichkeit, tatsächlich Erfolg zu haben, selbst wenn der optimistische Glaube nicht mit den objektiven Fähigkeiten übereinstimmt. Positive Einstellungen fördern also die Motivation, neue und schwierige Ziele anzugehen und dabei Anstrengung und Ausdauer zu zeigen. Negative Einstellungen lassen Menschen dagegen initiativlos werden oder veranlassen sie, vorzeitig aufzugeben: Wer erwartet, dass er ohnehin nichts ausrichten kann, wird erst gar nicht versuchen, etwas ändern zu wollen.

Mit optimistischem Denken verhindert man die düstere Erwartungshaltung auf zukünftige Vorhaben nach dem Motto: »Ich weiß jetzt schon, dass es nichts wird.« Zuversichtlicher lebt es sich mit dem Gedanken: »Ich weiß (noch) nicht wie, aber ich werde es schaffen.« Damit kann man Chancen, die sich bieten, leichter erkennen anstatt in Schwarzmalerei zu verharren. Optimismus ist eine Lebensauffassung mit einer lebensbejahenden Grundhaltung. Man wird damit lockerer, offener, kraftvoller.

! **Wichtig**

Wir konstruieren durch unsere Einstellung unsere Zukunft. Deshalb ist der Optimismus die einzige Kraft, die unseren Alltag in Zukunft aufblühen lassen kann.

12.3.1 Wenn die Überzeugung fehlt

Überzeugte Pessimisten hoffen mehr als sie agieren. Sie wagen und probieren daher zu wenig aus und sind wenig eigeninitiativ, weil sie sich den Frust des Scheiterns ersparen wollen. Sie erwarten häufig, dass alles Gute von Oben kommt. Sie warten und hoffen, anstatt zu handeln. Aus dieser Passivhaltung entstehen keine positiven Erfolgserlebnisse. Fehlende Erfolge wertet der Pessimist wiederum als Beweis, dass »bei ihm sowieso nichts klappt« und fühlt sich in seiner Rolle bestätigt. Pessimisten leben so in der Überzeugung, dass sie keine Macht und Kontrolle über Ereignisse haben. Und weil sie glauben, nichts ändern zu können, erstarren sie in Passivität und leiden stetig vor sich hin. Sie fühlen sich als Opfer und machen andere für ihr Schicksal verantwortlich. Das Glück der anderen erscheint dabei höchst ungerecht.

! **Wichtig**

Wer hofft, anstatt zu handeln, lebt in einer Illusion eines irgendwann eintretenden Ereignisses, das die Gegenwart verdrängt.

12.3.2 Selbstwirksamkeit steigern

Empirische Befunde belegen, dass die Erfahrung von Selbstwirksamkeit wiederum Motivation, Leistungshandeln und Lebensbewältigung fördert. Das heißt, wer Erfolge erlebt, steigert sukzessive seine Selbstwirksamkeit. Das wichtigste Prinzip ist also, Erfolgserlebnisse herbeizuführen, indem wir uns überprüfbare und realistische Ziele setzen. Außerdem motivieren solche Ziele und unterstützen die Selbstbewertung.

Der Psychologe August Flammer (1990) definierte aufgrund dieser Erkenntnisse die folgenden fünf Rahmenbedingungen für die Steigerung der Selbstwirksamkeit:

Leitfaden: So steigern Sie Ihre Selbstwirksamkeit	
1.	Sie haben ein bestimmtes Ziel.
2.	Sie akzeptieren dieses Ziel für sich als aktuelles Ziel.
3.	Sie kennen einen Weg, über den das Ziel erreichbar ist.
4.	Sie können diesen Weg selbst gehen (und wissen dies auch).
5.	Sie gehen diesen Weg tatsächlich.

Die Erfahrung der eigenen Wirksamkeit ist also immer bezogen auf ein bestimmtes, eigenes Ziel und abhängig davon, ob man eigene Mittel und Wege zur Zielerreichung findet. Immer mehr Optimismus entsteht dann, wenn man glaubt oder weiß, diese Mittel selbst zu besitzen, sie einsetzen und den Weg eigenständig gehen zu können. Das Wissen, etwas schaffen zu können, erlangt man, indem man Erfolge auf eigene Stärken zurückführt. An dieser Haltung kann man arbeiten.

Auf einen Blick: Optimismus – eine Haltung
• Menschen mit einer optimistischen Lebenseinstellung verallgemeinern negative Erlebnisse nicht und übertragen Misserfolge nicht auf andere Lebensbereiche (Geltungsbereich).
• Optimisten lassen sich von Schicksalsschlägen im Leben nicht aus der Bahn werfen, sind sich sicher, dass ein momentaner Durchhänger sich auch wieder zum Guten wenden wird (Dauerhaftigkeit).
• Optimisten trauen sich etwas zu und glauben an ihre Fähigkeiten, ihren Erfolg und ihre Zukunft (Selbstwirksamkeitserwartung).
• Optimisten verharren nicht in einer passiven Opferrolle, sondern handeln (Aktivität).
• Optimisten entwickeln eigene, realistische Ziele (Zielklarheit).
• Optimisten sind überzeugt, immer Lösungen zu finden und ihre Ziele zu erreichen (Leistungsfähigkeit).

13 Warum Optimismus glücklicher macht

Optimismus wirkt sich positiv auf Geist und Körper aus. Zuversicht und Lebensbejahung machen nicht nur glücklicher, sondern auch gesünder.

In diesem Kapitel lesen Sie, warum

- Optimismus länger fit hält und vor Krankheit schützt,
- Optimisten anziehender wirken und erfolgreicher sind,
- Optimisten Krisen besser bewältigen und wie sie das schaffen,
- übertriebener Optimismus schaden und Pessimismus manchmal nützen kann.

13.1 Gesund und fit durch Optimismus

Welche Auswirkungen hat eine optimistische Lebenseinstellung auf Geist und Körper? Gibt es überhaupt messbare Zusammenhänge zwischen optimistischer Lebenseinstellung und Gesundheit? Die Antwort lautet: Ja. Wer mit Zuversicht in die Zukunft schaut, ist glücklicher, wird seltener krank und häufig auch älter als die Schwarzmaler.

Körperlich und geistig leistungsfähig

Wissenschaftler der Mayo Clinic, USA, fanden heraus: Eine positive Lebenssicht hält nicht nur gesund, sie steigert sogar die Lebenserwartung. Wie die Forscher auch feststellten, können Optimisten besser mit Stress umgehen und sind weniger depressionsgefährdet. Schutzfaktoren gegen Krankheit sind nachgewiesenermaßen:

- ein gutes Selbstwertgefühl,
- Hilfe und Unterstützung durch soziales Netzwerk,
- eine ausreichende materielle Lebensgrundlage.

Wer optimistisch eingestellt ist, baut diese drei Schutzfaktoren leichter auf und kann sie besser aufrechterhalten. Aufgrund ihrer Lebensfreude und psychischen Stabilität sind Optimisten beliebt. Dadurch haben sie es leichter, soziale Kontakte zu knüpfen. Das soziale Netz unterstützt wiederum in schweren Zeiten. Auch dass Optimismus einen gewissen Einfluss auf die Leistungsfähigkeit und damit auf beruflichen Erfolg hat, ist nachgewiesen (siehe dazu »Erfolgreich durch Optimismus« im nächsten Abschnitt).

! **Beispiel**

Ein beeindruckendes Ergebnis lieferte eine Studie zu Genesungszeiten nach Krankheiten. Hier wurden optimistische mit pessimistischen Männern nach einer Bypass-Operation verglichen.
Die Optimisten hatten bereits während der Operation bessere physiologische Messwerte. Nach eigenem Empfinden hatten sie sich nach einer Woche deutlich erholt und konnten ihr Bett verlassen. Nach einem halben Jahr verlief ihr Leben wieder normal, sie arbeiteten vorwiegend in Vollzeit und waren in der Freizeit sportlich aktiv.
Die pessimistisch gestimmte Vergleichsgruppe hatte langfristig gesehen vorwiegend Teilzeitstellen, wenig Freizeitaktivitäten und signifikant unter Schmerzen und Schlafstörungen zu leiden.

Länger fit im Alter

Auch im Alter scheint Optimismus hilfreich zu sein: Forscher der Universität Texas begleiteten Menschen ab dem Alter von 65 Jahren. Die optimistischen Rentner bauten mit zunehmendem Alter weniger schnell geistig ab als ihre pessimistischen Altersgenossen. Vermutung der Experten: Gute Laune hat offensichtlich Auswirkungen auf den Hormonspiegel, dieser wiederum hält das Gehirn jung.

Es gibt eine ganze Reihe weiterer Studien, die auf diesen signifikanten Zusammenhang hindeuten. So haben Forscher der Miami University in Ohio festgestellt, dass ältere Bürger der Stadt Oxford in Ohio mit einer positiven Lebenseinstellung im Schnitt sogar 7,5 Jahre länger lebten als ihre pessimistischen Mitbürger.

Schutz vor Krankheit

Optimistisches Denken schützt vor Krankheit, vor allem vor Herz-Kreislauf-Erkrankungen. Das konnte in einer Studie der Universität Rostock bewiesen werden. Dabei war es völlig irrelevant, ob die positive Beurteilung der eigenen Gesundheit medizinisch begründet war oder nicht. Auch für tatsächlich weniger gesunde Testpersonen galt: Wer sich selbst als gesund einschätzte, hatte im Vergleich zu den Testpersonen, die sich um ihr Wohlergehen große Sorgen machten, ein deutlich vermindertes Herzinfarkt- und Schlaganfallrisiko.

In Tel Aviv fanden Wissenschaftler der Ben-Gurion-Universität heraus, dass Frauen mit einer positiven Lebenseinstellung ein um 25 Prozent niedrigeres Risiko haben, an Brustkrebs zu erkranken. Die optimistischen Frauen waren nicht nur generell gesünder, sie hatten in der Regel auch einen positiveren Schwangerschaftsverlauf. Fehlender Optimismus ist einer amerikanischen Studie zufolge, ein ebenso großer Risikofaktor in der Schwangerschaft, wie andere medizinische Probleme.

Klinische Studien konnten nachweisen, dass Sinnesorgane positiv eingestellter und ausgeglichener Menschen besser funktionieren. Sie verfügen deshalb über eine bessere Merkfähigkeit. Dies hat Auswirkungen auf Kreativität und Ideenfindung, führt zu vielfältigeren Problemlösestrategien, was seinerseits Stress reduziert und wiederum gesünder hält.

Wichtig !

Der Zusammenhang zwischen optimistischen Einstellung und der Entwicklung von Krankheit ist eindeutig nachweisbar.

Positives Denken und Immunabwehr

Ebenso wurde der Zusammenhang zwischen positivem Denken und guter Immunabwehr in zahlreichen Untersuchungen belegt. Die Ergebnisse zeigten, dass positive Gefühle offenbar eine Vermittlerrolle übernehmen und den linken präfrontalen Kortex aktivieren, was mit guter Immunabwehr einhergeht. Negative Emotionen hingegen aktivieren den rechten präfrontalen Kortex, was mit schlechter Immunabwehr verbunden ist. Die Ergebnisse unterstützen die Hypothese, dass Pessimisten aufgrund ihrer schlechteren Immunabwehr einem stärkeren Gesundheitsrisiko ausgesetzt sind als Optimisten.

Zuversicht lindert Schmerzen

Wie stark der Mensch einen Schmerzreiz empfindet, hängt zum einen davon ab, was er tatsächlich spürt, zum anderen aber auch von seiner Erwartung. Die Wirkung von Schmerzen ist eng an die für die Erwartung von Schmerzen zuständige Hirnregion gekoppelt. Man weiß, dass Menschen, die keinen schlimmen Schmerz erwarten, tatsächlich weniger leiden und umgekehrt. Optimisten haben also eine geringere Aktivität sowohl in dem für die Erwartung von Schmerz, als auch in dem für die Verarbeitung eines Schmerzreizes zuständigen Hirnareal. Mit diesen Resultaten lässt sich teilweise erklären, weshalb Optimismus einen positiven Einfluss auf den Zustand von kranken Menschen hat.

13.2 Optimisten wirken anziehend

Mit Menschen, die lebensfroh, aktiv und erfolgreich sind, umgeben wir uns gern. Optimistische Menschen werden von anderen als attraktiver wahrgenommen, sind häufiger verheiratet oder leben in stabileren Partnerschaften. Die Fähigkeit von Optimisten, nach vorn zu blicken, motiviert auch ihr Umfeld und macht sie zu beliebten Arbeitskollegen. Durch ihre »Coolness« im Umgang mit Stress gelingt es ihnen auch besser als anderen, in hitzigen Debatten zu schlichten.

Daneben motivieren sie sich hervorragend selbst: Optimisten halten an ihrem Ziel unbeirrt fest und lassen sich nicht abbringen. Sie sind häufig produktiver und effektiver als andere und ziehen Kollegen durch ihr beispielhaftes Vorleben oft mit.

13.2.1 Optimismus steckt an

Optimisten sind beliebt, denn Optimismus steckt an und springt auf andere Menschen über. Eine Erklärung dafür liefert unser Gehirn. Das limbische System – als emotionales Zentrum des Gehirns – ist ein offenes System, dessen Regulierung weitgehend von externen Faktoren abhängt. So kann eine Mutter die Emotionen ihres weinenden Kindes beeinflussen, indem sie tröstet und beruhigt. Dramatische Szenen in Kino und Oper stecken an und rühren zu Tränen. Eigene emotionale Stabilität hängt also immer auch von der Verbindung und Rückkopplung zu anderen Menschen ab, z. B. Partner, Familie, Freundeskreis etc.

Man weiß, dass sogenannte offenen Schleifen des limbischen Systems Signale von einer Person auf eine andere übertragen, die deren Hormonproduktion, Herz-Kreislauf-Funktion, Schlafrhythmus und sogar das Immunsystem verändern. Dieser Vorgang der offenen Emotionsübertragung ist nicht bewusst wahrzunehmen, kann jedoch durch moderne Verfahren nachgewiesen werden.

Physiologie und Körpersprache zweier Menschen, die ein gutes Gespräch miteinander führen, gleichen sich nach einiger Zeit an. Man nennt dieses Phänomen »Spiegelung«. Sogar bei ausschließlich nonverbalem Kontakt breiten sich Emotionen zwischen Menschen aus. Das kann so weit gehen, dass zwei Personen nach einer gewissen Zeit identische Blutdruckwerte aufweisen. Diese eindrucksvollen zwischenmenschlichen Phänomene erklären, weshalb man sich lieber mit Optimisten als mit Schwarzmalern umgibt. Wer lässt sich schon gerne vom »Blues« anstecken?

13.2.2 Erfolgreich durch Optimismus

Wenn Menschen in einem Team zusammenarbeiten, übernehmen auch sie Gefühle voneinander. Diese wirken sich sowohl in materieller Hinsicht, beispielsweise auf Geschäftsergebnisse und Produktivität aus, als auch in immaterieller Hinsicht z. B. auf Arbeitsmoral, Mitarbeiterfluktuation, Motivation und Engagement der Mitarbeiter. Die Stimmungen sind dabei umso einheitlicher, je stärker der Zusammenhalt der Gruppe ist (Goleman et al., 2002).

Verständlich also, dass sich jeder gerne mit Optimisten umgibt und diese in jedem Team gern gesehen sind: Der Optimist findet 100 gute Gründe, gut drauf zu sein, hat Erfolg und motiviert andere damit. Zudem haben Optimisten das Recht, aufgrund ihres beispielhaften Vorlebens, ein positivaktives Verhalten auch von anderen einzufordern, was ein Team insgesamt fördert und erfolgreicher macht.

13.2.2.1 Besser führen

Daniel Goleman weist darauf hin, dass bereits Stammeshäuptlinge und Schamanen ihren Spitzenplatz aus dem Grund einnahmen, »weil ihre Führung emotional überzeugend war«. Der Anführer jeder Gruppe hatte die Macht, die Emotionen der anderen zu lenken. Das hat sich bis heute nicht geändert: Es gelingt optimistischen und enthusiastischen Vorgesetzten viel leichter, ihre Mitarbeiter zu halten und zu begeistern.

Hinzu kommt, dass Mitglieder einer Gruppe eine unterstützende emotionale Bindung zu ihrem Anführer suchen. Schaffen es diese, die Emotionen der Geführten in eine positive Richtung zu lenken, bringen sie ihre Mitarbeiter zu Höchstleistungen. Fühlen sich Mitarbeiter gut dabei, hebt das die positive Stimmung, die Kreativität, Entscheidungskompetenz und ihre Hilfsbereitschaft. Die Fähigkeit einer Führungskraft, ein Team in eine optimistische, kooperative Stimmung zu versetzen, entscheidet somit zentral über den Erfolg deren Arbeit.

Beispiel !

Ist das Arbeitsklima im Servicebereich wie z. B. einer Kundenbetreuung oder Hotline schlecht, kommt die Quittung postwendend ins Unternehmen zurück. Haben Kundenbetreuer schlechte Laune, weil sie genervt von Kollegen oder Vorgesetzten sind, sind sofort auch die Kunden unzufrieden oder verärgert. Selbst dann, wenn die Dienstleistung an sich von guter Qualität ist.
Positiv gestimmte Kundenbetreuer mit guter Laune bewirken, dass zufriedene Kunden wiederkommen und die Firma empfehlen. Selbstverständlich gilt das Gleiche für alle anderen Abteilungen und Unternehmen. Auch ein »interner Kunde« freut sich über ein Lächeln, Entgegenkommen und optimistische Unterstützung und wird dies an sein Umfeld weitergeben.

13.2.2.2 Optimismus fördert die Leistung

Es gibt eine Vielzahl von Studien, die über die positiven Effekte von Optimismus auf Leistung und Erfolg z. B. in Beruf, Schule oder Sport hinweisen (z. B. Peterson, 2000). Hauptsächlich entstehen diese Effekte dadurch, dass Optimisten dazu neigen, Erfolge ihren Fähigkeiten, also sich selbst zuschreiben (internale Attribuierung), während sie für Misserfolge eher äußere Umstände verantwortlich machen (externale Attribuierung). Die Erfolgsgefühle führen zu einer höheren Selbstwirksamkeitserwartung – man traut sich mehr zu, nimmt mehr in Angriff und leistet mehr. Eine Positivspirale entsteht und wird aktiv aufrechterhalten.

! **Beispiel**

Ein optimistisch eingestellter Sportler führt erfolgreiche Ergebnisse auf seinen guten Trainings- und/oder Mentalzustand zu. Erreicht er ein schlechtes Ergebnis, sucht er die Gründe eher in äußeren Gegebenheiten (externale Attribuierung), z. B. schlechtem Wetter, unzulänglichem Materialzustand etc. Optimistische Sportler gehen mit negativem Feedback entspannter um und schneiden bei der nächsten Herausforderung besser ab als Pessimisten. Ein pessimistischer Sportler begründet seinen Misserfolg mit seinen ungenügenden Fähigkeiten oder seinem schlechten Trainingszustand. Er sucht und findet die »Schuld« ausnahmslos bei sich (internale Attribuierung), was ihn zusätzlich frustriert.

13.3 Flexibel und aktiv durch Krisen

Optimisten verhalten sich allgemein und auch in Krisensituationen flexibler als Pessimisten. Sie passen ihre konkreten Erwartungen situativ den Gegebenheiten an. Dadurch können sie auf Unabwägbarkeiten und Veränderungen frühzeitig reagieren, ohne ihr Ziel aufzugeben.

13.3.1 Krise: Rückschlag oder Chance?

Krisen bringen immer problematische Entscheidungssituationen mit sich. Das Wort »Krise« geht zurück auf das griechische Wort »krisis«, das Wendepunkt bedeutet. Die chinesischen Schriftzeichen für Krise »wie-ji« setzen sich aus den Symbolen für »Gefahr« und »gute Gelegenheit« zusammen. Tatsächlich sind Krisen wohl beides. Sie entstehen durch Verluste wie Tod oder Trennung, aber auch durch Krankheit, Alter und andere körperliche Veränderungen, z. B. Pubertät, sowie durch Enttäuschungen, finanzielle Schräglagen oder Arbeitsplatzverlust.

Die Bewältigungsstrategien des Optimisten

Menschen mit optimistischer Einstellung verfügen aufgrund der unterschiedlichen Attributionsstile in Krisen- und Stresssituationen über bessere Bewältigungsstrategien. Dadurch erhalten sie sich mehr Energie und Nervenstärke. Selbstverständlich leiden und zweifeln auch Optimisten, empfinden auch sie Wut, Verzweiflung oder Trauer. Die Zeit jedoch, die Optimisten für die Bewältigung von Krisen benötigen, ist wesentlich kürzer. Sie erholen sich schneller und zerbrechen nicht psychisch an einem schlimmen Erlebnis.

Hinzu kommt ein pragmatischer Umgang mit Informationen: Optimisten nehmen zwar vor oder während einer Krise die gleichen Stressoren wie Pessimisten wahr, wählen aber dann spezifischere Handlungsmöglichkeiten. Sie verlassen sich nicht auf Hoffen, Glauben oder Schicksal, sondern arbeiten aktiv gegen Missstände an, weshalb es zu weniger Krisen kommt. Sie haben die Fähigkeit, nach dem ersten Schock auch das Positive der Situation zu erkennen und glauben daran, dass in jeder Krise eine Chance steckt.

Beispiel

!

Klaus S. ist 52 Jahre alt und arbeitet seit 30 Jahren als Servicetechniker in einer Firma. Nun wurde seine Firma verkauft und ein Viertel der Mitarbeiter entlassen – darunter er. Die Situation ist schwierig: Sein Haus ist nicht abbezahlt, seine erwachsenen Töchter sind beide noch in Ausbildung, seine Frau kann nach einer Krankheit nur noch wenige Stunden wöchentlich arbeiten. Mit über 50 ist es nicht einfach, eine neue Stelle zu finden, in Zeiten einer Wirtschaftskrise noch weniger. Klaus S. und seine Familie stehen unter Schock.
Sie lassen Ängsten und Tränen zunächst freien Lauf, dann krempelt Klaus S. die Ärmel hoch. Er war in den letzten Monaten ohnehin nicht mehr glücklich im alten Job – der Konkurrenzdruck hatte unmenschliche Ausmaße angenommen. Noch einmal ein Neuanfang, diese Vorstellung übt auch einen großen Reiz auf ihn aus. Er schreibt zahlreiche Bewerbungen und erhält nur Absagen. Da fängt er an, allen Bekannten seine Situation zu schildern, bis einer ihm von einer Firma in der Nähe erzählt, die jemanden sucht. Herr S. ruft noch am selben Tag dort an und vereinbart einen Gesprächstermin. Vier Wochen später beginnt er voller Elan seinen neuen Job in einem menschlicheren, teamorientierten Umfeld.

Man kann sich ausmalen, was passiert wäre, wenn Klaus S. davon ausgegangen wäre, dass in seiner Situation ohnehin nichts zu machen sei. Er hätte jede Absage als Bestätigung genommen, dass er keine Chance mehr hat, und irgendwann ganz aufgehört zu handeln.

Checkliste: So bewältigen Optimisten Krisen
• Optimisten fühlen sich als eigenständig handelnde Person, nicht als Opfer der Umstände. Dadurch erlangen sie die Fähigkeit, schneller wieder Mut zu fassen und aktiv zu werden.
• Sie sehen Zeiten der Verzweiflung ebenso als Phasen im Leben an wie gute Zeiten.
• Sie akzeptieren Gegebenheiten, suchen nach Lösungen und Alternativen.
• Sie setzen sich gegen unvermeidliche Veränderungen nicht zur Wehr, sondern integrieren diese in ihr Leben.
• Sie machen die Erfahrung, dass sie Krisen heil überstehen können. Das beruhigt und stimmt zuversichtlich.
• Sie nehmen bewusst wahr, dass sie einen Rückschlag bewältigt haben und sich auf die eigenen Kräfte und Fähigkeiten verlassen können. Das stärkt.

13.3.2 Optimismus und Frustrationstoleranz

Jeder Tag bringt Situationen mit sich, die man je nach Veranlagung als mehr oder weniger belastend empfindet: Der Wagen springt nicht an, ein Projekt geht schief, es treten unerwartete Störungen auf. Je besser die Frustrationstoleranz entwickelt ist, desto leichter gelingt es, optimistisch zu bleiben. Frust, Probleme und Rückschläge lassen sich einerseits besser aushalten, wenn man konstruktiv mit ihnen umgeht. Andererseits entsteht durch das positive Erleben, sich von den Schwierigkeiten nicht aus dem Gleis werfen zu lassen, wiederum mehr Optimismus. Somit befruchten sich hohe Frustrationstoleranz und optimistische Haltung gegenseitig und stärken die Persönlichkeit in schwierigen Situationen. Man wird trotz Schwierigkeiten weitermachen und bringt Einsatz und Disziplin auf, um durchzuhalten. Wer über hohe Frustrationstoleranz verfügt, hat eine bodenständige Erwartungshaltung und weiß:

- Jedes Ziel hat einen Preis.
- Niemand sagt, dass es leicht ist, ein Ziel zu erreichen.
- Die Zielerreichung kann phasenweise unangenehm sein.

Wer das Auftreten von Misserfolgen und Hürden von vornherein realistisch mit ins Kalkül zieht, erlebt weniger Enttäuschungen. Er macht trotz Unannehmlichkeit das, was getan werden muss, verfolgt hartnäckig sein Ziel und lässt sich nicht davon abbringen. Ein realistisch-optimistischer Mensch weiß, dass manches, was er anpackt, misslingt. Er weiß, dass unschöne Situationen sowie Scheitern zum Leben gehören. Er akzeptiert diese Realität und setzt sich mit ihr auseinander.

13.3.3 Machen uns Rückschläge pessimistisch?

Eine verbreitete Meinung ist, dass Menschen zu Pessimisten werden, wenn sie allzu viele Niederlagen, Rückschläge und persönliche Katastrophen erleben mussten. Tatsächlich sind es weder die Menge noch die Schwere der erlebten Schicksalsschläge, die Menschen pessimistisch oder depressiv werden lassen. Optimisten erleben ebenso viele Niederlagen und Tragödien wie Pessimisten, sie bewältigen diese aber besser. Genau genommen erleben Optimisten unterm Strich häufig mehr Misserfolge, weil sie bei Rückschlägen nicht sofort aufgeben. Sie verbuchen aber auch mehr Erfolge. Das liegt zum einen daran, dass sie »dran geblieben sind«, zum anderen interpretieren sie manche Situationen nicht als Misserfolge, wie es ein Pessimist vielleicht tun würde.

Der entscheidende Unterschied liegt also nicht in den Erfahrungen an sich, sondern in deren gedanklicher Bewertung, das heißt darin, auf welche Gründe jemand seine Erfolge und Misserfolge zurückführt und welche Erwartungen er infolgedessen an die Zukunft hat.

!

Beispiel

Ihr Chef kündigt ein neues, spannendes Projekt an, das demnächst starten soll. Sie möchten im Projektteam mitarbeiten und sprechen Ihren Chef darauf an. Er lehnt ab.
Die Ablehnung können Sie nun optimistisch oder pessimistisch bewerten:
Pessimistische Betrachtung: »Er will mich nicht dabei haben, weil er es mir nicht zutraut. Ich bin schlechter als die anderen.« Die Ablehnung wird auf die eigene Person und auf sich selbst zugeschriebene Kompetenzdefizite bezogen. Sie wird gefühlsmäßig als ein harter Schlag empfunden, den man erst einmal verdauen muss.
Optimistische Betrachtung: »Wahrscheinlich will er im täglichen Ablauf nicht auf meine Unterstützung verzichten und stellt mich deshalb nicht frei. Ich akzeptiere das, will aber beim nächsten Projektteam dabei sein und arbeite gezielt darauf hin.« Das Selbstbewusstsein wird nicht untergraben, weil man trotz Ablehnung von den eigenen Qualitäten überzeugt ist. Die Absage wird den Umständen zugeschrieben, das Ziel wird weiterhin verfolgt. Emotional ist man damit weniger beeinträchtigt.

13.3.4 Und wenn alles in Trümmern liegt?

Der Ursprung des Begriffes »scheitern« liegt in dem alten, aus der Schifffahrt stammenden Begriff »zu Scheitern werden«: Ein Schiffsbug kann an einer Klippe in tausend Stücke aus Holz, Scheiter genannt, bersten. Das Zerschellen des Schiffes hieß »scheitern«, was demnach so etwas wie »in Stücke gehen« oder »auseinanderbrechen« bedeutet. Auf das menschliche »Scheitern« übertragen, bedeutet dies: Eine geordnete Struktur wird zum Chaos, das Selbstverständliche wird in Frage gestellt. Das Ich und die Welt müssen neu zusammengesetzt und abgestimmt werden. Das ist die moderne Bedeutung des Begriffs: das Misslingen, die Erfahrung, etwas nicht erreicht oder geschafft zu haben und neu beginnen zu müssen. Neben dem Gefühl von Ausweglosigkeit, das nicht ausgeblendet werden darf, bleibt die optimistische Neujustierung. Darin steckt die Chance, es noch einmal und besser zu versuchen. Wer trotz Widrigkeiten aufsteht, hat schon die grundlegende Bedingung geschaffen, das Unglück zu überwinden, wer es gar nicht erst versucht, wird auf jeden Fall liegen bleiben. Optimistisch betrachtet kann man im Scheitern einen Zustand des Suchens, Sich-Findens oder Sich-Neu-Definierens entdecken. Darin liegt enorm viel Potential, wodurch das Scheitern immer auch zur Chance wird.

13.3.5 Stress und Angst

Eine optimistische Haltung hat, wie bereits erwähnt, positiven Einfluss auf Stresssituationen. Weil Optimisten offener sind, passen sie sich neuen Situationen besser an. Menschen, die optimistisch sind, berichten deshalb über weniger körperliche Stresssymptome in hektischen Zeiten. Sie erleben weniger Anspannung, Angst, Ärger und

Müdigkeit. Dadurch erhalten sie sich zudem eine höhere Motivation, was letztendlich mehr Erfolge beschert.

Je pessimistischer jemand ist, umso bedrohlicher empfindet er bestimmte Ereignisse oder Veränderungen in seinem Lebensumfeld und desto mehr Bedenken baut er auf. Wer Angst hat, entwickelt unter Umständen immer mehr Angst, weil sich sein körperliches und psychisches Warnsystem permanent aktiviert.

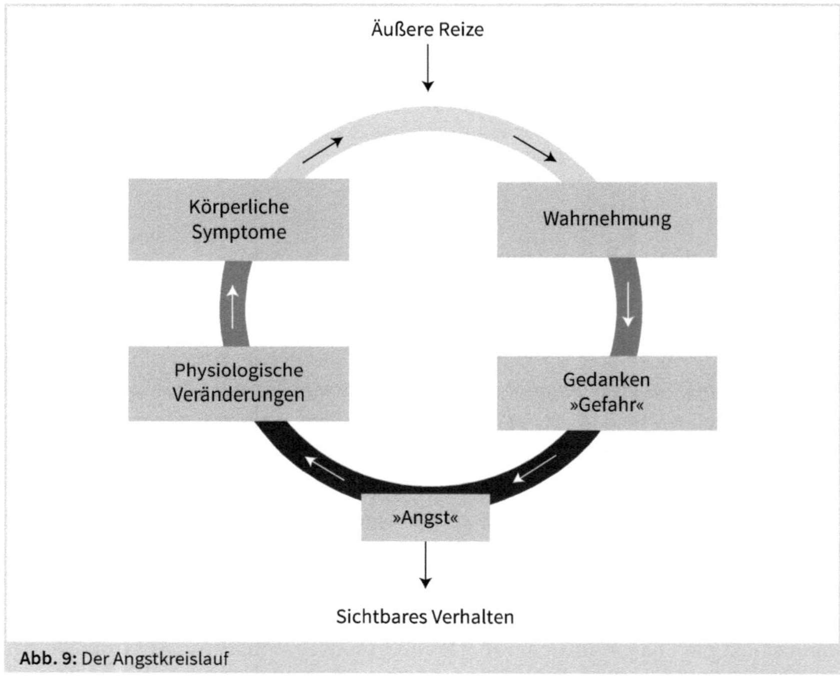

Abb. 9: Der Angstkreislauf

Angst blockiert das Gehirn. Man kennt dies aus Situationen, in denen man »vor lauter Angst (Sorgen/Stress), nicht mehr denken kann.« Alarmsituationen, zu denen Angst und Stress zählen, aktivieren direkt und ohne Bewertung unserer Ratio, die Amygdala, den Mandelkern in unserem Gehirn. Diese ist eine Art Wachposten für eintreffende Sinnesreize. Eine andere Hirnregion, der Neocortex, übernimmt die Rolle des Gefühlsmanagers, der den Informationsaustausch mit anderen Teilen des Gehirns reguliert. Oft stellt sich im Neocortex nach Überprüfung heraus, dass das Mandelkern-Warnsignal übertrieben war. So entpuppt sich ein Problem z. B. als halb so wild oder man hat sich unbegründete Sorgen gemacht. Dennoch wurden alle körperlichen Funktionen auf Alarm gestellt und sie sind als Stressreaktion direkt spür- und erlebbar.

Wird dies zum Dauerzustand, kann man sich anhand der vorhergehenden Grafik vorstellen, dass erstens der Körper in Dauerstress gerät und zweitens sich die Angst immer mehr steigert. Der Körper reagiert auf Angst mit Stress: Das Herz schlägt schneller, die Muskeln spannen sich an. Je stärker die Belastung, desto ausgeprägter die körperliche Reaktion und umgekehrt. Damit hat ein Angstkreislauf begonnen, der zum Selbstläufer werden kann.

Wer optimistisch denkt, vermeidet diesen Kreislauf, weil er ausgeglichener und entspannter ist. Er kann klare Gedanken fassen und bleibt problemlösefähiger. Sind Körper und Geist weitgehend stressfrei, erhält dies wiederum den Optimismus aufrecht.

13.4 Zu viel Optimismus kann schaden

Unter bestimmten Umständen kann Optimismus gefährlich werden. Umgekehrt kann eine gewisse Portion Pessimismus durchaus ihre Vorteile haben.

13.4.1 Unrealistischer Optimismus

Dass Optimismus, wie vieles andere auch, ein gesundes Maß braucht, konnten kürzlich Wissenschaftler der Duke University in Durham, North Carolina, aufzeigen: Manju Puri und David Robinson verglichen Daten von Optimisten und extremen Optimisten. Die beiden Experten konnten deutliche Unterschiede im Verhalten feststellen: In angemessenen Dosen kann Optimismus zu weisen Entscheidungen führen, berichten die Wissenschaftler, doch Übertreibung wirkt sich schädlich aus. Zum Beispiel tendierten extreme Optimisten stärker zum Rauchen. Vermutlich gehen sie davon aus, dass ihnen die Zigaretten weniger schaden als anderen, dass es ihnen kurzfristig gelingen wird, das Laster aufzugeben, wenn sie wollen. Ganz easy, selbstverständlich.

Zu viel Optimismus an falscher Stelle kann sogar tödlich sein: Die Worte »Hoffen wir das Beste« gehören sicherlich häufig zu den zuletzt gesprochenen ... Autofahrer, Extremsportler, Bergsteiger, Elektriker oder Piloten erhöhen die eigene Lebenserwartung und die anderer Menschen deutlich, wenn sie Realitätssinn an den Tag legen. Wird einseitig die positive Sicht übertrieben, alles grob unterschätzt, spricht man von manischem oder unrealistischem Optimismus. Damit sind maßlose Optimisten gemeint, die vor lauter Sorglosigkeit in die Oberflächlichkeit abgleiten. Hierbei kommt oft das Thema Verantwortung, sowohl für sich als auch für andere, zu kurz.

! **Wichtig**

In diesem Buch geht es bewusst und ausschließlich um die Facetten des realitätsnahen Optimismus.

Manischer Optimismus kann zu trügerischen Ansichten führen: Dann neigt man z. B. dazu, Beziehungen überzustrapazieren oder Chancen auf einen Lottogewinn weit zu überschätzen. Unrealistische Optimisten neigen beispielsweise dazu, zu lange an Glücksspielen teilzunehmen, auch wenn sie verlieren. Oder sie glauben viel zu lange an einen Erfolg, bevor sie merken, dass sie besser abbrechen und sich anderen Dingen widmen sollten.

! **Beispiel**

Spielabhängigkeit bei Glücksspielen beginnt häufig mit einem kleineren Geldgewinn, der zu weiterem Glücksspiel Anreiz gibt. Verluste, die nicht ausbleiben, werden von unrealistischen Optimisten unkritisch ausgeblendet und der Spieler ist sicher, diese mit »verbesserten« Spieltechniken oder höheren Einsätzen wieder wettzumachen.
Die Wahrscheinlichkeit, z. B. beim Lotto mit Superzahl zu gewinnen, liegt bei rund 1:140 Millionen. Die Wahrscheinlichkeit, beim Absturz eines Flugzeuges zu sterben, liegt hingegen bei 1:3 Millionen! Die Zahlen verdeutlichen, dass selbst bei optimistischer Betrachtung die Chancen gering sind, im Lotto zu gewinnen.

13.4.2 Die gute Seite des Pessimismus

Fragt man Pessimisten, weshalb sie von ihrer negativen Denkweise so überzeugt sind, dann erhält man zwei Standardantworten:

- »Wenn ich vom Negativen ausgehe, kann ich nicht enttäuscht werden.«
- »Ich erlebe keine bösen Überraschungen, weil ich auf das Schlimmste vorbereitet bin.«

Tatsächlich ist es so, dass pessimistische Mitmenschen vorsichtiger sind und Gefahren leichter erkennen, weil sie darauf fokussiert sind. Sie neigen weniger dazu, sich zu überschätzen, was ein Vorteil sein kann. Auch in Geldangelegenheiten lassen Pessimisten oftmals mehr Umsicht walten. Sogar beim Thema »Enttäuschung« haben es Pessimisten in manchen Punkten leichter: Wer erst gar nicht mit einem Lottogewinn rechnet, wird nicht enttäuscht, wenn er nicht kommt. Wissenschaftler stellten zudem fest, dass Pessimisten im Alter weniger Depressionen bekommen als Optimisten, wenn sie nahe Verwandte oder Freunde verlieren. Sie sind offensichtlich jahrelang auf Verlust und Enttäuschung trainiert, das hilft in dem Fall.

Pessimismus ist also nicht ausschließlich schlecht. Ab und zu eine überschaubare Prise Pessimismus hilft, auf dem Boden der Tatsachen zu bleiben und Gefahren zu erkennen.

Auf einen Blick: Warum Optimismus glücklicher macht
• Positiv gestimmte Menschen sind gesünder und leben länger. Gute Laune beeinflusst den Hormonspiegel und stärkt die Immunabwehr. Optimisten haben eine geringere Schmerzerwartung und leiden deshalb weniger. Durch besseres Stress- und Angstmanagement reduzieren sich Herz- und Kreislaufprobleme.
• Optimisten haben eine positive Ausstrahlung und wirken auf ihre Umwelt anziehend. Sie verkaufen sich besser und sind beruflich und finanziell erfolgreicher, weil sie sich selbst und andere ihnen mehr zutrauen.
• Optimisten stellen sich leichter auf neue Situationen ein und probieren vielfältige und ungewöhnliche Wege aus, mit Problemen fertig zu werden. Sie sind überzeugt, eine Lösung zu finden und bewältigen schwierige Situationen schneller. Deshalb sind Optimisten psychisch stabiler und fühlen sich glücklicher.
• Klinische Studien zeigen, dass die Sinnesorgane positiv eingestellter und ausgeglichener Menschen besser funktionieren. Sie haben deshalb eine bessere Merkfähigkeit, sind kreativer und ideenreicher.
• Nur realistischer Optimismus macht glücklich. Wird der Optimismus übertrieben, entstehen Oberflächlichkeit und Selbstüberschätzung.

14 Was dem Optimismus im Wege steht

Sich im Lauf des Lebens ständig eine optimistische Sichtweise zu erhalten, ist nicht leicht. Manchmal schleichen sich Gewohnheiten ein, welche dem Optimismus im Wege stehen, oder man wird von anderen Menschen und äußeren Gegebenheiten negativ beeinflusst. Solche Hemmnisse lassen sich jedoch überwinden.

In diesem Kapitel lesen Sie, wie

- Sie Vorurteile und Fehlurteile erkennen,
- wir uns selbst hemmen und was wir dagegen tun können,
- wir uns vor Horrormeldungen und Miesmachern schützen können.

14.1 Vorurteile und Fehlurteile

Wir brauchen in unserem Alltagsleben Standards. Nicht jede Meinung, die wir einmal gebildet, jedes Urteil, das wir einmal gefällt haben, kann ständig neu in Frage gestellt werden – das wäre weder sinnvoll noch effizient. Daneben gibt es jedoch unreflektierte Vor- oder Fehlurteile, die uns daran hindern optimistisch zu denken. Hier lohnt es sich, genauer hinzusehen und manches vermeintlich fest Verankerte auf den Prüfstand zu stellen.

14.1.1 Prägungen aus Kindheit und Jugend

Jedes menschliche Verhalten ist ein Produkt aus Vererbung und Prägung durch die Umwelt. In der Phase der Primären Sozialisation, also den allerersten Lebensjahren, wenn sich das Leben in der Regel noch innerhalb der Familie abspielt, werden Grundzüge des späteren Verhaltens geprägt. Erfährt man Liebe, Geborgenheit sowie Regeln und wächst man in stabilen sozialen Verhältnissen auf, entwickelt man Zuversicht und seelische Stärke. Fehlen diese Komponenten, ist das häufig der Nährboden für Selbstzweifel und Skepsis.

Was die Entwicklung beeinflusst

Die menschliche Entwicklung vollzieht sich in einem lebenslangen Prozess mit inneren und äußeren Faktoren:

- Zu den inneren Einflüssen gehören z. B. Gene, Temperament, physiologische Prozesse, aber auch die Ergebnisse der bisherigen Entwicklung wie Persönlichkeitseigenschaften, Einstellungen, Motive, Ängste etc.
- Äußere Faktoren liegen in der Lebenswelt eines Menschen, umfassen Einflüsse der Umwelt, z. B. durch die Familie, Freunde, den Arbeitsplatz sowie Gesellschaft und Kultur.

Meine Eltern sind schuld

Wohl niemand hatte eine perfekte Kindheit ohne Hindernisse und Probleme. Es wäre aber zu einfach, sich resigniert zurückzulehnen, den Eltern die Schuld in die Schuhe zu schieben und sich mit seiner Lage abzufinden. Auch wenn die Kindheit prägenden Einfluss ausübt, bedeutet das nicht, dass man auf ewig Sklave früherer schlechter Erfahrungen ist. Wie käme es dann, dass Menschen trotz schwerer Kindheit ein mutiges, lebensfrohes und erfolgreiches Leben führen?

! **Wichtig**

Die Entwicklung und Reifung eines Menschen ist eine komplexe Wechselwirkung zwischen Genen, Umwelt, Prägung, interpretiertem Handeln und Selbsterziehung. Sie ist eine, von Beginn an und immerwährende, aktive Auseinandersetzung mit sich selbst und mit der Umwelt.

14.1.2 Die sich selbst erfüllende Prophezeiung

»50 Prozent der Wirtschaft sind Psychologie«, sagte bereits der Wirtschaftswunderkanzler Ludwig Erhard. Diese These trifft nicht nur auf wirtschaftliche Zusammenhänge zu, sondern auch auf Handlungen und Erwartungen in unserem Leben. Wenn man die Krise fürchtet, kommt die Krise garantiert und umgekehrt. So, wie Menschen eine Situation für sich definieren, wird sie sich schließlich entwickeln. Das meint der Begriff der »sich selbst erfüllenden Prophezeiung«.

! **Beispiel**

Eine stabile finanzielle Struktur des Bankensystems basiert auf Vertrauen, Versprechen und selbstverständlichen Erwartungen. Beginnen die Kunden nun, an der Vertrauenswürdigkeit der Versprechungen zu zweifeln, definieren sie eine »gesicherte« Situation um. Und damit verändern sie sich tatsächlich.

Das System des Vertrauens bricht zusammen. Wenn genügend Kunden mit ihrem Köfferchen am Bankschalter erscheinen, um ihr Erspartes abzuheben, kippt auf einen Schlag die Situation. Die Bank geht pleite, weil zu viele Kunden Angst vor der Pleite der Bank haben – was ursprünglich gar kein Fakt war. Einen vergleichbaren Effekt findet man auf den Aktienmärkten.

Bestimmte Definitionen einer Situation verändern das Verhalten der Beteiligten in der Weise, dass diese (neue) Definition wahr wird. Ein Schüler, der glaubt, dass ihn Klassenkameraden in der neuen Schule hänseln werden, verhält sich so, dass sie ihn tatsächlich hänseln. Der Prüfling, der sich vor Versagen im Examen fürchtet, wird durchrasseln, weil er so viel Stress aufbaut, dass er es tatsächlich nicht schafft.

Die sich selbst erfüllende Prophezeiung bestätigt Vorurteile nach dem Motto: Ich hab es doch gleich gesagt. Dabei sind die »Tatsachen«, die diesen Vorurteilen zugrunde liegen, selbst produziert und haben mit der Realität meist nichts gemein. Achten Sie deshalb darauf, sich nicht selbst in diese Falle zu bugsieren.

Der Psychologe William James hat dem eine positive Fassung gegeben: »Wer daran glaubt, dass das Leben lebenswert ist, handelt so, dass das Leben lebenswert wird.« Es kommt also darauf an, ob es gelingt, den Mechanismus der sich selbst erfüllenden Prophezeiung vom Negativen ins Positive zu wenden. Da wir nicht wissen, was kommen wird, können wir ebenso wie wir von einer negativen Entwicklung ausgehen, mit Überzeugung auch eine positive Entwicklung erwarten.

14.2 Wenn wir uns selbst hemmen

Gibt es Bereiche, in denen Sie sich selbst dabei im Weg stehen, optimistisch zu denken und zu handeln?

14.2.1 Zeigen Sie Mut zur Veränderung

Wer sich nicht verändern will, zieht keinen Nutzen aus seinen Erfahrungen. Alle Lernerfahrungen, die man im Laufe seines Lebens macht, sind immer nur so gut wie die folgende Umsetzung im täglichen Leben. Wenn etwas erhalten werden soll, muss es sich verändern können. Was nicht mehr verändert werden kann, droht in einem sich stets verändernden Umfeld auszusterben, denn schließlich bleibt die Welt nicht stehen.

Der Vorsatz, sich optimistischer zu verhalten, zielt auf eine Veränderung ab. Man möchte sich verändern, weil man erkannt hat, dass es sich damit besser lebt. Dafür ist es wichtig, die eigene Veränderungsfähigkeit zu überprüfen. Wie sieht die Bereitschaft aus, sich auf Neues einzulassen? Dafür muss man innere Überzeugungen loslassen und kritisch hinterfragen, ob die in der Vergangenheit gebildeten Überzeugungen heute noch Bestand haben. Eventuell können sie durch andere (bessere) Überzeugungen ersetzt werden. Hierfür ist es wichtig, sich einige kritische Fragen zu stellen:

Checkliste: Sind Sie bereit, sich zu ändern?
• Können Sie akzeptieren, dass in der Phase, in der Sie etwas Neues ausprobieren, vorübergehend Sicherheit verloren geht?
• Können Sie akzeptieren, dass Ihr Veränderungsprozess von Ihnen abhängt und nicht von Mitmenschen oder Umständen?
• Haben Sie die Bereitschaft und den Mut, sich einer Veränderung zu stellen?
• Wollen Sie eine weitere Lebenserfahrung machen und etwas Neues über sich erfahren?

Wenn Sie die Absicht haben, sich zu verändern, dann tun Sie es. Wir Menschen sind schließlich nicht in Stein gemeißelt. Und man weiß heutzutage, dass Veränderung lebenslang, auch im Alter, möglich ist.

14.2.2 Übernehmen Sie Verantwortung

Manche Menschen erleben es als unangenehm, für alle Belange ihres Lebens Verantwortung übernehmen zu müssen. Es wäre ihnen lieber, sie wären noch das Kind, für das andere Verantwortung übernehmen, speziell, wenn etwas misslingt. Damit müsste man nicht für Fehler einstehen oder diese ausbügeln, was grundsätzlich ein bequemer Weg wäre.

Als Kinder haben alle schon einmal die Erfahrung gemacht, dass man mit Ausreden oder Schwindeleien ungeschoren davonkam. Wer ehrlich bei der Wahrheit blieb, musste mit unangenehmen Konsequenzen leben, war es auch nur die Standpauke, die man sich abholte. Manche Erwachsene übertragen noch immer eigene Verantwortlichkeiten zielgerichtet auf andere, wie z. B.

- Erziehungsaufgaben an Pädagogen,
- Gesundheitsverhalten an Ärzte,
- berufliche Herausforderungen an Vorgesetzte etc.

Dieses Verhalten beschert punktuell tatsächlich weniger Schwierigkeiten. Es ist bequemer, als für alles selbst den Kopf hinzuhalten. Wer keine Verantwortung übernimmt, kann auch nicht zur Rechenschaft gezogen werden. Somit ist man erst einmal fein raus, die Sündenböcke sind die anderen. Diese Haltung trägt jedoch nicht dazu bei, optimistischer zu werden, vielmehr sind dafür die eigene Aktivität und eigene Erfolgserlebnisse notwendig. Gerade um letztere bringt sich aber derjenige, der ständig Verantwortung abgibt.

! **Wichtig**

Wer selbst keine Verantwortung übernimmt, kann sich auch keine Erfolge zuschreiben. Eigene Erfolgserlebnisse sind jedoch Basis für eine optimistische Grundeinstellung.

Je mehr Sie für sich und Ihr Handeln Verantwortung übernehmen, desto breiter wird die Basis für eine optimistische Weltsicht.

Übersicht: Vorteile von Eigenverantwortung
• Ihr Fühlen hängt nicht mehr von anderen Menschen und deren Willkür ab.
• Sie entscheiden selbst über das, was Sie tun oder lassen und damit auch über Ihr Wohlbefinden.
• Sie haben selbst die Möglichkeit etwas zum Positiven hin zu beeinflussen.
• Ihr Handeln ist selbstbestimmt und wird nicht von Zustimmung bzw. Ablehnung anderer regiert.
• Sie tun das, was Sie für richtig halten, und nicht gegen innere Widerstände das, was andere für gut erachten.
• Sie können sich Erfolge selbst zuschreiben und stolz darauf sein.

14.2.3 Nutzen Sie Gestaltungsspielräume

Das Leben in der modernen Leistungsgesellschaft wird zunehmend von äußeren Einflüssen und Zwängen bestimmt, sei es im Beruf oder im privaten Leben. Selbst Partnerschaft, Freundschaften und Familienleben stellen hohe Anforderungen an den Einzelnen. Einigen dieser Zwänge können wir uns nicht entziehen, sofern wir im sozialen Miteinander bestehen wollen. Andere Bereiche des Lebens sind jedoch frei gestaltbar. Das wird im Alltagstrubel leicht vergessen. Man spielt allzu oft unkritisch das Spiel des Räderwerks mit. Immer mehr Menschen führen deshalb ein von äußeren Faktoren gesteuertes, unreflektiertes Leben. Bis zu dem Tag, an dem sie feststellen, dass sie eine Marionette ihrer Umgebungszwänge sind. Spätestens dann wird es Zeit für Fragen nach den eigenen Gestaltungsmöglichkeiten und Wünschen.

Checkliste: Aktive Lebensgestaltung
• In welche Richtung entwickelt sich mein Leben?
• Ist das Leben, welches ich im Augenblick führe so, wie ich es mir vorgestellt habe?
• Habe ich konkrete, erreichbare Ziele für mein Leben, damit ich so leben kann, wie ich leben möchte?
• Kümmere ich mich genug um meine eigene Entwicklung und meine eigenen Bedürfnisse?

Wenn zu den vier Fragen keine spontanen und befriedigenden Antworten auftauchen, nehmen Sie es als ein Signal dafür, dass Sie nicht (oder zu wenig) gestalterisch in Ihr Leben eingreifen. Wenn Sie nicht gestalten, tun es andere für Sie … Gestalten heißt: sich aussetzen – den Rahmenbedingungen, Bedürfnissen, Anforderungen der Umwelt, den Wünschen des Umfeldes und den eigenen. Wer sich diesen kollektiven Herausforderungen stellt, kann seine Spielräume größtenteils selbst formen, wie es ihm entspricht. Sich aussetzen kann jedoch nur, wer sich konzentriert und auf sich besinnt, wer weiß, was er kann und was er will. Und wer bereit und fähig ist, Entscheidungen zu treffen. Wer seine Bedürfnisse, Interessen und Rechte aktiv wahrnimmt, sie mit anderen abstimmt oder sie verteidigt, sein Denken und Handeln reflektiert und aus Erfahrungen Konsequenzen für zukünftiges Handeln ableitet, hat die Basis geschaffen, um optimistisch in die Zukunft zu blicken.

14.2.4 Werten Sie Kritik als Chance

Geschieht ein Fehler, bleibt Kritik meist nicht aus. Sie ist vordergründig oft nicht angenehm, kann jedoch sehr hilfreich sein. Kritik ist die Rückmeldung der Umwelt auf ein Verhalten. Sie soll helfen zu erkennen, was schief läuft oder lief. Wer lediglich wütend oder ängstlich auf Kritik reagiert, zieht wenig Nutzen aus ihr. Je besser es gelingt, den

Kern der Botschaft herauszufiltern, desto mehr kann man davon profitieren. Bevor Sie eine Kritik ablehnen, fragen Sie sich:

- Was könnte dran sein?
- Was ist der Kern der Kritik?
- Wie könnte ich die Kritik nutzbringend umsetzen?

Manchmal wird man kritisiert für etwas, das man selbst nicht als Fehler erachtet oder wofür man nicht verantwortlich war. Machen Sie sich in diesem Fall klar: Die Worte, die ein Kritiker äußert, stellen dessen persönliche Meinung dar. Man hat immer die Wahl, diese Meinung zu akzeptieren oder sich zu sagen: »Das ist seine Sichtweise. Ich weiß, dass die Tatsachen nicht so sind, wie er sie sieht.«

14.2.5 Trennen Sie Person und Leistung

Wer sich und seinen Selbstwert ausschließlich über sein Handeln und seine Leistungen definiert, wird sich automatisch mit jeder Niederlage und jedem Scheitern selbst in Frage stellen. Wenn die Meinung über sich am Gelingen einer Handlung festgemacht wird, bedeutet jede Niederlage, jedes Missgeschick einen Angriff auf die Persönlichkeit und den eigenen Wert. Sie haben Alternativen zu diesem Verhalten:

- Unterscheiden Sie zwischen Ihrer Persönlichkeit und Ihren Leistungen.
- Handlungen können scheitern, ohne dass die Person dadurch an Wert verliert.
- Wer das klar trennt, den berühren Tiefschläge nicht im Kern seiner Persönlichkeit.

Leistung und Selbstwert zu entkoppeln, geht am besten, indem man lernt, auch einmal Zeit für Dinge einzuplanen, die einfach nur Freude machen und keinem Zweck dienen. Wer zwischen Person und Leistung differenzieren kann, schafft sich die Grundlage für optimistisches Denken.

14.3 Negatives von außen

Dass Krisen und Rückschläge Optimismus grundsätzlich nicht hemmen können, wurde bereits erwähnt. Doch gibt es negative Einflüsse von außen, die eine optimistische Sichtweise auf Dauer beeinträchtigen können.

14.3.1 Horrormeldungen der Medien

Durch die Angstindustrie der Massenmedien wird massiv Hoffnungslosigkeit geschürt und ausgeschlachtet. Täglich herrscht in den Medien die Lust am Untergang und das aus einem einzigen, perfiden Grund: Katastrophen verkaufen sich hervorragend. Genüsslich werden Einzelheiten von Mord und Verbrechen ausgebreitet, wird die Kamera auf Bilder verletzter Menschen oder Zerstörung gehalten. Diese Art Nachrichten sind nicht nur den Opfern gegenüber respektlos, sie erzeugen auch in den Köpfen der Betrachter unnütze Ängste. Man gewinnt durch die Einseitigkeit dieser Katastrophenmeldungen leicht den Eindruck, die Welt wäre überwiegend grausam, ungerecht und schlecht. Dennoch kann jeder Einzelne dafür sorgen, sich seinen Optimismus zu erhalten:

- Vermeiden Sie auffällige Horrormeldungen in den Medien. Wählen Sie gezielt nur solche Informationen aus, die Sie benötigen. Fragen Sie sich, was Ihnen Meldungen von Tod, Unfällen und Katastrophen tatsächlich bringen. Schalten Sie Radio oder Fernsehen immer wieder gezielt ab. Hören Sie bewusst auch die guten Geschichten, welche zwar nicht so laut dargestellt werden, die es jedoch auch gibt.
- Gehen Sie eingefleischten Schwarzmalern aus dem Weg. Wenn dies nicht möglich ist: Bitten Sie in einem offenen Gespräch Ihr Gegenüber, seine Negativsicht zu relativieren bzw. Sie damit zu verschonen.

14.3.2 Wenn andere jammern

Gefühle sind Reaktionen auf Geschehnisse in unserer Umwelt. Sie sollen etwas mitteilen und haben ihren Sinn: Ärger zeigt an, dass Grenzen oder Regeln überschritten wurden. Angst zeigt an, dass Gefahr oder Schaden droht. Langeweile vermittelt, dass eine Situation unbefriedigend ist und wir sie verändern sollten etc. Auch das Jammern hat seinen Sinn. Es sorgt dafür, dass der jammernde Mensch mehr Zuwendung erfährt, in den Mittelpunkt gestellt wird, seine angestauten Emotionen los wird und es ihm dadurch kurzfristig besser geht. Jeder hat das Recht, ab und zu einmal zu jammern und auch angehört und in den Arm genommen zu werden. Das ist eine liebevolle Unterstützung, die man einander gerne gibt.

Wenn kein Ende in Sicht ist

Problematisch wird es, wenn Jammern dauerhaft eingesetzt wird, um z. B. Aufmerksamkeit zu erlangen. Ebenso, wenn das Thema, über das sich eine Person beklagt, jahrelang unverändert bleibt. Bei beratungsresistenten Dauer-Jammerern ist permanenter Trost und Zuhören ein schlechter Dienst. Denn diese haben bisher nicht gehandelt und nichts verändert. Hier hilft nicht Trost, sondern die Aufforderung zu aktiver Handlung und Gestaltung. Bestenfalls sorgen Sie dafür, das Selbstbewusstsein desjenigen aufzubauen. Machen Sie Mut für eine notwendige Veränderung. Sich dauerhaftes Jammern anzuhören, darf nicht dazu führen, dass man selbst permanent als Blitzableiter für schlechte Gefühle anderer fungiert, ohne Hoffnung auf Änderung. Das ist nicht nur langweilig, es zieht auch die eigenen Emotionen in den Keller. Schützen Sie sich selbst. Bieten Sie dem Dauer-Jammerer folgenden Alternativen an: Entweder führt er eine Veränderung herbei, welche das Jammern überflüssig macht, oder er tut weiterhin nichts und belässt alles beim Alten, verschont Sie aber mit seinen Klagen.

Mitgefühl: ja, Mitleid: Vorsicht!

In den beiden Worten steckt ihre jeweilige Bedeutung: »Mitleid« kommt von »mit jemandem leiden«. »Mitgefühl« kommt von »mitfühlen«:

- Mitgefühl ermöglicht es, uns in andere Menschen hineinzuversetzen und deren Gefühle, Ängste, Freude, Motive, Einstellungen und Handlungen zu verstehen. Mitgefühl ist wichtig für soziales Miteinander und gilt für leidvolle wie auch fröhliche Situationen. Auch mit den eigenen Schwächen, Gefühlen oder Sorgen sollte man mitfühlend umgehen.
- Mitleid ist die Bereitschaft, aktiv zu helfen und andere bei der Bewältigung von Leid zu unterstützen. Das ist prinzipiell ein guter Zug, wenn es nicht inflationär betrieben wird – und wenn man dadurch nicht selbst leidet und verzweifelt.

Wenn es an Abgrenzung fehlt, bürden sich Mitleidige schon mal das Leid der anderen auf, so dass sie selbst leidend werden. Auf Dauer schwächt dies. Stellen Sie sich vor, ein Arzt würde mit jedem seiner Patienten mitleiden. Damit wäre er irgendwann nicht mehr handlungsfähig. Zu viel Mitleid kann zudem einen fatalen Effekt auf die Bemitleideten haben: Sie versinken noch tiefer in ihrem Leid, wenn sie aufgrund des vielen Mitleids darauf schließen, ihr Leid wäre noch größer als gedacht.

Also: Mitgefühl: ja. Leid erkennen und helfen: ja, mit klaren Regeln und Grenzen. Mit-Leiden ohne Veränderung und Handlungsaufforderung: nein!

Auf einen Blick: Was dem Optimismus im Wege steht
• Prägungen aus der Kindheit sind von zentraler Bedeutung, dennoch können wir noch im Erwachsenenalter unser Schicksal in die Hand nehmen.
• So wie wir unsere Situation interpretieren, so wird sie sich entwickeln, weil wir mit unserer Haltung unbewusst schon die Richtung vorgeben. Hüten Sie sich vor einer sich selbst erfüllenden negativen Prophezeiung.
• Einer optimistischen Haltung steht selbst im Wege, wer – nicht bereit ist zu Veränderungen, – Verantwortung scheut, – seine Gestaltungsspielräume nicht nutzt, – Kritik nicht konstruktiv auswertet und – sich ausschließlich über Leistung definiert.
• Negativmeldungen der Medienindustrie fördern Ängste und lenken unsere Wahrnehmung weg vom Positiven. Filtern Sie die Informationen heraus, die Sie benötigen und schalten Sie Radio oder Fernsehen immer wieder ganz bewusst ab, um sich Schönem widmen zu können.
• Um sich vor Dauer-Jammerern zu schützen, sollte man ihnen mit klarer Abgrenzung begegnen. Damit hilft man sich und dem anderen.

15 Optimistisch kommunizieren und denken

Wie wir sprechen, so denken wir und umgekehrt. Optimistisches Denken kann sich nur entfalten, wenn man darauf achtet, positiv zu formulieren und die Gedanken vor Miesmacherei zu schützen.

In diesem Kapitel lesen Sie,

- worauf Sie beim Sprechen achten sollten,
- wie Sie sich selbst positiv darstellen,
- wie Sie sich vor falschen Denkmustern schützen können,
- wie Sie negativen Urteilen und Selbstvorwürfen begegnen können,
- worauf Sie achten sollten, wenn Sie andere beurteilen.

15.1 Wie Sie mit Ihren Worten Ihr Denken beeinflussen

Die Welt in unserem Kopf entsteht durch Sprache. Mit jeder noch so einfachen Aussage werden Emotionen beeinflusst. Die Satz wie »Alles ist miserabel« färbt die Gefühlslage negativ. Meist sind solche Pauschalierungen auch gar nicht korrekt, weil selten alles schlecht ist. Versuchen Sie, Nuancen wahrzunehmen und zu formulieren. Das trägt zu einer positiven Haltung bei.

15.1.1 Formulieren Sie positiv

Optimistisches Denken kann sich nur entwickeln, wenn man positiv formuliert – auch in Gedanken. Da wir in sprachlichen Begriffen denken, brauchen wir positives Sprechen, um konstruktives Denken überhaupt leisten zu können.

Was Formulierungen aussagen		
Haltung	**Formulierung**	**Aussage**
pessimistisch	Das klappt sowieso wieder nicht.	Bereits im Vorfeld wird das Nicht-Gelingen thematisiert und erwartet.
neutral	Mal sehen, ob es klappt.	Scheitern und Gelingen sind zwei Möglichkeiten.
optimistisch	Das wird schon klappen.	Man geht zuversichtlich und mit Erwartung auf Erfolg an eine Sache heran.

Der Unterschied zwischen den verschiedenen Interpretationen des gleichen Sachverhalts ist enorm. Jede dieser Aussagen vermittelt ein andere Haltung: Setze ich mich bereits im Vorfeld mit Misserfolg auseinander oder starte ich zuversichtlich?

Viele Menschen nehmen sich positives Denken und Sprechen vor, fallen in der alltäglichen Kommunikation aber rasch wieder in einen urteilenden oder negativen Stil zurück. Bewusster Einsatz von positiver Sprache kann Menschen aus ihrer pessimistischen Haltung befreien. Auch hier gilt: Je häufiger man Gebrauch davon macht, desto optimistischer fühlt man sich und umso leichter fällt die positive Formulierung. Hier noch einige Beispiele, wie man dieselben Sachverhalte positiv bzw. negativ formulieren kann.

Negative versus positive Formulierungen	
negativ	**positiv**
Der zweite Vorschlag gefällt mir nicht.	Der erste Vorschlag erscheint mir praktikabel. Er ist logisch und gut umsetzbar.
Von 12 bis 14 Uhr empfangen wir keine Kunden.	Wir sind von 8 bis 12 Uhr und von 14 bis 18 Uhr für Sie da.
Ich weiß nicht, wie das geht, keine Ahnung.	Ich werde mich informieren, dann setze ich mich wieder mit Ihnen in Verbindung.
Ihr Vortrag war total verkrampft, da kamen die Inhalte gar nicht rüber.	Mit etwas mehr Körpersprache und Gestik können Sie Ihre interessanten Inhalte mehr zur Geltung bringen.
Sie kommen schon wieder zu spät.	Es ist schön für uns alle, wenn Sie pünktlich sind und wir nicht warten müssen.

15.1.2 Differenzieren statt Generalisieren

Wenn eine Sache nicht läuft oder schiefgegangen ist, dann ist das kein Grund für die Behauptung, dass man etwas grundsätzlich nicht kann. Wer dies so formuliert, der generalisiert. Generalisierungen gehören zu den Wahrnehmungsfiltern in unserem Kopf, die manchmal wichtige Details der Einfachheit halber ausblenden. Bei Generalisierungen schließt man von einem Teil auf das Ganze. Sie sind durchaus nützlich: So genügt es, einmal den Finger auf die heiße Herdplatte gelegt zu haben, um zu wissen, dass man mit allen Herdplatten vorsichtig sein muss. Weniger nützlich ist es allerdings, wenn durch Generalisierungen wichtige Details ausgeblendet werden. Eine schlechte Note bedeutet nicht, dass man das Abitur nicht bestehen könnte, eine schlecht geführte Sauna heißt nicht, alle Saunen wären verdreckt.

In der täglichen Kommunikation neigen viele Menschen zu solchen Generalisierungen. Schwarz-Weiß-Kategorien wie gut – schlecht, groß – klein, perfekt – miserabel etc. sind eine Variante davon. Die Realität ist jedoch viel differenzierter aufgebaut. Machen Sie sich bewusst, dass es eine große Farbskala zwischen den Polen Schwarz und Weiß gibt. Wenn Sie z. B. ein Fünf-Gänge-Menü zubereitet haben und ein Gang ging daneben, dann war nicht alles misslungen (100 %), sondern nur ein Gang (20 %). Das ist ein großer Unterschied in der Wahrnehmung und in der nachfolgenden Gemütslage. Gehen Sie deshalb sorgsam mit Worten wie z. B. »nie«, »grundsätzlich«, »alles« oder »immer« etc. um und beschreiben Sie Dinge möglichst genau. In der folgenden Übersicht finden Sie einige Beispiele, an denen Sie vielleicht eigene Generalisierungen im Alltag erkennen.

Generalisierung versus Differenzierung	
generalisiert	**optimistisch**
Ich habe das ganze Menü vermasselt.	Ich habe vier tolle Menü-Gänge gekocht. Nur der Fünfte ist misslungen. (80 % sind gut.)
Ständig geht etwas daneben und nichts klappt.	Bis auf einige Ausnahmen funktioniert es.
Herbert ist fürchterlich.	Herbert hat zu diesem Thema seltsame Ansichten. (Stellt nicht die Person in Frage.)
In Mathematik bin ich ein Versager.	Bruchrechnen kann ich (noch) nicht.
Mit Fünfzig findet man keinen Job mehr.	Ab Fünfzig ist die Jobsuche nicht so leicht, ich bringe jedoch viel Erfahrung mit.

Ist der Worst Case wahrscheinlich?

Wer pessimistisch in die Welt blickt, neigt dazu, Konsequenzen oder Visionen zu prophezeien, die schnurstracks in eine Katastrophe münden. Diese unrealistischen Übertreibungen schaden dem Selbstbewusstsein und dem Optimismus. Das Gleiche gilt für die Bewertung von Dingen, die nicht so gelaufen sind, wie geplant: Sie wollten Sport treiben und die Figur verbessern, stattdessen haben Sie zwei Kilo zugenommen. Bedeutet das, dass Sie ein zu lebenslanger Fettleibigkeit verdammter Versager sind? Sie hatten bei einem Vortrag einen Hänger. Bedeutet das, dass Sie unfähig sind, einen Vortrag zu halten? Lassen Sie bei Ihren Bewertungen die Kirche im Dorf und vermeiden Sie es, aus Mücken Elefanten zu machen.

Wichtig !

Fragen Sie sich, wie wahrscheinlich das Worst-Case-Szenario tatsächlich ist, das Sie sich gerade ausmalen. Solange der Weltuntergang noch in Frage zu stellen ist: Verwenden Sie eine Formulierung, die den Sachverhalt genau beschreibt – dadurch blicken Sie optimistischer in die Zukunft.

15.1.3 Benutzen Sie Abstufungen

Achten Sie genau auf Ihre Aussagen: Wie man spricht, so denkt und so fühlt man sich letztendlich. Verwenden Sie für optimistische Kommunikation entweder:

- genaue Beschreibungen oder
- Abstufungen wie z. B. »manchmal«, »hin und wieder« oder »in letzter Zeit« etc.

Mit differenzierten Formulierungen werden geringe Verbesserungen wahrgenommen – und dies gibt dem Optimismus neuen Schub.

! **Beispiel**

Wenn jemand sagt, ihm ginge es »etwas besser im Job«, sagt er damit aus,

- dass es schon schlechter war und sich nun bessert,
- dass zwar (noch) nicht alles gut ist,
- dass er einen Prozess/Wandel wahrnimmt,
- dass sich ein Teilbereich gebessert hat,
- dass nicht alles komplett schlecht ist,
- dass er mit der Situation besser umgehen kann,
- dass er Hoffnung auf weitere Verbesserung hat etc.

Besonders in Krisen wichtig

Wer sich um eine exakte Wortwahl bemüht, schaut genauer hin. Das ist speziell in Situationen wichtig, in denen es einem nicht so gut geht. Denn Verbesserungen oder Erleichterungen, seien sie auch noch so gering, können nur durch differenzierte Betrachtung wahrgenommen werden. Das ist gerade in schwierigen Zeiten eine wertvolle Unterstützung, um auch durch das Erkennen von Angenehmem zu einer optimistischen Haltung zurückzufinden. Achten Sie deshalb ganz bewusst auf (kleine) schrittweise Veränderungen, welche in eine positive Richtung zeigen. Durch differenzierte Wortwahl lassen sich kleine Erfolge und Aufwärtstrends viel früher wahrnehmen und spüren. Winzige positive Signale sorgen bereits für Energie und bessere Stimmung.

15.2 So stellen Sie sich selbst positiv dar

Nicht nur, *wie* wir sprechen, sondern auch *was* wir sagen oder als erzählenswert erachten, lohnt einer genaueren Betrachtung.

! **Beispiel**

In Seminargruppen zeigt sich häufig folgendes Verhalten: Auf die Frage, »Was können Sie besonders gut?« oder »Was sind Ihre Stärken?« kommt entweder eine verzögerte, verschämte Antwort oder eine negierte. Dann hört man Aussagen wie: »Also, technisch bin ich eine völlige Null«, »Ich bin nicht der geduldigste Mensch« oder »Es gibt Begabtere als mich«.

Mit solchen Antworten weicht man der Frage nach den Stärken aus. Es fällt manchen Menschen schwer, über ihre Stärken zu sprechen. Andere haben sich noch nie bewusst mit ihren Stärken auseinandergesetzt und sind sich deren gar nicht bewusst. Besonders bei Frauen ist dieser Effekt bedauerlicherweise ausgeprägt.

Understatement resultiert oft aus verinnerlichten Lehren der Kindheit, sich selbst nicht zu loben oder nicht anzugeben. Eine gewisse Portion Unbehagen ist immer dabei, wenn man sich mit eigenen Stärken befasst und diese offen vor anderen äußern soll. Trotzdem ist es wichtig, diese Frage zu beantworten, dient sie doch dem Prozess, sich schrittweise positiver wahrzunehmen.

Wichtig !

Wer weiß, was er kann, macht sich von fremdem Lob unabhängig. Er findet Lob zwar nach wie vor angenehm, weiß aber auch, dass er es nicht unbedingt benötigt, um sich seiner Stärken, seines Könnens, seiner Erfolge bewusst zu sein.

15.2.1 Bringen Sie sich zur Geltung

Positive Selbstdarstellung ist Marketing in eigener Sache. Gut zu sein, reicht allein nicht. Man muss sich und seine Leistungen auch wirkungsvoll zur Geltung bringen. Das setzt voraus, dass man seine Leistungen und Fähigkeiten zunächst selbst erkennt und dass man darüber spricht. Bedenken Sie, dass niemand ein Produkt, das vermeintlich nichts kann, keinen Nutzen verspricht und eventuell noch nicht einmal besonders gut wirkt, kaufen würde ...

Optimisten wissen, was sie drauf haben und kommunizieren dies selbstbewusst der Außenwelt. Wer über Erfolge und spannende Projekte spricht, wirkt anders als jemand, der von Misserfolgen und Pleiten berichtet. Dies ist keine Aufforderung zur Heldeninszenierung, Täuschung oder Hochstapelei. Doch die ins positive Licht gerückte Darstellung eigener Qualitäten und Fähigkeiten ist eine wichtige Basis für Erfolg. Stellen Sie also ihr Licht nicht unter den Scheffel. Wenn Sie Gutes tun – reden Sie darüber:

- Nutzen Sie die Chance, wenn sie sich bietet, über eine interessante oder spannende Aufgabe zu sprechen.
- Zeichnen Sie ein gutes Bild von sich und Ihrer Tätigkeit.
- Auch kleine Alltagssituationen, in denen Sie gut gehandelt haben, sind erwähnenswert.
- Situationen, die nicht so gut verlaufen sind, dürfen Sie aussparen. Antworten Sie aber ehrlich, wenn Sie darauf angesprochen oder gefragt werden.
- Erzählen Sie aus Ihrem Privatleben Positives z. B. von Ihrer Familie, Umweltaktivitäten, Hobbys, Interessen oder Zukunftsvorstellungen.

Wer es versteht, einen positiven Eindruck zu erwecken, kann diese Kompetenz vielfältig einsetzen, vom Bewerbungsgespräch über Vorträge bis hin zum Flirt. Selbstdarstellungskompetenz hilft, andere Menschen kennenzulernen, sie zu überzeugen, Netzwerke aufzubauen und Empfehlungen zu bekommen.

15.2.2 Sagen Sie, was Sie können

Sie sind einzigartig in Ihren Fähigkeiten, Kenntnissen, Ihrer Persönlichkeit. Stellen Sie sich entsprechend dar. In der folgenden Übersicht finden Sie einige Beispiele, die Ihnen den Unterschied zwischen positiver und negativer Eigendarstellung verdeutlichen. Überlegen Sie, was im Kopf anderer Menschen hängen bleibt, je nach dem, wie Sie von sich erzählen. Wer sein Licht permanent unter den Scheffel stellt, kann nicht erwarten, dass andere ihn als selbstbewusste Persönlichkeit wahrnehmen. In öffentlichen oder beruflichen Gesprächen geht es um die Darstellung von Kompetenz, Erfolgsorientierung und Vertrauen. Selbstdarstellung in solchen Situationen ist deshalb immer auf die gewünschte Wirkung hin zu überprüfen und zu gestalten, damit man sich nicht von vornherein selbst den Erfolg abgräbt.

Negatives versus positives Selbstmarketing		
Situation	**negative Formulierung**	**positive Formulierung**
Sie haben einen guten Vortrag gehalten und jemand lobt Sie.	»Na ja, das ist nichts besonderes, ich habe ihn schon dreizehn Mal gehalten.«	»Das Thema zählt zu meinem Spezialgebiet, über das ich gerne spreche.«
Ein Kunde hat sich stark aufgeregt und Sie beschimpft.	»Ich versage in diesen Situationen, deshalb habe ich ihn zu meinem Kollegen geschickt.«	»Ich konnte den Kunden an einen Kollegen verweisen, der den Vorfall klären konnte. Somit fanden wir eine gute Lösung.«
Sie bekommen eine Arbeit mit extrem engem Zeitrahmen übertragen.	»Das schaffe ich nicht, ich bekomme die andere Arbeit ja nicht mal auf die Reihe.«	»Ich kann es in der gewünschten Qualität schaffen, wenn ich noch einen Tag dazunehme.«
Ihr Vorgesetzter hat einen Vorschlag von Ihnen angenommen.	»Ein blindes Huhn findet auch mal ein Korn.«	»Meine Argumente waren schlüssig und ich konnte überzeugen.«
Sie fühlen sich in einem Fachgebiet nicht sicher.	»Auf diesem Gebiet bin ich schwach und weiß nichts.«	»Zu dem Thema kann ich mich noch fortbilden.«
Ein Fehler von Ihnen hat zu einem Auftragsverlust geführt.	»Der Fehler ist mir passiert, weil ich das einfach nicht kann.«	»Beim nächsten Mal werde ich diesen Fehler vermeiden, ich habe daraus gelernt.«

15.2.3 Schärfen Sie Ihren Blick auf sich selbst

Machen Sie Schluss mit der einseitigen, negativen Selbstbetrachtung und -darstellung. Sprechen Sie nicht über das, was Sie nicht können, was nicht geklappt hat, sondern über die Anteile am Geschehen, die Sie gemeistert haben. Es gibt auf der ganzen Welt keinen Menschen, der nur negative Seiten hat.

Den Blick auf das Positive zu richten und seine Fähigkeiten in ein angemessenes Licht zu rücken, ist nicht immer leicht, aber hilfreich. Damit man aus einer überkritischen Betrachtung der eigenen Person und seines Verhaltens herauskommt, ist es wichtig, den Blick für das Positive, für das, was funktioniert, zu schärfen. Beleuchten Sie sich optimistisch, erkennen Sie Ihre Leistungen an und entrümpeln Sie Ihren Sprachgebrauch. Das lässt sich üben – am besten in alltäglichen Situationen, in denen Sie entspannt sind.

Die folgende Abbildung zeigt, welche Haltungen sich selbst gegenüber den Optimisten vom Pessimisten unterscheiden:

Abb. 10: Haltungen gegenüber sich selbst

15.3 So fördern Sie optimistisches Denken

Optimistisches Denken kann man gezielt fördern. Alte Denkmuster sollte man sich immer wieder bewusst machen, kritisch überprüfen und eventuell über Bord werfen.

15.3.1 Denkmuster aufbrechen

Bestimmte Denkmuster haben sich derart verfestigt, dass sie uns selbst nicht mehr auffallen und wir sie deshalb nicht reflektieren können. Sie lassen uns auf der Stelle treten. Wenn man den Blickwinkel etwas verändert, kann man diese Denkmuster durch neue ersetzen, die eine optimistische Betrachtung fördern.

Übersicht: Alte Denkmuster aufbrechen	
Altes Denkmuster	**Neues Denkmuster**
An Schwächen arbeiten.	Stärken stärken und hervorheben.
Keinen Fehler machen.	Fehler gehören zum Leben.
Bloß nicht versagen.	Mut haben, Neues mit voller Überzeugung auszuprobieren.
Ich muss mich anstrengen.	Manche Dinge gelingen leicht, das schmälert nicht ihren Wert.

Denkmuster 1: An Schwächen arbeiten

Getreu dem Motto »Jede Kette ist so stark wie ihr schwächstes Glied« entsteht der Glaube, man müsse vor allem Schwächen ausmerzen, um weiterzukommen. Sie sollten Ihre Schwächen zwar kennen, sich jedoch nicht mehr als nötig damit beschäftigen. Keiner kann alles. Konzentrieren Sie sich auf das, was Sie besonders gut können. Es ist anzunehmen, dass Sie da sogar ziemlich viel vorzuweisen haben. Lenken Sie Ihren Fokus auf Ihre Stärken und Fähigkeiten.

! **Wichtig**

Neues Denkmuster: Stärken stärken und hervorheben.

Denkmuster 2: Keinen Fehler machen

Wenn Sie der Meinung sind, die Abwesenheit von Fehlern wäre das Optimum, werden Sie keine Höchstleistungen erzielen. Viele Menschen beschäftigen sich so intensiv mit dem Ausmerzen und Vermeiden von Fehlern, dass sie dadurch völlig blockiert werden, weil sie sich ausschließlich darauf konzentrieren. Ja: Fehler sollten vermieden und nicht zweimal gemacht werden. Aber: Begangene Fehler sind gemacht – der Lernprozess vollzogen. Erfolg entsteht nicht allein durch Vermeiden von Fehlern, sondern durch neuartige Lösungsansätze. Trauen Sie sich zu, Dinge anders anzugehen als gewohnt. Werden Sie mutig, Neues auszuprobieren. Dabei entsteht wesentlich mehr Positives, als Sie durch pure Fehlervermeidung erreichen. Denken Sie dran: Wo gehobelt wird, da fallen Späne.

! **Wichtig**

Neues Denkmuster: Fehler gehören zum Leben.

Denkmuster 3: Bloß nicht versagen

Es ist ein paradoxer psychologischer Mechanismus: Manche Menschen halten sich in genau den Situationen zurück, in denen sie die größten Fähigkeiten besitzen. Der

Grund: Die Angst vor Versagen in diesem Stärken-Bereich wäre schmerzlich und würde zu einer ernsten Bedrohung des Selbstwertgefühls führen. Motto: Hat man nicht sein Bestes gegeben, ist eine Niederlage nur halb so schlimm. Engagieren Sie sich mutig und bringen Sie Ihre Fähigkeiten zur Geltung. Wer ständig im lauwarmen Schonwaschgang agiert, versagt sich vor allem Eines: die Chance auf echte Erfolgserlebnisse. Wenn Sie sich also für eine Sache entschieden haben, dann legen Sie mit voller Power los. Auch auf die Gefahr hin, dass etwas misslingen könnte.

Wichtig !

Neues Denkmuster: Mut haben, Neues mit voller Überzeugung ausprobieren.

Denkmuster 4: Ich muss mich anstrengen

Manche Menschen denken, jede Leistung, die etwas wert sein soll, muss Blut, Schweiß und Tränen kosten. Der Wert einer Tätigkeit wird kurioserweise vom Grad der Anstrengung abgeleitet. Geht etwas locker von der Hand, so scheint es nichts wert, da einem in so einem Fall die Idee oder der Erfolg »zugeflogen« ist – und es deshalb keinen Grund gibt, darauf stolz zu sein. Halten Sie inne und reflektieren Sie: Weshalb sollte ein hervorragender Gedankenblitz nichts wert sein? Sollte Ihnen also unter der Dusche der Einfall Ihres Lebens kommen: Trocknen Sie sich ab und freuen Sie sich Ihres Lebens! Sie haben im Vorfeld unbewusst gedanklich darauf hin gearbeitet und sich den Erfolg verdient.

Wichtig !

Neues Denkmuster: Manche Dinge gelingen leicht, das schmälert nicht ihren Wert.

15.3.2 Negative Urteile prüfen

Was tun, wenn Sie spüren, dass Sie in pessimistisches Denken verfallen, das Sie hindert, unbeschwert zu leben? Fragen Sie sich, ob Sie sich von einer persönlichen Meinung lenken lassen, die eventuell gar nicht der Wirklichkeit entspricht. Versuchen Sie, sich mit den Tatsachen auseinanderzusetzen.

15.3.2.1 Tatsache oder Meinung?

Entsprechen die negativen Gedanken den Tatsachen oder handelt es sich um Ihre Meinung? Was ist der Unterschied zwischen Tatsache und Meinung? Der gravierende Unterschied ist: Meinungen lassen sich nicht überprüfen. Es gibt zu jeder Situation nicht nur eine Meinung, sondern unzählige. Jedem Einzelnen obliegt, was er von einer Sache hält, wie er sie sieht. Im Gegensatz dazu sind Tatsachen überprüfbar. Hier gibt es Fakten, an denen man sich orientieren kann.

!

Beispiel

Herr R. kam von Besprechungen mit seinem Chef oft verunsichert zurück. Er verstand nicht, wovon der Vorgesetzte sprach, was dieser sich genau vorstellte und was er nun eigentlich tun sollte.
Herr R. bescheinigte sich darauf hin, dass »er zu dumm« wäre und fühlte sich zunehmend unsicher und angespannt in den Gesprächen. Er traute sich nicht nachzufragen und um weitere Erklärungen zu bitten, weil er befürchtete, sein Chef würde dadurch seine »Unfähigkeit« bemerken.
In einer Unterhaltung mit einer Kollegin stellte sich heraus, dass weder sie noch andere Kollegen den Gedankengängen des Vorgesetzten folgen konnten und alle das gleiche Problem mit seinen Anweisungen hatten.

Oft stimmen Gedanken, die einen lähmen, überhaupt nicht mit der Wirklichkeit überein. Im Beispiel bescheinigte sich der Angestellte eigene Defizite, auf Grund derer er den Gedanken seines Chefs nicht folgen konnte. Hinterfragen Sie solche defizitär-selbstkritischen Gedankenmuster und überprüfen Sie anhand der folgenden Fragen, ob es sich um Ihre Meinung oder um eine Tatsache handelt.

Leitfaden: Meinung oder Fakt?	
1.	Entspricht die Meinung, die Sie über sich gebildet haben, wirklich den Tatsachen?
2.	An welchen überprüfbaren Fakten machen Sie das fest?
3.	Wenn Ihnen keine Antwort darauf einfällt, dann handelt es sich sehr wahrscheinlich um eine (negativ gefärbte) Meinung und Selbstkritik.
4.	Revidieren Sie die pessimistische Meinung über sich. Formulieren Sie sie aufgrund der tatsächlichen Fakten um!

Selbstvorwürfe und Negativsicht auf die eigene Person kritisch in Frage zu stellen, ist ein wichtiger Schritt, um den Optimismus zu stärken. Viele der Annahmen, die eigenes Handeln in düsteren Farben darstellen, verzerren die Realität und entsprechen ihr nicht.

15.3.2.2 Selbstvorwürfe kritisch hinterfragen

Selbstvorwürfe sind häufig so hart, dass man sie sich von niemandem anderen an den Kopf werfen lassen würde. Würde uns jemand als »totalen Versager« bezeichnen, wir würden uns sofort von der ungerechten Beurteilung distanzieren. Wir führten Erfolge und Verdienste auf und wiesen die Beschuldigung zurück. Macht man sich diese Vorwürfe selbst, setzt man sich häufig nicht dagegen zur Wehr. Man verurteilt sich, sozusagen ohne Anwesenheit eines inneren Anwalts. Dabei entspringen Unterstellungen wie »Ich bin ein Versager« oder »Ich bin nicht liebeswert« oft falschen Zusammenhängen. Sie werden zu unreflektierten Denkgewohnheiten, die nichts mit der Realität gemein haben. Da die Urteile von einer inneren Instanz zu kommen scheinen, werden sie nicht hinterfragt, sondern gelten als Wahrheit.

Sobald man sich ertappt, dass man sich in ein schlechtes Licht rückt, sollte man dies kritisch prüfen. Wer lernt, detektivisch genau mit diesen destruktiven Gedankenmustern umzugehen, findet Gegenargumente: »Ich bin ein totaler Versager« lässt sich leicht entkräften, da niemand in allen Lebensbelangen versagt. Die fixe Idee »Niemand mag mich« löst sich auf, sobald einem der Freund einfällt, der einen kürzlich auf ein Bier eingeladen hat. Also: Überprüfen Sie sorgfältig solche negativen Betrachtungen und rücken Sie sie zurecht. Ansonsten stellen sie einen steten Angriff auf Ihr Selbstbewusstsein dar.

Leitfaden: So entkräften Sie Selbstvorwürfe	
1.	Gehen Sie gezielt auf die Suche nach reellen Pros und Contras für einen Selbstvorwurf.
2.	Auf welche Erkenntnisse und Fakten stützt sich der Selbstvorwurf?
3.	Überlegen Sie, wie ein unverbesserlicher Optimist die Situation beschreiben würde.
4.	Betrachten Sie die Differenz zwischen den beiden Beschreibungen.
5.	Seien Sie ehrlich: Hat Ihre ursprüngliche Aussage jetzt noch Bestand?
6.	Falls ja (teilweise): Was können Sie zukünftig in speziellen Bereichen verbessern?
7.	Wenn nein: Wählen Sie neue Formulierungen, die realistischer und wertschätzender sind.
8.	Formulieren Sie die Aussage über sich neu und wählen Sie eine optimistische und realistische Selbstbewertung.

15.3.3 Vergleiche mit anderen

Menschen als soziale Wesen haben das Bedürfnis, ihre Fähigkeiten, Leistungen und Meinungen miteinander zu vergleichen. Durch Vergleiche erhält man wichtige Informationen über die eigene Leistung oder Lebensqualität. Vergleiche sind wichtig für Selbsteinschätzung und Selbstwertgefühl.

Permanente Unzufriedenheit mit dem eigenen Schicksal kommt vielfach daher, dass man nicht nur relevante und angemessene Dimensionen miteinander misst. Bevorzugen Menschen eine Vergleichsperson mit völlig anderen Lebensbedingungen oder vergleichen sie nicht-relevante Attribute miteinander, dann hinken logischerweise die Vergleiche. Man vergleicht sozusagen Äpfel mit Birnen. Misst sich z. B. ein Sechzigjähriger mit einem Achtzehnjährigen und stellt fest, dass dieser weniger Zeit für die gleiche Sprintstrecke benötigt, ist das kein relevanter Vergleich.

Achten Sie auf die Vergleichsebene

Es gibt verschiedene Vergleichsebenen. Diese liegen entweder auf vergleichbarem Niveau oder sind auf- bzw. abwärts gerichtet. Je nachdem werden die Vergleiche für die eigene Person besser oder schlechter ausfallen. Pessimisten neigen dazu, sich mit (vermeintlich) Besseren zu vergleichen. Sie fühlen sich in ihrem Urteil, dass sie stets unterlegen seien, auf diese Weise permanent bestätigt. Übertriebene Optimisten suchen die Bestätigung ihrer Überlegenheit gerne in Vergleichen nach unten.

- **Aufwärts gerichteter Vergleich:** Das ist der Vergleich mit einer erfolgreicheren Person. Die Vergleichsperson ist z. B. familiär oder in der Partnerschaft besser aufgestellt, hat weniger Probleme, mehr beruflichen Erfolg oder ist beliebter als man selbst.
- **Abwärts gerichteter Vergleich:** Das ist ein Vergleich mit einer weniger erfolgreichen Person. Beispielsweise vergleicht sich ein Gesunder mit einem Kranken, ein Angestellter mit einem Arbeitslosen, ein in stabilen Familienverhältnissen Lebender mit jemandem in zerrütteten Verhältnissen.

Je nach der Vergleichsrichtung werden positive oder negative Gefühle ausgelöst. Man empfindet sich oder die eigene Situation besser oder schlechter als die der Vergleichsperson. Das kann im einen Fall Beruhigung und Genugtuung auslösen, im anderen Unzufriedenheit und Minderwertigkeitsgefühle.

! **Beispiel**

Wenn ein Schüler eine Vier in einer Klassenarbeit geschrieben hat, dürfte er sich nicht mit denen vergleichen, die auch eine Vier geschrieben haben. Er müsste sich richtigerweise mit den Schülern vergleichen, die ähnlich viel Zeit in die Vorbereitung der Prüfung investiert haben. Dies wäre eine vergleichbare Dimension, aus der er reelle Informationen ableiten kann.

Für den Aufbau von Optimismus ist es wichtig, nur reell Vergleichbares in die Waagschale zu werfen. Erstens entsteht nur daraus eine tatsächlich verwertbare Information. Und zweitens erspart man sich den Frust, vermeintlich schon wieder etwas schlechter als andere gemacht zu haben.

15.3.4 Andere mit Feedback fördern

Alle Menschen, ob jung oder alt brauchen Feedback, um eine Leistung einordnen zu können. Großen Einfluss haben dabei z. B. Vorgesetzte auf Erfolge und Misserfolge ihrer Mitarbeiter oder Eltern auf ihre Kinder. Optimistisches Feedback besteht aus Ermutigung und ist zukunftsweisend ausgerichtet. Kritik fällt so aus, dass der Feedbacknehmer konstruktive und konkrete Hinweise erhält statt zermürbender Kritik, die entmutigt und resignieren lässt.

15.3.4.1 Ermutigendes Feedback

Es macht einen Unterschied, ob ein Vorgesetzter schlechte Leistungen eines Mitarbeiters auf stabile Faktoren (wie mangelnde Fähigkeiten) oder auf variable Faktoren (wie mangelnde Anstrengung oder Sorgfalt) zurückführt. Die Bescheinigung von Unfähigkeit etwa ist schlimmer als die der mangelnden Sorgfalt. An der Sorgfalt könnte man etwas verändern, da sie ein variabler Faktor ist.

Bei Erfolgen wirkt es entmutigend, wenn der Chef sie mit externalen (äußeren) Faktoren wie Zufall oder »guten Zeitpunkt erwischt« kommentiert. Dagegen macht es Mut, wenn er einen Erfolg auf internale (innere) Faktoren zurückführt, wie z. B. Können, Wissen oder Leistungsbereitschaft der Person. Feedback macht also nur dann Sinn, wenn ein Ergebnis nicht von äußeren Faktoren abhängig war, sondern maßgeblich durch das Handeln einer Person herbeigeführt wurde, also internal erklärt werden kann. Lob und Tadel sind dann angemessen, wenn ein Ergebnis nicht allein auf Fähigkeiten einer Person zurückgeht, sondern vor allem auch auf deren Anstrengung und/oder Sorgfalt. Denken Sie daran, wenn Sie selbst in der Position des Beurteilenden sind.

15.3.4.2 Unterlassen von Feedback

Nicht nur Feedbacks, die ausgesprochen werden zählen, sondern auch die unausgesprochenen.

Beispiel !

Wenn der Chef z. B. den Entwurf eines Mitarbeiters nicht kritisiert, sondern ohne Kommentar umändert, nimmt er damit indirekt eine stabile internale Kausalattribution für dessen Misserfolg vor:

1. Der Entwurf war offensichtlich in seinen Augen ungenügend, sonst würde er ihn nicht ändern.
2. Er schreibt ihn selber um, statt den Mitarbeiter mit der Überarbeitung zu beauftragen, weil er es ihm offensichtlich nicht (mehr) zutraut.
3. Er gibt kein Feedback über seine Kritikpunkte, das legt die Vermutung nahe, dass er wenig Hoffnung hat, bei diesem Mitarbeiter eine Leistungsverbesserung erreichen zu können.

Ohne auch nur ein Wort gesagt zu haben, vermittelt der Chef damit dem Mitarbeiter das Gefühl, dass von ihm nichts zu erwarten sei.

Der Mitarbeiter hat zwei Möglichkeiten, mit diesem destruktiven Feedback umzugehen: Entweder er grenzt sich ab, wählt eine optimistische Erklärung und sagt sich, der Chef sei das Problem. Oder er lässt sich pessimistisch herunterziehen und bestätigt sich selbst seine Unfähigkeit.

Das Unterlassen von konstruktivem Feedback ist deshalb immer problematisch: Es signalisiert entweder, dass das Anspruchsniveau des Feedback-Gebers ziemlich niedrig ist, oder, dass er die betreffende Person abgeschrieben hat. Wer bei anderen Menschen Selbstvertrauen und Optimismus fördern will, muss Mut zu deutlicher Kritik haben, wenn sie angebracht ist. Denken Sie daran: Feedback geben wir, ob wir etwas sagen oder nicht. Mit Feedback tragen wir auch ein Stück Verantwortung für Erfolge und Misserfolge anderer. Feedback soll Verbesserung und Ermutigung bringen. Setzen Sie deshalb wertschätzende, optimistische Erklärungsmodelle und eine positive Sprache ein. Eine Grundausrichtung hilft immer zur Orientierung für das Feedback-Geben: die des humanen Menschen- und Weltbildes.

Auf einen Blick: Optimistisch kommunizieren
• Positive Formulierungen fördern optimistisches Denken.
• Achten Sie darauf, nicht zu verallgemeinern. Bemühen Sie sich um eine differenzierte Sicht- und Sprechweise.
• Sprechen Sie über Ihre Erfolge und das Positive in Ihrem Leben.
• Prüfen Sie negative Urteile besonders kritisch.
• Entkräften Sie Selbstvorwürfe durch sorgfältige Prüfung der Fakten.
• Achten Sie bei Vergleichen mit anderen darauf, dass die Vergleichsebene stimmt.
• Sie urteilen als Optimist, wenn Sie dafür sorgen, dass Ihr Feedback ermutigt und zu Verbesserungen führen kann.

16 Optimistisch handeln

Eine optimistische Grundhaltung wirkt sich direkt auf unser Handeln aus. Lassen Sie Veränderungen zu.

In diesem Kapitel lesen Sie, wie Sie

- Ihre Stärken ausbauen und Schwächen positiv nutzen,
- konstruktiv mit eigenen und fremden Fehlern umgehen,
- Ihre Wünsche in die Tat umsetzen,
- Ihre Sorgen in Zaum halten,
- Optimismus jeden Tag trainieren können.

16.1 Bauen Sie Ihre Stärken aus

Wer seine individuellen Stärken kennt und effektiv einsetzt, wird in allem, was er tut, größere Wirksamkeit erzielen, schneller ans Ziel gelangen und erfolgsverwöhnter sein. Er kann optimistisch nach vorn blicken und glaubt an ein positives Ergebnis. Wer dagegen Stärken als selbstverständlich abtut und stattdessen nur auf seine Schwächen fokussiert ist, wird eher durchschnittliche Leistungen bringen. Er muss neben Defiziten auch noch mit der selbstgemachten Motivationslosigkeit kämpfen. Menschen brauchen Erfolge und Anerkennung, um motiviert und zukunftsorientiert arbeiten zu können. Konzentrieren Sie sich auf das, was Sie gut können und gerne machen.

16.1.1 Wo liegen Ihre persönlichen Stärken?

Jeder Mensch ist eine einzigartige Kombination aus Persönlichkeit, Fähigkeiten, Kenntnissen und Erfahrungen. Hinzu kommen persönliche Ziele, Visionen, Wünsche, Werte, Vorstellungen und Talente. All das beeinflusst den Lebensweg. Filtern Sie gezielt Ihre persönlichen Stärken heraus. Diese sind ein wertvoller Stützpfeiler für Optimismus. Nur der hat Zuversicht, der weiß, was er kann. Die folgende Checkliste hilft Ihnen dabei.

Checkliste: So finden Sie Ihre Stärken
• Was kann ich richtig gut?
• Was fällt mir besonders leicht?
• Worin bin ich besser als andere?
• Welche Eigenschaften zeichnen mich aus?

Checkliste: So finden Sie Ihre Stärken
• Was macht mir besondere Freude?
• Welche Erfahrungen, Kenntnisse, Fähigkeiten habe ich?
• Welche Ideen habe ich?
• Welche Erfolge habe ich in meinem Leben erzielt?

Machen Sie sich Gedanken, wo Sie aufgrund Ihrer Veranlagung punkten können. Das ist dort, wo Sie vor allem Ihre Stärken einsetzen können, Ihnen Aufgaben leicht fallen und Spaß machen. Je besser es gelingt, Ihren Beitrag gezielt dort zu leisten, wo Ihre Stärken gefragt sind, umso höher wird die Effektivität und die Motivation und damit auch der Erfolg sein.

! **Wichtig**

Vernachlässigen Sie nicht Ihre Stärken zugunsten von Schwächen und Defiziten. Wer erfolgreich ist, nutzt und stärkt vor allem seine Stärken.

16.1.2 Schwächen positiv nutzen

Aus jeder Schwäche kann man eine Stärke ableiten, sie ist ganz einfach die zweite Seite der gleichen Medaille. Und: Je größer eine Stärke ausgeprägt ist, desto größer ist die zugehörige Schwäche – und natürlich umgekehrt.

! **Beispiel**

Eine angehende Führungskraft, die bei mir im Coaching war, beklagte sich, dass sie unter der Schwäche »Zurückhaltung/Schüchternheit« litt. Besonders käme dies in größeren Besprechungsrunden zum Tragen. Eine Aufgabe im Coachingprozess war, Vorteile und Stärken aus der vermeintlichen Schwäche abzuleiten. Heraus kamen folgende, vom Klienten entwickelte Stärken:

- Wer sich nicht permanent einbringt, kann sehr gut beobachten. Schüchternheit bedeutet auch Sensibilität und eine feine Antenne.
- Wer zurückhaltend ist, erlangt leichter den Blick für das große Ganze, weil er unterschiedliche Meinungen neutral aufnimmt und nicht vorschnell wertet.
- Er hört andere Meinungen ruhig an und lässt andere ausreden.
- Der Zurückhaltende ist in Diskussionen weniger emotional beteiligt und behält einen kühlen Kopf.
- Er hört oft Kleinigkeiten von großem Wert heraus.
- Er ist darauf bedacht, für Harmonie zu sorgen.
- Er kann ein guter Vermittler bei Meinungsverschiedenheiten sein, da er gemeinsame Interessen wahrnimmt und aus der Metaebene heraus strukturieren kann.

Sogar in unliebsamen, vermeintlichen Schwächen wie »Zurückhaltung/Schüchternheit« liegen auf den zweiten Blick wertvolle Stärken. Werden Sie sich der

Stärken bewusst, die unabdingbar mit einer Schwäche verbunden sind. Ändern Sie doch einmal die Perspektive und fragen Sie sich: Welchen Vorteil hat meine Schwäche?

Leitfaden: Schwächen positiv nutzen	
1.	Akzeptieren Sie Schwächen und betrachten Sie diese als Teil von sich.
2.	Überlegen Sie, ob die Schwäche nicht auch in eine Stärke oder einen Vorteil umzuwandeln ist.
3.	Welchen Sinn hat die Schwäche in Ihrem Leben?
4.	Wie könnten Sie die Schwäche auf ein verträgliches Maß reduzieren?
5.	Verzeihen Sie denjenigen, die in Ihren Augen gegebenenfalls dazu beigetragen haben, dass Sie die Schwäche haben.
6.	Übernehmen Sie ab sofort selbst die Verantwortung für Ihre Schwäche.
7.	Nehmen Sie die Schwäche als Ihre besondere Lebensaufgabe an.

16.1.3 Akzeptieren Sie sich selbst

Das Selbstwertgefühl hängt weitgehend von der eigenen Meinung über sich ab. Ist ein Mensch in der Lage, sich selbst anzunehmen, wird er selbstsicherer. Der objektive Erfolg plus die eigene, subjektive Sichtweise darauf prägen den Selbstwert eines Menschen. Je selbstsicherer eine Person ist, desto geringer ist die Diskrepanz zwischen subjektivem Ist- und Soll-Zustand.

Wer eine hohe Meinung von sich hat, dem scheint fast alles zu gelingen. Haben Menschen eine niedrige Selbstwerteinschätzung, dann klaffen das reale Selbst (»So bin ich«) und das ideale Selbst (»So wäre ich gern«) stark auseinander. Das führt dazu, dass man sich ständig infrage stellt und unsicher wird. Bereits Cicero bemerkte: »Oft ist der Mensch sich selbst sein größter Feind.« Wer seine Anerkennung ausschließlich von extern (anderen Menschen) erhält, dem drohen Enttäuschung und Kränkung, wenn sie einmal ausbleibt, er kritisiert wird oder eine Zurückweisung erfährt. Anerkennung von außen ist sehr vergänglich und daher keine Selbstwertquelle.

16.1.3.1 Schluss mit der Selbstunterschätzung

Wer eigene Fähigkeiten unterschätzt und sich nichts zutraut, neigt dazu, Handlungen zu unterlassen, welche für die Lösung des Problems zwingend notwendig wären. Somit lässt man wichtige Ressourcen brachliegen – Ressourcen, die man dringend benötigt, gerade dann, wenn man durchhängt. Speziell nach einem Rückschlag ist es wichtig, auf die eigenen Fähigkeiten und das eigene Potential zu achten, statt sich das Selbstbewusstsein zu untergraben. Richten Sie den Blick auf das, was Sie können, und verfolgen Sie weiterhin aktiv und optimistisch Ihr Ziel.

16.1.3.2 Selbstwertgefühl stärken statt schwächen

Ob man eine gute oder schlechte Meinung von sich hat, hängt entscheidend davon ab, wie man sich in verschiedenen Bereichen beurteilt:

- Leistung: Ich kann etwas./Ich kann nichts.
- Soziales Umfeld: Ich fühle mich akzeptiert./Ich fühle mich nicht anerkannt.
- Körper: Ich fühle mich attraktiv und leistungsfähig./Ich fühle mich unattraktiv oder schwach.

Permanente Ablehnung kostet enorm viel Energie und Lebensfreude. Akzeptieren Sie das, was Ihnen mitgegeben wurde und lenken Sie Ihren Blick auf die Vorteile und Stärken, die darin liegen. Selbstakzeptanz stellt den stabilsten Faktor des Selbstwerts dar. Damit ist man mit dem zufrieden, was man hat, und konzentriert sich auf vorhandene Fähigkeiten. Ein gutes Selbstwertgefühl äußert sich in einer positiven Einstellung zu sich selbst. Menschen mit Selbstsicherheit können auch dann darauf zurückgreifen, wenn es Rückschläge gibt. Sie ruhen in sich selbst, strahlen Wärme und Ruhe aus, sind anderen zugewandt. Selbstwertgefühl ist gesunder Bestandteil einer harmonischen Persönlichkeit.

Die Meinung, die man von sich selbst hat, verleiht Selbstwert – oder eben nicht. Sie ist die Grundlage dafür, ob man sich wertvoll oder minderwertig fühlt. Und: jeder von uns entscheidet selbst, wie er sich sehen will, und trägt damit zu seiner Selbstakzeptanz bei.

16.2 Lassen Sie Fehler zu

George Soros, ein berühmter US-amerikanischer Börsenspekulant, beschreibt einen sehr lösungsorientierten Umgang mit Fehlern: »Mein Ansatz funktioniert, nicht deshalb, weil er zutreffende Prognosen macht, sondern weil er mir erlaubt, falsche Prognosen wieder zu korrigieren.« Ein Fehler ist nichts anderes als eine Abweichung von einem optimalen oder normierten Zustand, der eine vorgegebene Erwartung nicht erfüllt. Die Kunst besteht darin, Schieflagen rasch zu erkennen und sie zu beseitigen oder in so geringem Rahmen wie möglich zu halten.

16.2.1 Grenzen der Planbarkeit

Wer davon ausgeht, alles im Leben wäre planbar und alle Fehler wären von vornherein auszuschalten, befindet sich auf dem Holzweg. Planungen sind gut, dennoch muss man damit rechnen, dass es in vielen Fällen anders als erwartet kommt. Wer mögliche Abweichungen vom Plan von vornherein einbezieht ist im Vorteil: Er behält eine optimistische Lebenseinstellung und ist weniger frustriert, wenn etwas nicht so läuft, wie gedacht.

16.2.1.1 Exkurs in Chaosforschung und Kybernetik

Die Chaostheorie beschreibt nicht die Unordnung eines Systems, sondern sein zeitliches (dynamisches) Verhalten. Chaotisches Verhalten liegt dann vor, wenn geringste Änderungen in den Anfangsbedingungen nach einer gewissen Zeit zu einem völlig anderen Verhalten führen als berechnet. Man spricht in diesem Zusammenhang von einem nichtperiodischen und scheinbar irregulären Verhalten. Beispiele für extrem komplexe Systeme sind: Gehirn und Körper des Menschen, Finanzmärkte, Panikverhalten, Familien, Arbeitsteams, Wetterphänomene oder Wirtschaftskreisläufe etc. Konkret heißt das: Sobald wir selbst als komplexes System mit anderen komplexen Systemen (z. B. anderen Menschen) zu tun haben, ist der Ausgang unserer Planung weder berechenbar noch vorhersehbar.

Beispiel !

Der Kybernetiker Gregory Bateson formulierte ein wunderbares Lehrbeispiel zur Systemtheorie:
In dem klassischen Beispiel weist er darauf hin, dass es einen Unterschied macht, ob jemand gegen einen Stein oder einen Hund (als komplexes System) tritt: Die Bewegung des Steins ist aufgrund der Krafteinwirkung, der Steingröße etc. eindeutig voraussehbar, weil physikalisch berechenbar.
Die Reaktion des Hundes (als komplexes System) ist dagegen nicht berechenbar, da sie von der Beziehung zwischen dem Hund und dem Tretenden abhängt sowie davon, wie der Hund den Tritt interpretiert. Der Hund könnte sich krümmen, davonlaufen, jaulen, bellen oder beißen. Mit seiner Reaktion nimmt der Hund wiederum maßgeblichen Einfluss auf das Verhalten desjenigen, der ihn getreten hat.

Das komplexe menschliche Miteinander ist nach diesen Theorien nicht berechenbar oder vorhersehbar. Damit sind die Grenzen der Planbarkeit klar umrissen. Es ist unvermeidbar, dass es zu »Fehlern« oder besser: Unberechenbarkeiten kommt, immer kommen wird und sich diese niemals umfassend ausschließen lassen werden.

16.2.1.2 Fehler gehören dazu

Es wird und kann nicht alles perfekt gelingen, Fehler gehören zum Leben. Ist ein Fehler passiert, machen Sie nicht gleich alles madig, sondern umreißen Sie klar den Fehlerbereich. Versuchen Sie, Fehlerursachen auf den Grund zu gehen. Sollte es Anlass zu einer Wiedergutmachung geben, dann erledigen Sie dies so schnell wie möglich.

Fehler sollten natürlich vermieden werden. Und selbstverständlich wäre es unklug, aus Fehlern nichts zu lernen. Vermeiden Sie aber, Fehler so überzubewerten, dass diese Ihre Aktivität blockieren. Und eines gilt immer: Ist ein Fehler passiert, sollte man dazu stehen. Ehrlichkeit bringt inneren Frieden, ebenso wie eine angemessene Entschuldigung.

»Der größte Fehler, den man im Leben machen kann, ist, immer Angst zu haben, einen Fehler zu machen.«
Dietrich Bonhoeffer

Hier einige weitere, mit einem Augenzwinkern zusammengestellte Möglichkeiten, mit eigenen Fehlern umzugehen:

- Man erschießt seine Kritiker. (Hollywood-Technik)
- Man verdrängt die Fehler. (Ausblend-Technik)
- Man tut nichts, wobei Fehler entstehen könnten. (Vogel-Strauß-Technik)
- Man schiebt Fehler anderen in die Schuhe. (Buhmann-Technik)

16.2.1.3 Kampf dem Perfektionismus

Wer höchste Anforderungen an die eigene Leistung stellt und Fehler durch extreme Perfektion vermeiden will, macht sich das Leben schwer und steht einer optimistischen Haltung selbst im Weg, da die Messlatte des eigenen Anspruchs in schwindelnden Höhen liegt. Wer aus Angst vor Fehlern auf übermäßige Perfektion setzt, verkennt, wie viel Energie dadurch gebunden wird. Wenn Sie überhöhte Perfektion ablegen, werden Sie merken, dass Sie sehr wohl kompetent arbeiten können und obendrein noch gelassener. Denken Sie daran: Manchmal sind auch 80 Prozent Gelingen völlig ausreichend. Üben Sie Pragmatismus: Entscheiden Sie, wo Perfektion nötig ist und wo nicht, wo sie der Arbeit, dem Ziel dient und an welcher Stelle sie unnötig ist. Damit gewinnen Sie Zeit, Entspannung und Muse. Sie werden sich über Ihre Ergebnisse freuen, weil diese erreichbar waren.

16.2.2 Die Fehler anderer verzeihen

Die folgende Anekdote eines amerikanischen Managers beschreibt sehr treffend den positiven Umgang mit Fehlern anderer.

Beispiel !

Ein Angestellter kommt geknickt zum Manager in der Erwartung, fristlos gekündigt zu werden. Sein Fehler hatte das Unternehmen sehr viel Geld gekostet. Der Manager empfängt ihn mit den Worten: »Sie glauben doch nicht, dass ich Sie jetzt entlasse, wo ich gerade ein Vermögen in Ihre Ausbildung investiert habe.«

Diese vorbildliche und optimistische Weise, mit Fehlern anderer umzugehen ist nicht leicht. Dennoch ist es überlegenswert, eine solche Strategie zu verfolgen: Gerade angesichts des Schadensausmaßes soll der Fehler nicht umsonst gewesen sein. Der Manager geht davon aus, dass sein Mitarbeiter daran wächst und verbucht den Fehler als Investition.

Wichtig !

Fehler zeigen lediglich, dass noch etwas fehlt. Sie sind insofern hilfreich, da sie Entwicklungsmöglichkeiten und Lernfelder aufzeigen.

Im offenen Miteinander müssen Fehler angesprochen werden. Je fairer der Umgang damit ist, desto vertrauensvoller bleiben Beziehungen. Jeder wünscht sich, sollte ihm ein Fehler unterlaufen sein, dass er dafür nicht einen Kopf kürzer gemacht wird. Den gleichen Anspruch haben diejenigen, unter deren Fehler wir zu leiden haben, an uns. In diesem Zusammenhang ist auch der Umgang mit Schuldzuweisung, Vergeben und Verzeihen wichtig. Jeder ist froh, wenn Fehler nicht Jahrzehnte nachgetragen werden. Einen Fehler zu verzeihen, ist eine optimistische Handlung: Sie nimmt Ihnen und dem anderen eine Last von der Schulter – und eröffnet die Chance eines unbelasteten Neustarts mit besserem Verlauf.

In jeder Fehlersituation geht es außerdem zunächst darum, die »Fehlerkosten« zu minimieren. Nicht der Schaden, der durch den Fehler eingetreten ist, sollte im Mittelpunkt stehen – daran lässt sich meist nichts mehr ändern – sondern die Vermeidung weiterer Folgen. Fragen Sie also:

- Wie können Sie die Schadensfolgen minimieren?
- Wie können Sie verhindern, dass sich der Fehler wiederholt?

16.3 So haben Sie Ihre Gefühle im Griff

Wer seine eigenen Gefühle kennt und die von anderen verstehen und einschätzen kann, hat es leichter im Job – mit anderen Menschen und mit sich selbst. Wie schwierig der treffsichere Umgang mit den eigenen Gefühle ist, beschrieb schon Aristoteles: »Jeder kann wütend werden – das ist leicht. Aber wütend auf den Richtigen zu sein, im richtigen Maß, zur richtigen Zeit, zum richtigen Zweck und auf die richtige Art – das ist nicht leicht.« Wer seine Emotionen wahrnimmt und sich bewusst macht, ob er gerade Aggression, Scham oder Verletztheit empfindet, beherrscht eine hohe Kunst. Das Geschick, Gefühle je nach Situation angemessen zu handhaben, ermöglicht Selbstkontrolle. Wer seine innere Stimme hört, meistert sein Leben besser und trifft leichter richtige Entscheidungen.

16.3.1 Mit Optimismus Gefühle besser steuern

Eine optimistische Haltung kann bei der Steuerung von Emotionen eine große Hilfe sein. Meist ist es weniger eine Situation, die wütend oder traurig macht, sondern es ist die eigene Interpretation der Ereignisse. Wer spontane Emotionen in geordnete, wohlüberlegte Bahnen lenken kann und sich im Griff hat, ist weniger negativen Gefühlen ausgesetzt und hat weniger unter Affekthandlungen zu leiden. Dadurch entstehen engere soziale Beziehungen und mehr Wohlbefinden.

Impulskontrolle ist eine Fähigkeit, die Menschen zu Menschen macht: die Fähigkeit, über uns nachzudenken und Gedanken und Gefühle zu reflektieren. Impulskontrolle heißt, nicht die spontane, naheliegende Emotion anzunehmen und danach zu handeln, sondern diese zu hinterfragen und gegebenenfalls eine Neubewertung vorzunehmen.

Leitfaden: Impulskontrolle	
1.	Welche Emotionen habe ich genau in dieser Situation?
2.	Ist meine Interpretation den Tatsachen entsprechend/gibt es Fakten, die dagegen sprechen?
3.	Was wäre die optimistische Sicht auf diese Situation?
4.	Was hindert mich daran, mich optimistisch zu fühlen?
5.	Wie würde ich als Optimist handeln?
6.	Was hindert mich daran, die Dinge so zu akzeptieren, wie sie sind?

Wahrnehmung ist besser als Verdrängung: Gefühle, eigene und fremde, sind erst einmal richtig. Nur die Art des Umgangs mit ihnen kann unangemessen sein.

16.3.2 Die Stimmung beeinflussen

Sich in der eigenen Haut wohlzufühlen, ist eine wichtige Grundlage für Erfolg und Optimismus. Gefühle spielen eine wesentliche Rolle dabei, wie man in den Tag startet, Aufgaben anpackt, auf andere Menschen reagiert. Negative Gefühle wie z. B. Angst, Ärger oder Stress schränken die Leistungsfähigkeit und Lebensqualität ein. Unterschiedliche Stimmungen sind normal. An manchen Tagen erscheint das Leben schön und wunderbar, an anderen Tagen grau und eher langweilig. Subjektiv erlebte Befindlichkeiten üben großen Einfluss auf die momentane Lebenseinstellung aus. Sorgen Sie deshalb bewusst dafür, stets auch die angenehmen Dinge um Sie herum wahrzunehmen. Stimmungen und Gefühle hat man nicht einfach, sie fallen nicht vom Himmel. Wir produzieren sie selbst. Wie man denkt, so fühlt und – noch wichtiger – so verhält man sich. Hinzu kommt: Die Stimmung überträgt sich auf andere. Wer gute Laune hat, macht gute Laune. Wer schlechte Laune hat, steckt auch andere damit an.

Übung !

Wenn Sie morgens aufwachen und an den schlecht verlaufenen gestrigen Tag denken, machen Sie sich klar: Heute ist ein neuer Tag. Geben Sie diesem Tag die Chance, gut zu verlaufen. Das gelingt nur, wenn Sie sich nicht von den trüben »gestrigen« Gefühlen anstecken und zu Boden ziehen lassen. Gestern war gestern und ist vorbei! Lassen Sie sich im Heute von guten Gefühlen inspirieren. Machen Sie sich gezielt auf die Suche nach kleinen positiven Dingen. Machen Sie die Augen auf und werden Sie empfänglich für die Schönheiten des Lebens um Sie herum: Vogelgezwitscher, guter Kaffee oder ein nettes Lächeln ... Positive Ereignisse lauern schließlich überall!

16.4 Verwirklichen Sie Ihre Wünsche

Wünsche, Träume und Ideen sind der Stoff, aus dem unser Leben die individuelle Note gewinnt. Untersuchungen der Psychologen Bandura und Cervone (1983) zeigten: Personen, welche sich keine Ziele setzten, zeigten keine Änderung ihrer Motivation und wurden von Menschen leistungsmäßig übertroffen, welche für sich selbst Ziele zur Verbesserung ihrer Leistung setzten. Ob Wünsche oder Visionen – ein tragender Zukunftsentwurf ist relevant für Erfolg und Lebensqualität. Er motiviert, nach vorn zu blicken und das Schicksal aktiv in die Hand zu nehmen.

16.4.1 Haben Sie Ziele?

Viele Erwachsene haben keine Träume mehr, zumindest glauben sie das. Wer keinen Traum, keine Vision hat, dem kommt irgendwann die Richtung abhanden, in die er gehen soll. Dann wäre es vollkommen egal, wohin man sich bewegt. Auf diese Weise weiß man aber nie, wann man angekommen ist oder die Ziellinie überschritten hat. So beraubt man sich seiner Erfolgserlebnisse. Sollten Sie das Gefühl haben, keine Träume mehr zu haben, nehmen Sie sich einmal ein paar Minuten Zeit anhand der folgenden Fragen darüber nachzudenken:

- Was will ich?
- Was ist mir wirklich wichtig?
- Was möchte ich erreicht haben, wenn ich in 10 oder 20 Jahren auf mein Leben zurückblicke?

Beantworten Sie die Fragen für jeden der vier Lebensbereiche: Beruf und Leistung, Familie und Soziales, Gesundheit, (Lebens-)Sinn und Werte.

16.4.2 Wenn Sie Ihre Ziele für unerreichbar halten

Manche kennen ihr Lebensziel, wissen aber nicht, wie dieses zu realisieren wäre. Machen Sie die folgende Übung und lassen Sie sich überraschen, was alles möglich ist. Dieser Schritt funktioniert nur, wenn Sie Ihren Lebenstraum gut kennen und detailgenau beschreiben können.

! **Übung**

Schreiben Sie Ihren Traum auf, z. B. ein Haus zu bauen, Spanisch zu lernen, einen kreativen Beruf zu ergreifen, ein Buch zu schreiben oder die Welt zu umsegeln.
Formulieren Sie zuerst die Überschrift (das Thema), dann immer mehr Details. Stellen Sie sich genau vor, wie der Endzustand sein soll.
Notieren Sie dies vorerst nur für sich. Haben Sie keine Scheu, alles, was Sie sich wünschen, zu Papier zu bringen. Spinnen Sie einfach einmal drauf los. Papier ist geduldig. Konkretisieren Sie dann immer mehr, bis sich schließlich ein realistischer Plan daraus entwickeln lässt.

Wenn man weiß, was man will, kann man sich gezielt an die Planung machen. Nicht selten stellt man dabei fest, dass es gar nicht so unrealistisch ist, seinen Traum tatsächlich zu leben. Was hindert Sie? Make it happen!

16.4.3 So erhalten Sie sich die Selbstmotivation

Nach den Forschungen über die Selbstwirksamkeit hängt der Grad an Anstrengung zum einen vom Anspruchsniveau und zum andern vom Anreiz der Ziele ab. Sind Ziele unrealistisch hoch angesetzt, erweisen sich die erbrachten Leistungen leicht als enttäuschend. Wenn intensive Anstrengungen wiederholt zu Misserfolgen führen, nimmt die Leistungserwartung zugunsten der Enttäuschung ab. Dadurch verringert sich die Motivation, die Tätigkeit weiter auszuführen, vieles wird zäh und anstrengend. Unterziele von gemäßigtem Schwierigkeitsgrad werden am ehesten als motivierend und befriedigend erachtet. Diese dienen dazu, größere und weiter in der Zukunft liegende Ziele zu erreichen, allein dadurch, weil sie die Motivation erhalten.

Checkliste: Wie Sie motiviert bleiben
• Konkretisieren Sie Ihre Wünsche oder Ziele mit möglichst vielen Details.
• Überlegen Sie, welche Unterziele erreicht werden müssen, um das große Ziel zu erreichen.
• Setzen Sie sich nun Unterziele, die Sie für realistisch und erreichbar halten – am besten mit Terminvorgabe.
• Nehmen Sie sich ausschließlich Ziele vor, die sich in Ihrem Wirkungsfeld befinden. Wer beim Lösungsprozess auf externe Faktoren angewiesen ist, die nicht beeinflussbar sind, wird leicht frustriert. Wenn Sie äußere Gegebenheiten nicht beeinflussen können, akzeptieren Sie diese und suchen Sie Alternativen.

16.5 Raus aus der Negativspirale

Optimistisch zu bleiben, ist nicht immer leicht. Schicksalsschläge, Sorgen, schlechte Stimmungen und Katastrophennachrichten bleiben im Leben nicht aus. Da trübt sich leicht der Blick auf das Positive.

16.5.1 Wenn der Blick auf Ganze verloren geht

Manche Menschen beschäftigen sich ständig mit Sorgen und Ängsten. Sämtliches Handeln und Denken wird davon bestimmt. Man geht davon aus, dass rund 15 % der deutschen Bevölkerung sich mehr als acht Stunden am Tag Sorgen machen. Zu viel davon führt dazu, dass man entschlussunfähig wird. Selbst simple Arbeiten werden dann für kompliziert gehalten, da jede Tätigkeit eine Entscheidung voraussetzt, zu der man sich nicht mehr in der Lage sieht. Überhand nehmende Ängste und Befürchtungen sind schwer zu kontrollieren, was den Zustand noch belastender macht.

Je weniger Einfluss man sich bescheinigt, desto tiefer gerät man in den Sorgenstrudel. Schnell werden harmlose Alltagssituationen durch den Angstkreislauf beeinflusst, weil man den realistischen Blick auf das Ganze verliert. So übersieht man leicht Chancen, die am Wegesrand liegen, und steht den vorhandenen Lichtblicken selbst im Weg.

! **Beispiel**

Permanente Sorgen beziehen sich oft darauf, dass man Arbeiten nicht schafft, Projekte nicht erfolgreich abschließt, dass die Beziehungen zu Arbeitskollegen, Vorgesetzten und Freunden problematisch werden oder scheitern könnten.
Ist ein Fehler passiert, so wird dieser schnell zur persönlichen Katastrophe: »Ich verliere bestimmt meinen Job!« oder »Der Kunde erteilt mir nie wieder einen Auftrag!«
Der Teufelskreis mündet in die Bestätigung: »Ich kann nichts« oder »Ich bin ein Versager« und endet in Resignation.

Das Sorgenmachen wird oft begleitet von Gefühlen wie Beklemmungen und Frustrationen sowie körperlichen Symptomen wie verspannten Muskeln, Magen- und Herzbeschwerden. Wer zu sehr von Ängsten und Sorgen in Beschlag genommen ist, leidet folglich unter mangelnder Konzentration und Arbeitsineffizienz. In Experimenten wurde festgestellt, dass bei stark besorgten Menschen die Wahrnehmung schlechter wird. Vermutlich sind sie so mit Sorgen beschäftigt, dass sie nicht frei sind, die Realität wahrzunehmen.

16.5.2 Was tun?

Sehen Sie Ihre Sorgen als klar umgrenzten Problembereich oder Misserfolg an und generalisieren Sie nicht. Blicken Sie gerade dann auf Ihre Stärken und Ressourcen, da diese Ihnen helfen, Ihr Ziel (z. B. das Thema, das Ihnen Schwierigkeiten macht, zu minimieren) weiterhin aktiv zu verfolgen. Um ein Sorgen-Wirrwarr abzubauen, ist es hilfreich, sich erst einmal einen Überblick zu verschaffen. Werden Sie aktiv und warten Sie nicht darauf, dass sich Sorgen in Luft auflösen. Das tun diese in der Regel nicht. Wenn möglich, beantworten Sie folgende Fragen schriftlich:

Leitfaden: Der Weg aus der Sorgenspirale	
1.	**Welche Sorgen mache ich mir?** Notieren Sie alle Sorgen genau, die Ihnen momentan durch den Kopf gehen. Hängen diese zusammen oder stammen sie aus unterschiedlichen Bereichen?
2.	**Wofür kenne ich eine Lösung?** Gibt es Sorgen, für die Ihnen bereits eine mögliche Lösung bekannt ist? Wenn ja und wenn diese in Ihrem Wirkungskreis liegt, streichen Sie die Sorge von der Liste. (Eine Sorge mit Lösung ist vielmehr ein Punkt für die To-do-Liste).
3.	**Welchen Nutzen hat die Sorge?** Fragen Sie sich, wozu es gut ist, dass Sie sich diese Sorge machen. Vielleicht erkennen Sie, dass Sie sich dadurch vor etwas Schlimmem schützen. Wovor?

Leitfaden: Der Weg aus der Sorgenspirale	
4.	**Welche Sorge ist die schlimmste?** Bringen Sie die Sorgen in eine Reihenfolge: Ordnen Sie sie in eine Skala von 10 bis 0 ein, wobei 10 die höchste Belastung bedeutet.
5.	**Wo liegt der Wohlfühlbereich?** Markieren Sie auf Ihrer Skala, am besten mit einer anderen Farbe, an welcher Stelle sich die Sorge befinden müsste, damit Sie sich wieder wohlfühlen könnten. Bleiben Sie realistisch: Mit mancher Sorge kann man leben, wenn sie nur ein bis zwei Skalenpunkte weiter unten steht. Diese Verbesserungen sind oft gut durchzuführen, Sie sollten Sie deshalb gleich angehen.
6.	**Welche Lösungswege gibt es?** Eventuell fallen Ihnen bereits bei der Umskalierung Möglichkeiten ein, womit sich eine Sorge in den Wohlfühlbereich der Skala überführen lässt. Wenn nicht, ist es ein Hinweis dafür, dass Sie aktiver nach Lösungen suchen sollten.

Analysieren Sie Ihre Antworten. Sie werden schnell feststellen, dass dieser neue Blickwinkel viel kreatives Potenzial bereithält. Ziel ist nicht, alle Sorgen loszuwerden – das spiegelt nicht das Leben wider. Ziel ist vielmehr, Sorgen zu überprüfen und so einzuordnen, dass Sie damit leben können.

16.5.3 Unabänderlichem gelassen begegnen

Sich in das Unabänderliche fügen zu lernen, gilt als weise. Notwendigkeiten und Realitäten des Lebens anzuerkennen, so wie sie sind, ist ein Gebot der Intelligenz. Wer gegen alles kämpft, vermiest sich nicht nur sein Leben, er hat irgendwann auch keine Energie mehr. Selbst wenn Natur, Welt und Menschen oft ungerecht sind: Mit bestimmten Gegebenheiten müssen wir uns arrangieren. Je besser und schneller man Veränderungen, Verluste oder Rückschläge akzeptiert, desto rascher findet man zu einer optimistischen Sicht zurück. Der Kampf gegen etwas lohnt nur, wenn damit etwas verändert werden kann. Wer gegen Unabänderliches kämpft, verschwendet seine Ressourcen.

Beispiel !

Den Alterungsprozess des Körpers kann man nicht verhindern. Selbst nach der siebten Schönheitsoperation ist man de facto so alt, wie man ist und wird nicht wieder zwanzig. Man kann dem Altern nur durch Bewegung, gesunde Ernährung und Humor in Maßen entgegenwirken. Stellen sich Abnutzung oder Gebrechen ein, sollte der Blick darauf liegen, was an Möglichkeiten bleibt, statt darauf, was vorbei ist.

In dem Augenblick, in dem man erkennt, dass der Kampf sich nicht lohnt, und akzeptiert, dass an einer Tatsache nichts verändert werden kann, gewinnt man neue Gedanken und Möglichkeiten:

- den Blick ins Hier und Jetzt anstelle der unveränderbaren Vergangenheit,
- die Möglichkeit der aktiven Zukunftsgestaltung,
- die Hoffnung, dass Dinge/Situationen sich ändern,
- die Gelegenheit, sich mit anderen schönen Dingen auseinanderzusetzen und sich darüber zu freuen,
- Bewusstheit für sich und seine jetzigen Bedürfnisse.

16.5.4 Pflegen Sie Beziehungen

Den Umgang in zwischenmenschlichen Beziehungen zu gestalten und positiv zu entwickeln, trägt wesentlich zum eigenen Optimismus bei. Und: Ein gutes, soziales Netz kann wertvolle Hilfe leisten und einen auffangen, wenn man einmal stolpert. Wir wissen, wie wichtig die Beziehungsebene für das Sozialwesen Mensch ist. Ein finsteres Gesicht kann verunsichern, eisiges Schweigen lähmen, eine fröhliche Miene dagegen wirkt ansteckend und gibt Schwung. Dazu kann jeder seinen Beitrag leisten, indem er

- Feedback einholt und auf positive Weise gibt,
- Vertrauen schafft und Vertrauen gibt,
- einfühlsam mit anderen umgeht,
- Konflikte offen, frühzeitig und couragiert angeht,
- seine Einstellung zum Leben immer wieder überprüft,
- seine Werte und seinen Standpunkt bewusst vertritt,
- seine Schwächen zugibt,
- seine Stärken gezielt einsetzt.

Pflegen Sie Beziehungen im Privat- wie im Berufsleben. Nichts ist anstrengender als ständig gegen menschliche Widerstände agieren zu müssen. Und nichts ist hilfreicher, als wohlmeinende Menschen an seiner Seite zu wissen.

16.6 So meistern Sie schwierige Situationen

»Erfolg haben heißt, einmal mehr aufstehen, als man hingefallen ist.«
Winston Churchill

Einmal mehr aufzustehen, bewährt sich bei der Bewältigung aller schwierigen Lebenssituationen.

16.6.1 Genaue Manöverkritik

Wenn jemand auf eine interne Ausschreibung hin nicht befördert wurde, kann das eine Vielzahl von Gründen haben. Dafür lohnt die genaue Manöverkritik: War die Bewerbung optimal? Ist man für den Job ausreichend qualifiziert? Wie viele Bewerber gab es? Gab es strategische Entscheidungen, die mit der eigenen Person nichts zu tun haben? etc. Pessimisten neigen dazu, sich umgehend nach einer Absage persönliches Versagen zu attestieren: Die wollen mich nicht. Ich bin nicht gut genug. Der Optimist sagt: Dieser Job war nicht der richtige für mich, ich warte auf die nächste Chance. Beim nächsten Mal bereite ich mich besser vor.

Wenn etwas nicht nach Plan verlaufen ist, ist es immer gut, wenn man die Gründe dafür herausfindet. Hier gilt es, klar zu differenzieren, was innerhalb des eigenen Verantwortungsbereichs liegt und was nicht.

Beispiel !

Wenn eine Absage auf eine Bewerbung erfolgt, sollte man versuchen in Erfahrung zu bringen, woran es lag. Es kann durchaus nützlich sein, gezielt nachzufragen und die Gründe zu eruieren.
Es ist hilfreich, sich zukünftig auf die Dinge zu konzentrieren, die sich ändern lassen wie z. B. ausreichende Vorbereitung auf Gespräche, genaues Lesen des Stellenprofils etc. Daran kann man feilen, dies lässt sich optimieren.
Für spezifische Gründe wie z. B. »Es waren zweihundert Mitbewerber« kann man sich die Schuldzuweisungen sparen und sollte stattdessen besser das nächste Projekt anpacken.

Wenn die Erfolgsbilanz nicht wie erhofft positiv ausfiel, bleibt stets die Möglichkeit, die Ausgangssituation zu überprüfen und zu optimieren. Sie haben immer die Option, bei einem neuen Versuch erfolgreicher abzuschneiden. Geben Sie sich die Chance.

16.6.2 Mit Rückschlägen fertig werden

Einen herben Rückschlag zu bewältigen hat seinen Preis. Der Preis ist hoch, manchmal sehr hoch und kostet unter Umständen Schweiß und Tränen. Will heißen: Krisenbewältigung ist kein Spaziergang. Stellen Sie sich darauf ein, dass es oft keine bequemen Auswege gibt. Machen Sie sich Folgendes bewusst:

- **Krisen sind ein Lebensbestandteil**
  Krisen sind Entwicklungsschritte und jeder Mensch hat Krisen. Es sind Lebensnotwendigkeiten, die akzeptiert und ins Leben integriert werden müssen. Krisen können zeitweise die Identität und den Lebensplan infrage stellen. Doch gerade Unsicherheit bedeutet, dass nichts festgeschrieben ist, wir uns verändern können, wir anders sein und etwas Neues wagen können. Krise bedeutet eine Wandlungszeit – auch zum Besseren hin – akzeptieren Sie sie.
- **Selbstmitleid führt in die Stagnation**
  Wer im Selbstmitleid versinkt, kann dies als Zeichen dafür nehmen, dass er sich seinen Problemen und Ängsten nicht stellt und nichts ändern will, aus welchem Grund auch immer. Es bedeutet, dass man sich kampflos mit etwas abgefunden

hat oder sich vor dem Kampf um Verbesserung drückt. Selbstmitleid ist Stillstand. Lassen Sie es los, dann haben Sie wieder die Hände frei, und bewegen Sie sich.

- **Sie allein sind verantwortlich**
  Es gibt außer Ihnen niemanden, der Sie aus der Krise führt. Egal wie miserabel etwas gelaufen ist, Sie müssen selbst wieder aufstehen, sonst bleiben Sie auf der Strecke. Sie wissen, wer für Sie verantwortlich ist: Das sind ausschließlich Sie. Vertrauen Sie auf Ihre Fähigkeiten und Stärken. Das ist alles, was Sie brauchen. Nehmen Sie Unterstützung an, die Sie aus Ihrem Umfeld bekommen, aber helfen Sie sich vor allem aktiv selbst.
- **Panta rhei**
  Die Formel panta rhei (»Alles fließt«) geht auf den griechischen Philosophen Heraklit zurück. Mit seiner berühmten Flusslehre drückte er aus: Alles fließt und nichts bleibt; es gibt nur ein ewiges Werden und Wandeln. Dieser Gedanke ist insofern tröstlich, als er für alle Zustände gilt. Also auch für schlechte. Somit werden auch schwierige Situationen wieder »wegfließen« und sich wandeln.

Krisen bewältigen

Krisen können zu einer Bereicherung des Lebens werden, weil sie enorme Veränderungen des Selbstkonzeptes mit sich bringen. Krisen sind unangenehm und jeder möchte sie grundsätzlich vermeiden. Aber: Krisen sind notwendig, um elementare Verhaltensweisen oder Lebensumstände zu prüfen, zu verändern oder zu verbessern. Sie sind gleichermaßen Chance, neue Verhaltens- und Erlebensweisen kennenzulernen, was wiederum den Horizont erweitert und uns viele Erkenntnisse schenkt.

»Eine Krise ist ein produktiver Zustand. Man muss ihr nur den Beigeschmack der Katastrophe nehmen.«
Max Frisch

Um eine Krise zu meistern, benötigt es mehrere Schritte. Richten Sie Ihr Denken in die Richtung, in der es Handlungen generiert (siehe folgenden Leitfaden).

Im Nachhinein stellt sich manche Krise als Abzweigung heraus, an der man sein Leben positiv verändert hat. Manchmal wird einem erst im Nachhinein bewusst, dass eine scheinbare Katastrophe im Laufe der Zeit heilsam und gut war, dass sich das Leben aufgrund dessen zum Besseren gewendet hat. Es entsteht ein neues Selbstbild, welches die Krisensituation – als nicht rückgängig zu machender Bestandteil – ins Leben integriert. Und es entsteht im Rückblick Stolz und Selbstbewusstsein über die eigene Problemlösefähigkeit. Das ist eine gesunde Basis, die der Optimismus braucht, um zu gedeihen. Denn: Wer eine Krise überstanden hat, hat das Zeug dazu, auch die Nächste zu überstehen.

Leitfaden: So meistern Sie Krisen	
1.	Akzeptieren Sie die Situation und betrachten Sie sie als Start für Neues.
2.	Übernehmen Sie Verantwortung für Ihr Handeln.
3.	Nehmen Sie Gefühle bewusst an, hinterfragen Sie sie, aber lassen Sie sich nicht lähmen.
4.	Denken Sie über die Vielfalt Ihrer Optionen nach.
5.	Machen Sie einen konkreten Plan.
6.	Werden Sie aktiv und machen Sie weiter.

16.7 Optimismus trainieren

Die Aspekte optimistischen Handelns sind vielfältig, eine ganze Reihe davon haben Sie in diesem TaschenGuide kennen gelernt. Nun gilt es, optimistisches Denken und Handeln zu trainieren und konkret in Ihren Alltag einzubringen: »Und plötzlich weißt du, es ist Zeit, etwas Neues zu beginnen und dem Zauber des Anfangs zu vertrauen.« (Meister Eckhart)

Zunächst: Behalten Sie die folgenden Optimismus-Leitsätze stets im Kopf, sie werden Ihnen eine Stütze sein.

Ihre Optimismus-Leitsätze
• Heute ist der erste Tag meines optimistischen Lebens.
• Ab heute entscheide ich mich dafür, mich weder von der Vergangenheit noch von unveränderlichen Gegebenheiten leiten zu lassen.
• Nachdem ich nicht weiß, was kommen wird, gehe ich vom Positiven aus.
• Ich sorge dafür, dass es mir gut geht.
• Wenn es mir gut geht, wird es auch meinem Umfeld gut gehen.
• Ich weiß, dass ich für mein Glück und meine Zufriedenheit die Verantwortung trage.
• Ich entscheide ab sofort selbst über mein Leben.
• Ich gebe meinem Leben die Richtung, die ich will.
• Ich werde aus dem, was ich kann und von Geburt an mitbekommen habe, das Beste machen.
• Ich habe jeden Tag die Möglichkeit aus Fehlern zu lernen.
• Ich behalte meine gute Laune und meinen Optimismus, auch wenn einmal etwas schiefgeht.
• Ich bin stolz darauf, dass ich begonnen habe, optimistisch zu denken.

Im Folgenden finden Sie nun kleine Trainingseinheiten für mehr Optimismus. Niemand kann sich von einem Tag auf den anderen ändern und alte Denkgewohnheiten ablegen. Nehmen Sie sich deshalb jeden Tag eine kleine Einheit vor, auf die Sie Ihren Fokus besonders richten wollen. So werden Sie auf Ihrem Weg zu mehr Optimismus bald mehr und mehr Erfolge spüren.

Schritt für Schritt: Ihre Trainingseinheiten	
1.	Relativieren Sie, statt zu übertreiben.
2.	Suchen Sie nach alternativen Deutungen.
3.	Schaffen Sie sich ein positives Umfeld.
4.	Halten Sie Ihre Erfolge fest.
5.	Feiern Sie Erfolge und loben Sie sich.
6.	Haken Sie Misserfolge ab: Auf zu Neuem.
7.	Tun Sie sich etwas Gutes, jeden Tag.
8.	Meiden Sie die Jammerfalle.

Relativieren Sie, statt zu übertreiben

- Bewerten Sie negative Erlebnisse oder Nachrichten nicht übermäßig.
- Führen Sie sich das Positive vor Augen, das es immer gibt.
- Setzen Sie das Negative in Beziehung zum großen Ganzen.

!

Beispiel

Man sieht z. B. die schöne Gesamtentwicklung der eigenen Familie nicht mehr, wenn man sich über ein Kind ärgert und sorgt, das in der Schule durchgefallen ist. Dagegen hilft Relativieren: »Meine Tochter hat zu wenig gelernt und ist durchgefallen. Aber ich freue mich, dass sie musikalisch begabt ist, im sozialen Umfeld anerkannt und sich als tolles Mädchen entwickelt.« Das stimmt nicht nur Sie optimistischer, sondern – als positiver Nebeneffekt – auch die Tochter.

Suchen Sie nach alternativen Deutungen

Aus der Fülle von Eindrücken, die Tag für Tag auf das Leben einprasseln, filtert man unwillkürlich diejenigen heraus, welche das eigene Selbst- und Weltbild bestätigen. Das färbt die Erfahrungen entsprechend ein. Tun Sie etwas dagegen:

- Wann immer Sie eine Situation negativ empfinden, überlegen Sie, welche guten Anteile darin enthalten sind.
- Versuchen Sie mindestens zwei positive Deutungsmöglichkeiten zu finden.

Schaffen Sie sich ein positives Umfeld

Wer sich mit Menschen umgibt, die ständig negativ denken oder reden, lebt mit dem Risiko, dass dies die Stimmung trübt. Deshalb:

- Suchen Sie bewusst Kontakt zu Menschen, die eine positive Weltsicht haben. Da Optimismus ansteckend ist, ist die Gesellschaft von Optimisten heiterer und zuversichtlicher als die Gegenwart von Pessimisten. Von Optimisten kann man sich eine Weile »mitziehen« lassen und sich bestimmte Verhaltensweisen abschauen.
- Werden Sie kritisch gegenüber denjenigen Medien, die unentwegt von schlechten Nachrichten und Skandalgeschichten dröhnen. Wer zu viel davon konsumiert, bekommt leicht den Eindruck, die Welt ginge in Kürze unter.
- Fokussieren Sie zum Ausgleich gute Nachrichten.

Halten Sie Ihre Erfolge fest

Machen Sie sich die Mühe, Ihre Erfolge festzuhalten. Sie werden sehen, dass nach einigen Wochen eine ganz beträchtliche Liste entsteht. Diese ist ein schlagkräftiges Gegenargument gegen den Selbstvorwurf: »Ich kriege nichts auf die Reihe ...« Führen Sie regelmäßig ein Erfolgstagebuch:

- Lassen Sie den Tag Revue passieren. Überlegen Sie, was gut gelaufen ist.
- Halten Sie alles fest, was Sie positiv berührt hat.
- Schreiben Sie täglich mindestens drei Punkte auf zu der Frage: Was ist mir an diesem Tag gut gelungen?

Feiern Sie Erfolge und loben Sie sich

Erfolge sind keine Selbstverständlichkeit. Erfolge sind Ressourcen, die viel Energie zurückgeben, Leistungsmotivation erhalten und Stress abbauen. Erreichte Ziele sind ein starker Anreiz für weiteres Engagement und geben Auftrieb. Deshalb:

- Wenn Sie eine Ziellinie überschritten haben, genießen Sie Ihren Erfolg und feiern Sie. Führen Sie ein kleines Ritual ein, mit dem Sie einen Erfolg feiern. Das gibt Energie und beschleunigt die Regeneration nach anstrengenden Zeiten.
- Loben Sie sich für kleine Erfolge und Etappensiege. Sie müssen nicht jeden Tag Sektkorken knallen lassen, aber bewusst bemerken und anerkennen, das schon.

Haken Sie Misserfolge ab: Auf zu Neuem

Was geschehen ist, ist geschehen. Man kann es nicht mehr ändern. Optimisten lernen daraus und akzeptieren den Misserfolg:

- Vergeuden Sie keine Zeit, der Vergangenheit nachzutrauern. Sinnvoller ist es, einen Haken dahinter zu setzen und Ihr neues Ziel zu verfolgen.
- Betrachten Sie Misserfolge als etwas Vorübergehendes, nicht als etwas Typisches.

Tun Sie sich etwas Gutes, jeden Tag

Ab und zu sind Sie dran, ohne schlechtes Gewissen: Das kann ein ausführlicher Spaziergang, ein Wellness-Wochenende, ein Konzertbesuch, ein schönes Essen oder ein Kneipengang mit Freunden sein. Was für Sie geeignet ist, Kraft und Energie zu tanken, das wissen Sie selbst am besten. Deshalb:

- Tun Sie ab und zu etwas, was Ihnen gut tut und gefällt, ohne Zwang und Verpflichtungen.

- Denken Sie daran: Je ausgeglichener und entspannter Sie sind, desto leichter fällt es Ihnen, optimistisch zu bleiben.

Meiden Sie die Jammerfalle

Rufen Sie sich zur Disziplin, sobald Sie merken, dass Sie sich beklagen. Klagen bringen nichts, außer schlechter Stimmung. Hin und wieder einmal jammern gehört dazu, solange es kurz bleibt. Optimisten begrenzen die Zeit im Jammertal und brechen stattdessen auf zu neuen Ufern:

- Gibt es Anlass zu berechtigten Klagen, sprechen Sie diese an verantwortlicher Stelle an. Überlegen Sie, ob Sie eine Änderung oder Verbesserung herbeiführen können.
- Klagen über die Wetterlage, verspätete Züge oder Stau auf der Autobahn können Sie sich schenken. Wenn nichts zu ändern ist, arrangieren Sie sich mit der Situation und sparen Sie Ihre Energie.
- Freuen Sie sich darüber, wenn es Ihnen gelingt, eine Situation anzunehmen und zu akzeptieren. Daran merken Sie, dass Sie sich bereits eine optimistische Lebenseinstellung angeeignet haben.

Auf einen Blick: Optimistisch handeln
• Konzentrieren Sie sich auf Ihre Stärken und nutzen Sie die positiven Seiten Ihrer Schwächen.
• Festigen Sie Ihr Selbstwertgefühl, indem Sie sich akzeptieren und sich Positives zutrauen.
• Ein entspannter, pragmatischer Umgang mit eigenen und fremden Fehlern, schafft die Basis, aus Fehlern zu lernen.
• Nutzen Sie eine optimistische Denkweise, um negative Gefühle und Stimmungen zu kontrollieren.
• Formulieren Sie Ihre Wünsche und Ziele und planen Sie gezielt deren Umsetzung.
• Analysieren Sie Ihre Sorgen und entwirren Sie diese.
• Begreifen Sie Krisen als Chancen und übernehmen Sie die Verantwortung für sich.
• Trainieren Sie optimistisches Handeln und Denken.

Die Autoren

Elke Nürnberger
ist Geschäftsführerin des Beratungsunternehmens nürnberger gmbh. Sie arbeitet als Seminarleiterin, Wirtschaftsmediatorin und Coach für zahlreiche Großunternehmen und Führungskräfte. Als Fachautorin veröffentlichte sie Bücher und Beiträge zu den Themen Kommunikation, Führung und Konflikte.

Website: www.nuernberger-coaching.de

Elke Nürnberger hat die Buchteile 1 und 3 verfasst.

Franz Hölzl
Führungstrainer, staatlich geprüfter Bergführer sowie Fachautor. Mit seiner Firma »Berg und Führung« bietet er Erfahrungen und Kompetenzen aus beiden Welten an: Business und Berg. Spezialgebiete: Führungskräfte-, Team- und Organisationsentwicklung sowie Outdoortrainings. Er sammelte 10 Jahre lang Führungs- und Vertriebserfahrung in Konzernen und machte sich 2001 als Systemischer Berater, Trainer und Coach selbständig. Internet: www.bergundfuehrung.de

Nadja Raslan
Coach, Trainerin, Paar-/Familientherapeutin und Fachautorin. 1998 gründete sie Raslantraining – Systemische PersonalEntwicklung mit dem Fokus auf Führung, Teamarbeit und Organisationsentwicklung. Sie bildet als Lehrtrainerin Coaches und Berater aus und begleitet namhafte Unternehmen, Vorstände und Geschäftsführer. In ihrer Arbeit bietet sie u. a. Führungs- und Persönlichkeitsentwicklung mit Pferde-Unterstützung an. Internet: www.raslantraing.de; www.pferdundfuehrung.com

Von Franz Hölzl und Nadja Raslan stammt Teil 2 dieses Buches.

Stichwortverzeichnis

PI13707634

9781581